대학교재/건축산업기사 2차실기를 겸한

건축구조 시공제도

建築士 김진호·저

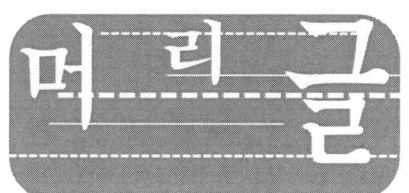

건축을 공부한다는 것은 단순히 한 분야를 공부하는 것이 아니다. 건축은 공부의 범위가 넓고 다양하다. 그 중에 건축의 구조와 시공을 하는데 있어서 기본적으로 알아야하는 부분이 건축상세와 철근배근방법이다. 건축산업기사에서는 바로 이런 부분을 출제하여 검증을 하는 것이다.

그래서 이 책에서는 정확한 규준(건축제도통칙, 건축교통부제정, 건축공사 표준시방서, 건축물의 구조내력에 관한 기준, 철근콘크리트 구조계산규준)에 의한 작도방법을 자세히 기술하였다.

각 부분의 상세와 기초, 기둥, 보, 라멘도, 슬라브, 계단, 벽 등의 철근 배근법을 상세하게 다루었으므로 이 책의 내용을 정확히 숙지하는 것이 건축구조를 이해하는데 많은 도움이 될 것이다.

이 책은 전문대학 건축과 교재로 사용할 수 있도록 집필하였으며, 더불어 건축산업기사 실기 준비서로도 손색이 없도록 하였다.

이 책을 통하여 건축구조와 상세도를 정확히 이해하게 된다면 더할 나위 없는 기쁨이다.

2020. 7

建築士 김진호

목차

1장. 건축제도의 기초

1. 제도용구의 종류와 사용법

    [1] 제도용구의 종류 ·· 9

    [2] 제도용구의 사용법 ·· 12

    [3] 제도용지의 규격 ·· 14

2. 도면표기법

    [1] 도면표기 ·· 15

    [2] 재료 및 약호 ·· 23

    [3] 설계의 표현기호 ·· 30

2장. 상 세 도

1. 바닥 및 벽마감 상세도 ·· 39

2. 걸레받이 상세도 ·· 43

3. 천장부분 상세도 ·· 46

4. 외벽 각부분 상세도 ·· 49

5. 기타 부분 상세도 ·· 56

3장. 철근배근법

1. 배근의 일반사항 ········· 65
2. 기 초 ········· 76
3. 기 둥 ········· 86
4. 보 ········· 89
5. 라멘도 ········· 96
6. 슬라브(Slab) ········· 98
7. 계 단 ········· 107
8. 벽 ········· 109

4장. 철골조(트러스) 일반사항

1. 철골조(트러스) 일반사항 ········· 113

5장. 상세설계 예 ········· 121

6장. Freehand drawing 연습 ········· 135

7장. 건축도면 실습 ········· 149

8장. 실시설계 예 ········· 211

1장

건축제도의 기초

건축제도 통칙 및 표시방법 등 기본사항을 실었다.

| **1장** | **건축제도의 기초** |

2장　　상세도

3장　　철근배근법

4장　　철골조(트러스) 일반사항

5장　　상세설계 예

6장　　Freehand drawing 연습

7장　　건축도면 실습

8장　　실시설계 예

1. 제도용구의 종류와 사용법

[1] 제도용구의 종류

(1) 삼각자
① 재료

    삼각자는 셀룰로이드 에보나이트 플라스틱으로 만든 것으로 사용되며 건습의 영향을 받아 휘거나 비틀어지기 쉬우므로 두꺼운 것일수록 좋지만 일반적으로 3mm 이상의 것은 쓰이지 않는다.

② 종류

    삼각자는 밑각이 각각 45°인 직각 이등변 삼각형인 것과 두각이 각각 30° 및 60°의 직각 삼각형인 것의 2개가 1조로 되어 있다.

    삼각자는 여러가지 종류의 크기가 있는데 보통 제도에는 30cm의 것이 주로 사용되며 45, 36, 25, 18, 10(cm) 등이 있다.

③ 삼각자 검사방법

    ㄱ. 삼각자의 각변은 정확하게 직선이어야 하고 한각은 정확히 직각이어야 한다.

    ㄴ. 직선위에 아래 그림과 같이 삼각자 1쌍을 맞대어 놓고 일치하는지를 검사한다.

    ㄷ. 맞댄 1쌍의 맞변이 그림(a)와 같이 서로 완전히 일치한다면 정확한 삼각자다.

    ㄹ. 맞댄 1쌍의 맞변이 그림 (b)와 같이 사이가 생긴다면 부정확한 삼각자다.

    ㅁ. 그림 (c)와 같이 45° 밑변과 60°의 대응변의 길이가 정확히 일치하도록 만들어진 것이어야 한다.

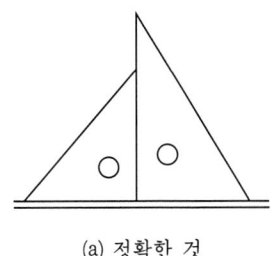
(a) 정확한 것

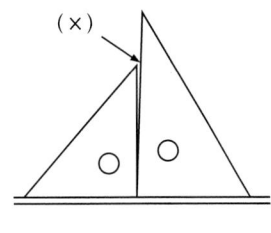
(b) 부정확한 것

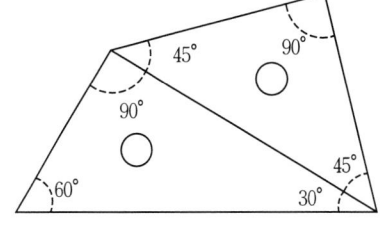
(c) 45°자와 60°자 연결(정확한 것)

〈삼각자의 검사방법〉

(2) T 자
① 재료

    T자는 충분히 건조시킨 벚나무, 플라스틱, 금속 등으로 만들며 머리부분과 몸의 줄을 치는 가장자리에는 단단한 참나무 등을 붙인다.

② 종류

    T자의 몸길이는 450~1,800mm의 여러종류가 있으나 그 중에서 학생용으로는 900mm 것이 가장 많이 사용된다.

③ T자 검사방법
　ㄱ. T자 머리와 몸체가 직각 90°가 되어야 한다.
　ㄴ. 머리부분이 나사로 꽉 조여져서 흔들리지 않아야 한다.
　ㄷ. 몸체를 제도판에 대었을 때 제도판에서 뜨지 않고 몸체가 평탄해야 한다.
　ㄹ. T자는 제도판의 가로나비보다 약간 긴것이 좋고 줄치는 가장자리는 투명한 것이 좋다.
④ T자 보관방법
　T자의 보관방법은 T자 머리부분이 밑으로 향하게 하고 벽에 걸어서 보관한다.

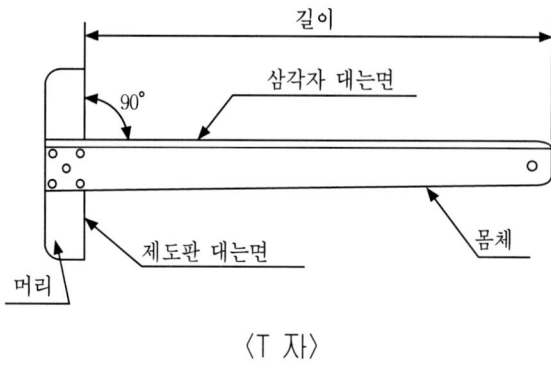

〈T 자〉

(3) 축 척

축척은 스케일(Scale)로서 실물의 크기를 늘리거나 또는 길이를 줄이는데 쓰이는 것으로서 가장 많이 쓰이는 것이 삼각축척이다.

삼각형 단면모양을 한 자료의 3면에 1m의 1/100, 1/200, 1/300, 1/400, 1/500, 1/600에 해당하는 여섯가지로 축척된 눈금이 새겨진 것으로 사용하기에 매우 편리하며 보통길이가 300mm이고 0.5mm까지의 눈금이 매겨져 있는 것이 사용하기에 편리하다.

① 사용치
　ㄱ. 1/100 축척은 평면도, 기초평면도, 지붕틀평면도에 사용
　ㄴ. 1/300 축척은 주단면도 상세도, 부분상세도에 사용
　ㄷ. 1/500 축척은 입면도, 평면도에 사용
　ㄹ. 1/600 축척은 배치도에 사용

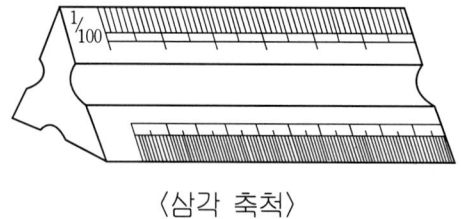

〈삼각 축척〉

(4) 연 필

연필은 H표와 B표로서 연필심의 성질을 나타내는데 H표는 굳기를 B표는 무르기를 나타낸다. 일반적으로 H의 수가 많을수록 굳고 B의 수가 많을수록 무르며 보통 사용하는 연필은 HB이다.
제도용 연필로 많이 쓰이는 것은 HB, B, H, 2H이다

(5) 지우개
고무가 부드러워서 도면을 지울 때 도면에 더럽혀지지 않고 찢어지지 않는 잘 지워지는 지우개를 사용한다.

(6) 지우개판
얇은 셀룰로이드, 얇은 스테인레스 강판 등으로 만든 것으로 잘못 그린선이나 불필요한 선을 지우는 데 쓰인다.

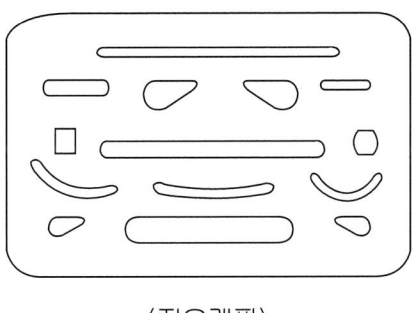

〈지우개판〉

(7) 형판(Templet)
셀룰로이드나 아크릴판으로 만든 얇은 판에 서로 크기가 다른 원, 타원 등과 같은 기본도형이나 문자, 기구, 위생기구 등의 형을 축척에 맞추어 정교하게 뚫어 놓은 판으로서 복잡한 도형을 판에 맞춰 연필을 대고 간단하게 그릴 수 있다.

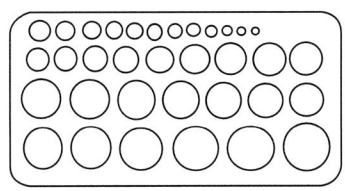 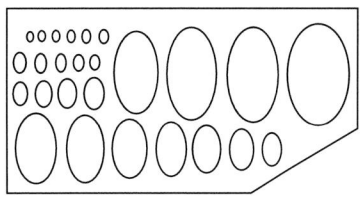

〈형 판(템플릿)〉

(8) 제도판
제도판은 직사각형의 판으로 표면이 편평하고 T자의 안내면이 바르게 다듬질 되어 있어야 한다.
제도판의 종류에는 보통제도판, 판의 경사각을 조절할 수 있게 만든 경사제도판, 도면을 그리기에 편리하도록 T자를 부착한 T자부착 제도판등이 있다.

(a) 경사제도판   (b) T자 부착제도판

〈제도판〉

(9) 운형자

운형자는 컴퍼스로 그리기 어려운 원호나 곡선을 그릴 때 쓰이는 제도용구이다.

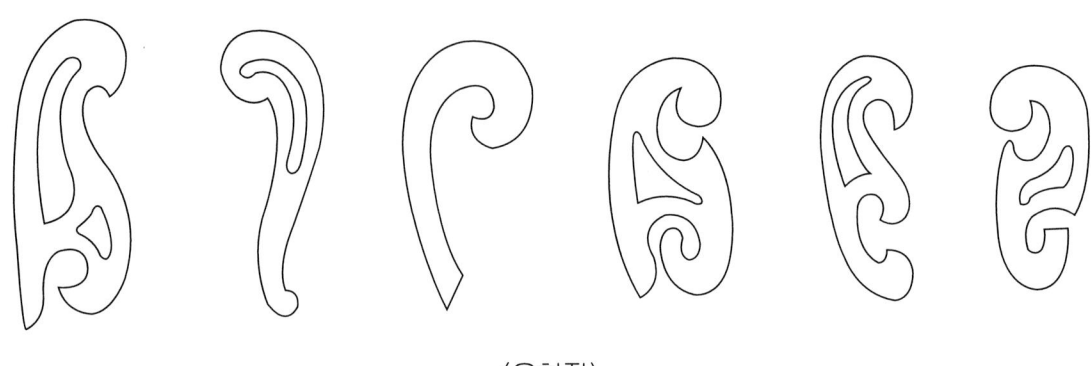

〈운형자〉

(10) CAD(Computer Aided Design)

컴퓨터를 이용한 자동제도방식으로 CAD장치로 도면을 작성할 때에는 먼저 키보드로 좌표 등의 데이터를 컴퓨터에 입력하고 프로그램 평선 키보드로 간단한 도형을 디스플레이로 표시한다. 그리고 치수, 숫자 등 필요한 각 사항을 입력시키고 마우스로 커서(cusor)를 제어하여 도면을 작성하게 된다.

[2] 제도용구의 사용법

(1) 연필의 사용법

① 연필로 수평선을 그을 때에는 그림(a)와 같이 긋는 방향으로 60° 정도 기울여 대고 연필을 돌리면서 긋는다.
② 보통의 수평선을 그을 때에는 그림 (b)와 같이 수직으로 대고 긋는다.
③ 정밀하게 선을 그어야 할 때는 그림(c)와 같이 연필심의 끝을 완전히 자에 대고 긋는다.
④ 수평선은 왼쪽에서 오른쪽으로 T자를 이용하여 일정한 속도를 유지하면서 천천히 그어야 한다.
⑤ 수직선을 그을 때에는 T자와 삼각자를 이용하여 밑에서부터 위로 선을 긋고, 연필과 자가 잘 밀착되어야 정확한 수직선을 그을 수 있다.

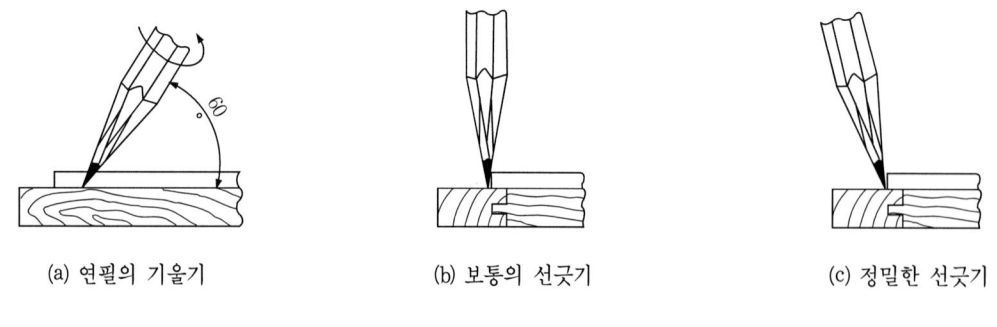

(a) 연필의 기울기   (b) 보통의 선긋기   (c) 정밀한 선긋기

〈연필로 수평선 긋기〉

(2) T자의 사용법

① T자를 사용할 때에는 제도판의 가장자리에 T자의 머리를 정확히 대고 그림 (a)와 같은 방법으로 움직여 알맞는 자리에 놓는다.
② 긴선을 수평으로 그을 때 처음에는 중간에서 비뚤어지기 쉬우므로 처음부터 끝까지 손, 팔, 몸, 전체가 선을 따라 동시에 움직이도록 한다.
③ 수평선을 그을 때는 그림 (b)와 같이 왼쪽에서 오른쪽으로 T자에 손을 밀착시키고 긋는다.
④ 수직선을 그을 때는 그림 (c)와 같이 T자에 삼각자를 정확히 대고 선과 자를 수직으로 보면서 긋는다.
⑤ 빗금선을 그을 때는 그림 (d)와 같이 한다.

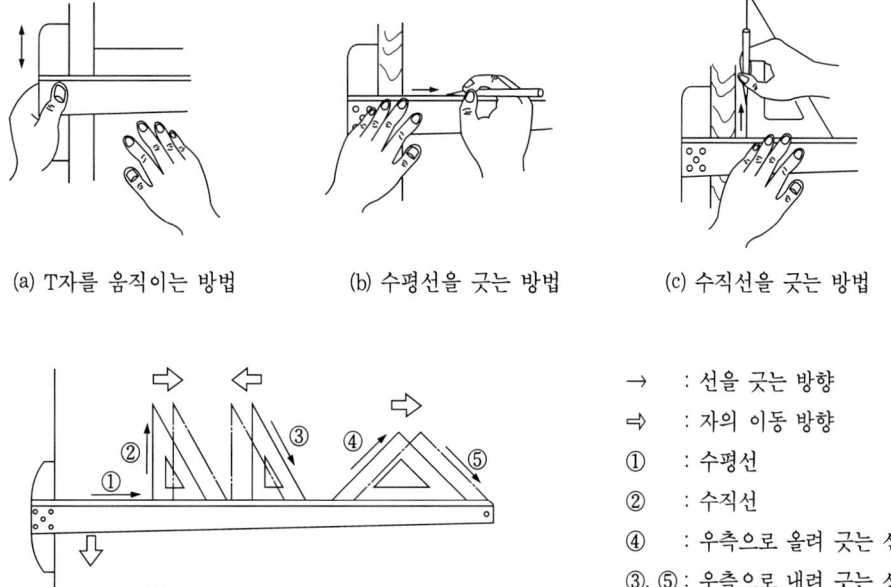

〈T자의 사용방법 및 선긋기의 요령〉

(3) 삼각자의 사용법

삼각자 1개 또는 2개를 가지고 여러가지 위치를 바꾸면 우측그림과 같이 여러가지 각도를 가지는 선을 그을 수 있다. 간단한 수평선이나 수직선 뿐만 아니라 평행선이나 여러가지 빗금도 쉽게 그을 수 있다.

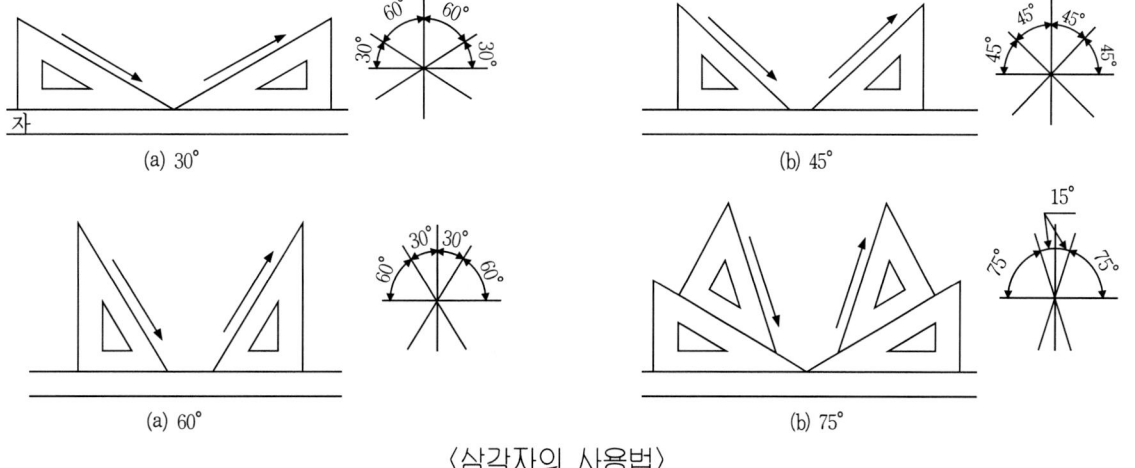

〈삼각자의 사용법〉

[3] 제도용지의 규격

제도용지의 치수		A_0	A_1	A_2	A_3	A_4	A_5	A_6
a×b		841×1,189	594×841	420×594	297×420	210×297	148×210	105×148
c(최소)		10	10	10	5	5	5	5
d (최소)	철하지 않을때	10	10	10	5	5	5	5
	철할 때	25	25	25	25	25	25	25

〈제도 용지의 크기〉

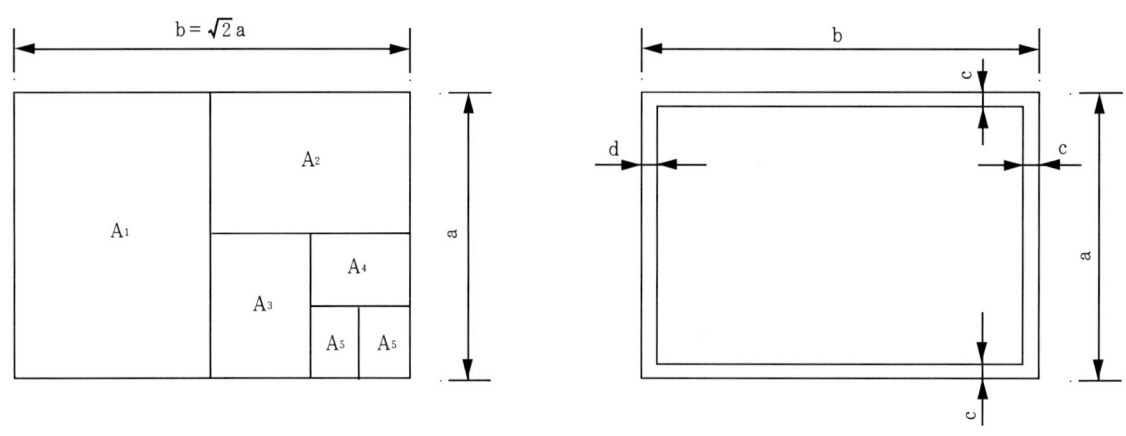

〈도면의 크기〉

2. 도면표기법

[1] 도면표기

(1) 도면글씨표기
① 한글표기

ㄱ. 기본원칙 : 한글의 표기는 글자의 크기에 따라 다음의 원칙으로 표기토록 하되 도면명과 같이 큰글씨의 경우는 옆으로 늘여서 쓰도록 하고 실명, 재료명과 같이 작은글씨의 경우는 1:1 정도로 하여 힘을 주어 쓰며 될 수 있는 한 글씨가 1:1.5 정도의 비례가 되도록 노력하고 절대로 흘림글씨가 되지 않도록 할 것.

ㄴ. 도면표기 글자크기
- 재료명 또는 특기사항 칫수

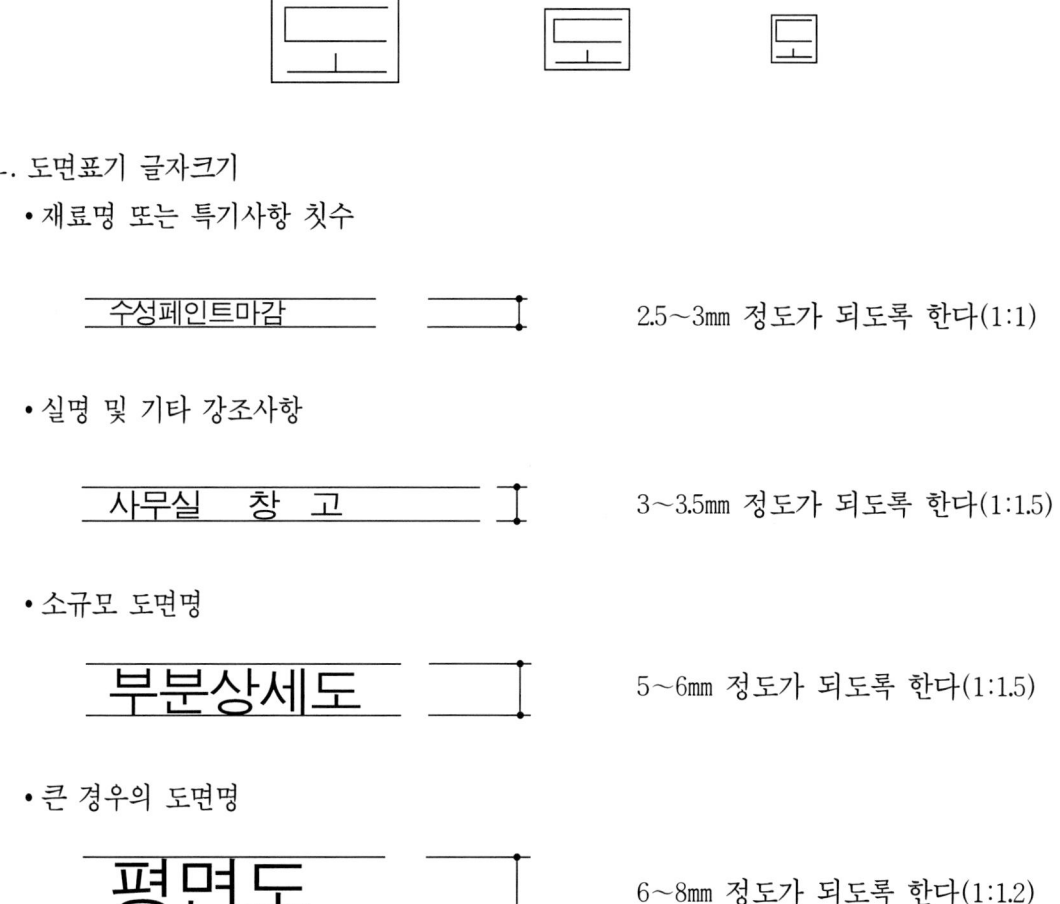

2.5~3mm 정도가 되도록 한다(1:1)

- 실명 및 기타 강조사항

3~3.5mm 정도가 되도록 한다(1:1.5)

- 소규모 도면명

5~6mm 정도가 되도록 한다(1:1.5)

- 큰 경우의 도면명

6~8mm 정도가 되도록 한다(1:1.2)

② 영문표기

ㄱ. 기본자형 : 영문은 대문자를 기본으로 하고 1:1의 비율로 단정히 쓰되 글자의 시작과 끝부분에 힘을 주어 쓰도록 하여야 한다.

- 작은글자

  ABCDEFGHIJKLMNOPQRSTUVWXYZ

- 큰 글자

  ABCDEFGHIJKLMNOPQRSTUVWXYZ

ㄴ. 범례 : 영문글씨는 가능한한 글자간격을 좁혀서 써야 한다.

PLAN ELEVATION SECTION SCALE 1/5 PARTIAL DETAIL

SPACE PROGRAM GARDEN

③ 숫자표기

ㄱ. 기본자형 : 숫자의 표기는 1:1의 비례로 바로쓰되 조금 옆으로 늘여쓰는 분위기가 되도록 할 것.

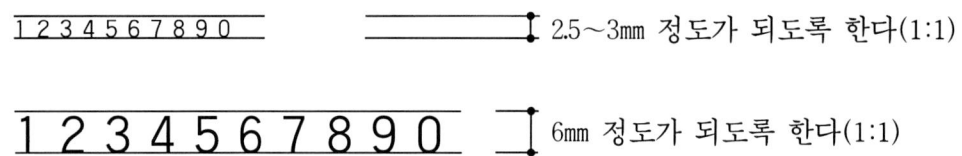

ㄴ. 범례

1,200   D10@300   1/50   1.0B   5,800   4,250   900   760   8,750

12층평면도   지하3층 평면도   5층

④ 도면명

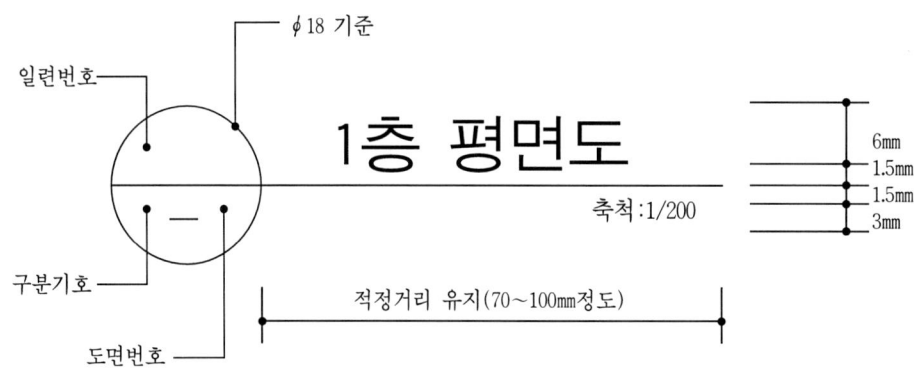

※ 시험에서 도면명은 아래 예시와 같이 도면의 중앙하단에 기입하고 일체의 다른 표기를 하여서는 안된다.

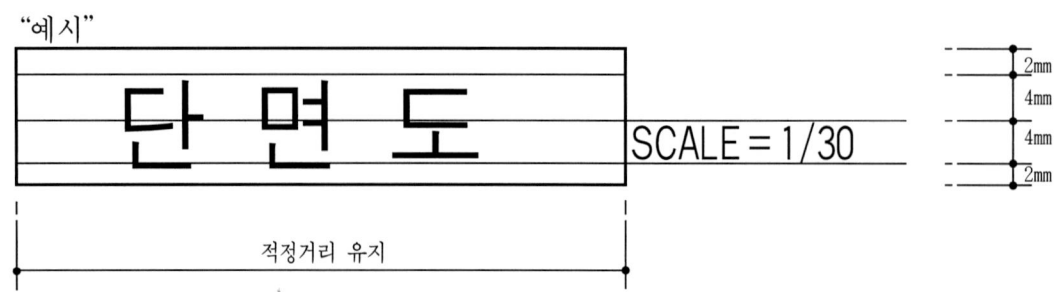

(2) 도면내부사항 기재방법
① 단면표시

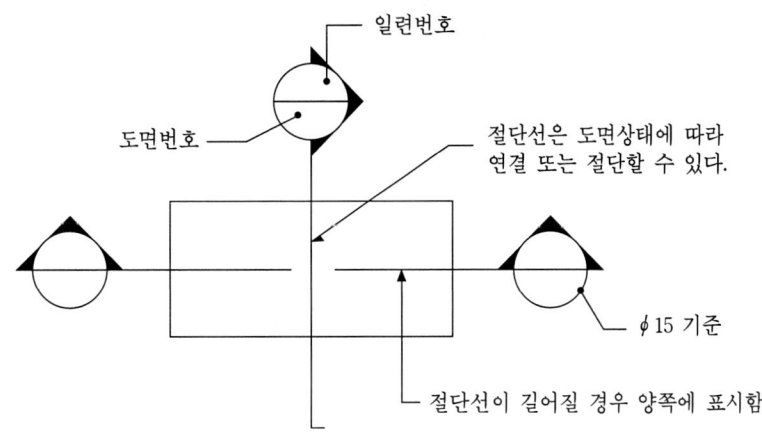

(3) 전개방향 표시

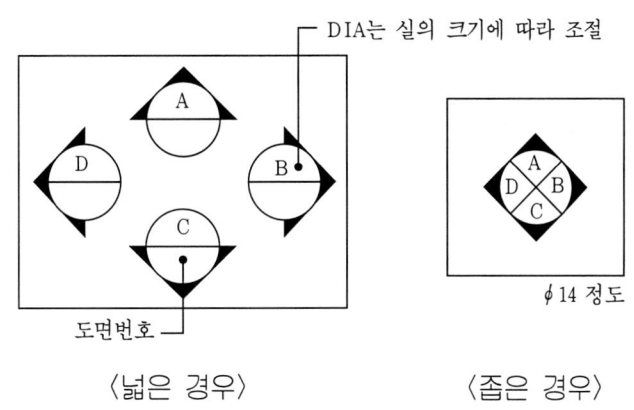

〈넓은 경우〉　　　　〈좁은 경우〉

(4) 단면선

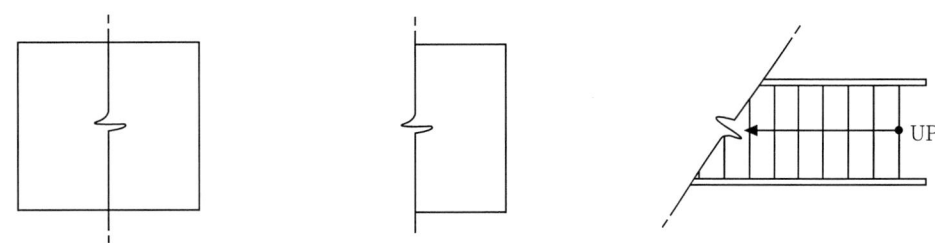

(5) 계단 및 경사로

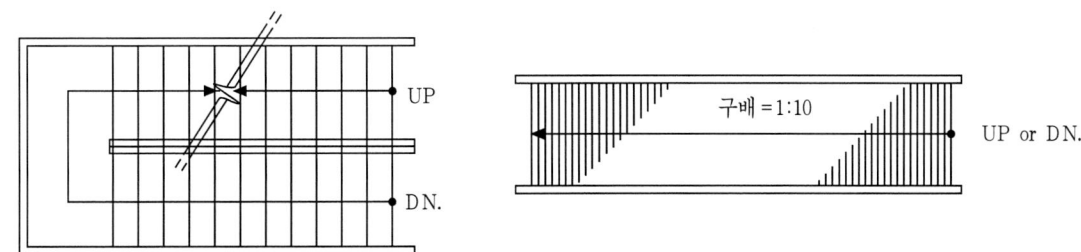

※ 단면선은 얕은 각도로 하며 축척이 큰 경우는 간략히 표현할 수도 있다.

(6) 실 명

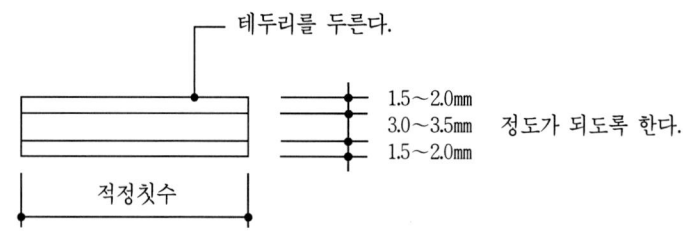

(7) 재료설명표기

① 개별적 표시-1

ㄱ. 면에서의 표시방법(입면도)

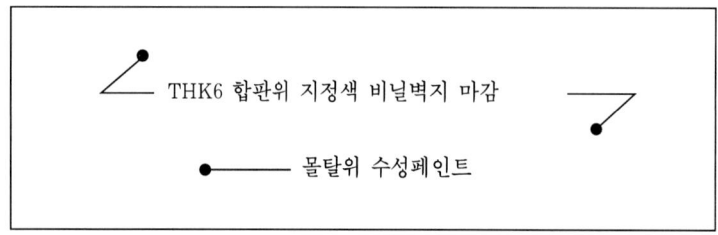

- 지시선은 45~60° 범위 또는 수평으로 긋고 끝부분은 둥근점으로 위치표시한다.
- 글자의 크기는 2.5mm 범위로 한다.

ㄴ. 선에서의 표시방법(단면도)

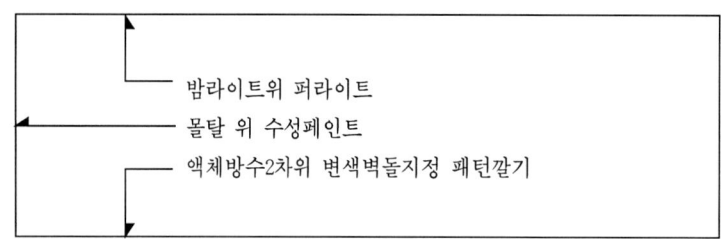

- 지시선은 40~60° 범위 또는 수평으로 긋고 끝부분은 화살표시로 위치표시한다.

② 개별적 표시방법-2

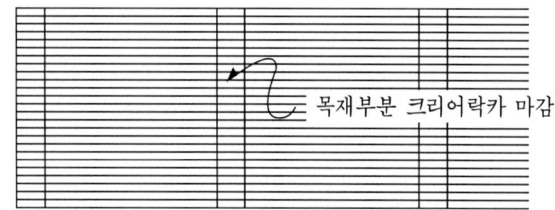

- 끌어내기 표시는 도면상태가 복잡하여 선으로 표시하는 것이 부적절한 경우 사용토록 한다.

③ 집단적 표시방법-1

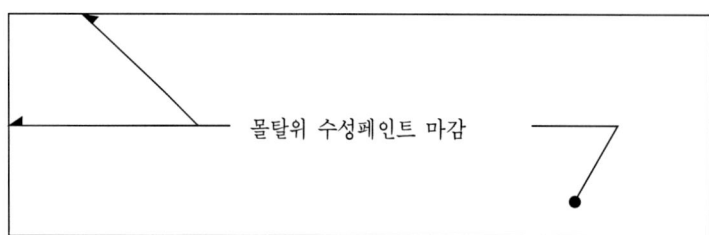

- 동일재료와 마감상태가 근접되어 분포되어 있을 때

④ 집단적 표시방법-2

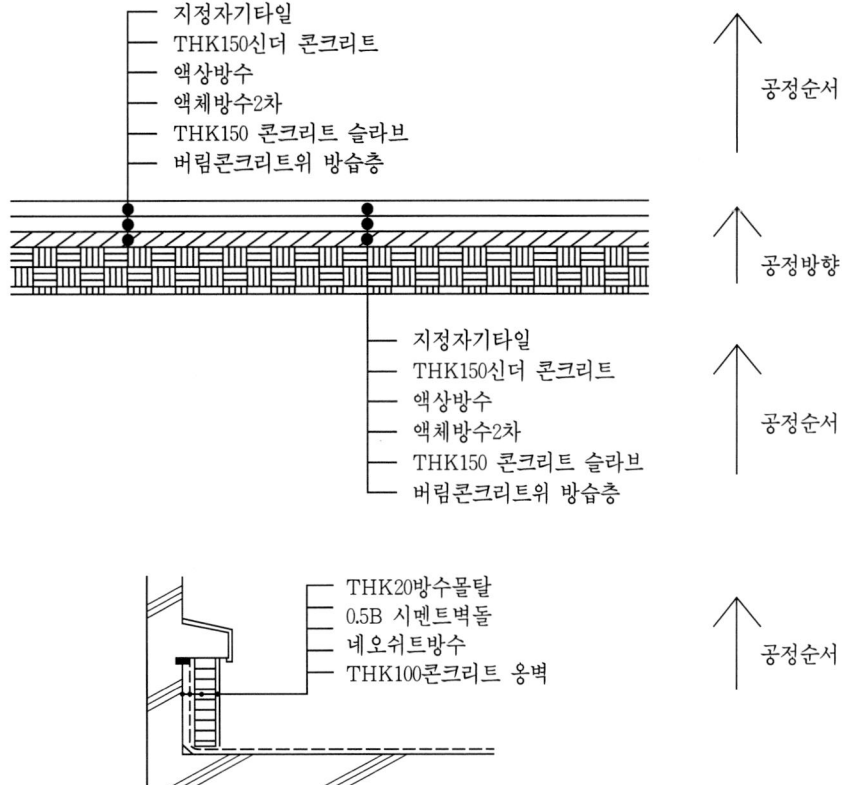

- 재료 및 공정내용을 집단적으로 표기할 경우는 끌어내기 표시를 90° 방향을 기준으로 하도록 하고 그 내용은 공정순서 방향에 따라 기재토록 할 것.
기재는 공정이 진행된 부분에 쓰고 앞머리를 맞출 것.

(8) GRID 및 벽체중심선

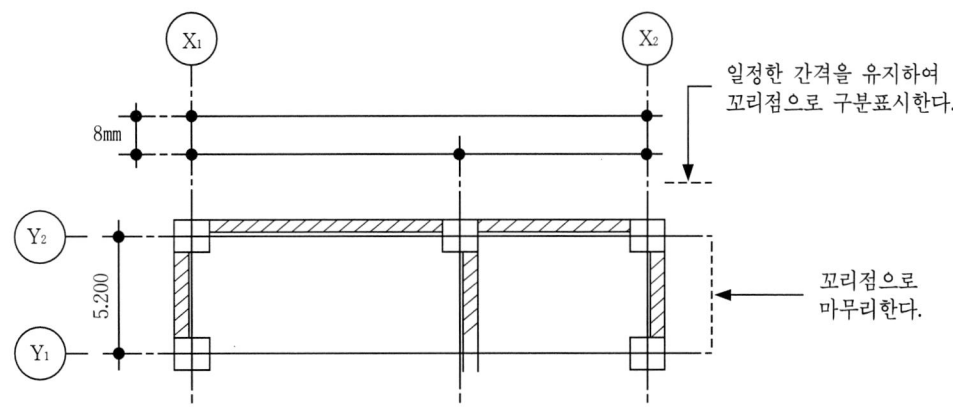

- GRID의 선은 일점쇄선을 원칙으로 연필 또는 먹선으로 명확히 긋도록 하며 배치도와 같이 큰축척의 경우에는 실선으로 표기할 수도 있다.

(9) LEVEL 표시

① LEVEL표기의 원칙(항상불변기준점을 설정하여 0을 정할 것)
ㄱ. 마감 LEVEL만 표기시(표시부호의 중앙에 표기)

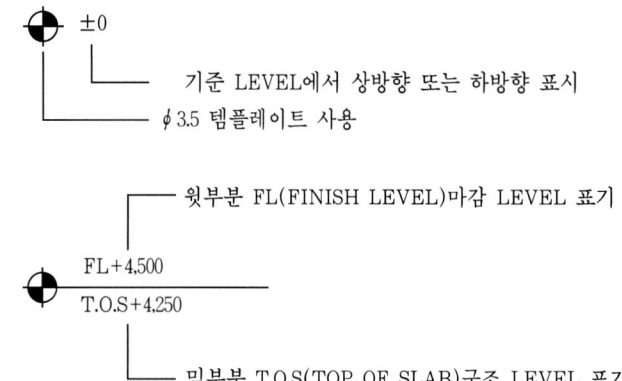

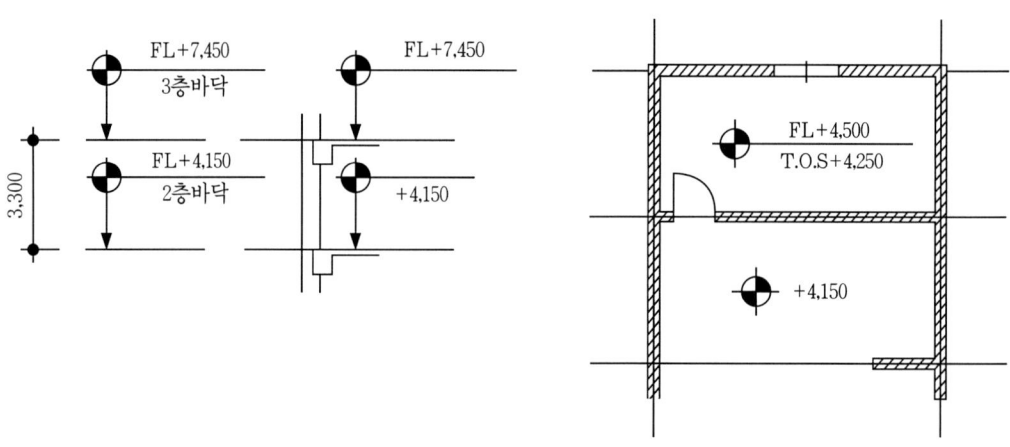

② 범례

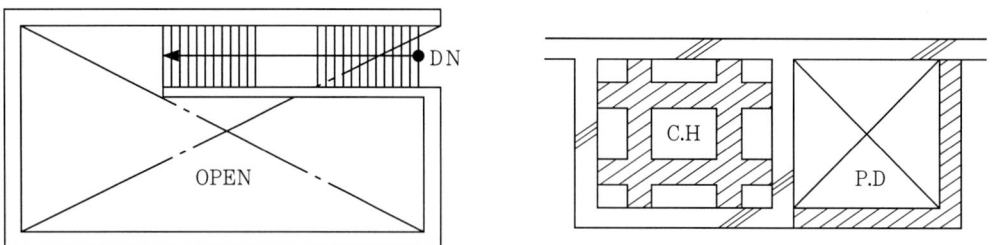

• 단 FL, T.O.S 등을 생략할 경우는 범례에 반드시 표기할 것

(10) 개구부의 표시

• 개구부의 표시는 평면, 단면 모두 일점쇄선으로 표시한다.
• 개구부 내부에는 개구부의 사용목적에 따라 그 내용을 기재하며 약자로 표기할 경우에는 그 약자의 내용을 범례에 표기하여야 한다.
• 사용목적이 명확하지 않은 경우에는 OPEN으로 표기토록 하여야 한다.

(11) 구조선 및 마감선의 표시

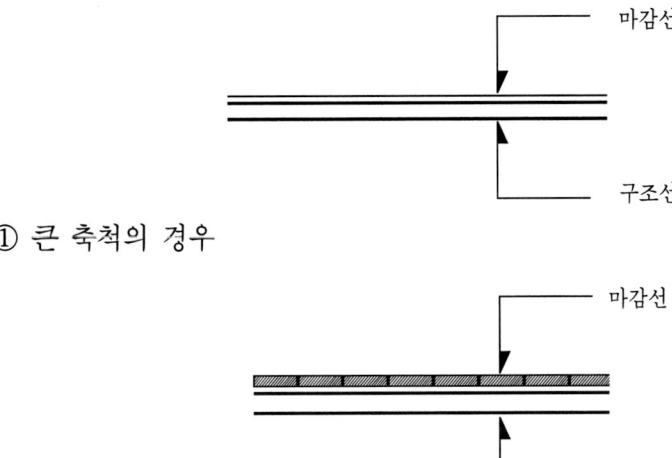

① 큰 축척의 경우

② 작은 축척의 경우
- 구조선 및 마감선은 표시된 도면에서의 선의 중요도에 따라 굵기를 달리하여 표기하며 큰 축척의 도면에서와 같이 방의 구획이나 구조의 위치가 중요시되는 경우에는 마감선에 우선하여 표기하고 상세도와 같이 최종마감칫수가 중요시되는 경우에는 구조선과 마감재의 최종바깥선을 강조하여 표기토록 한다.

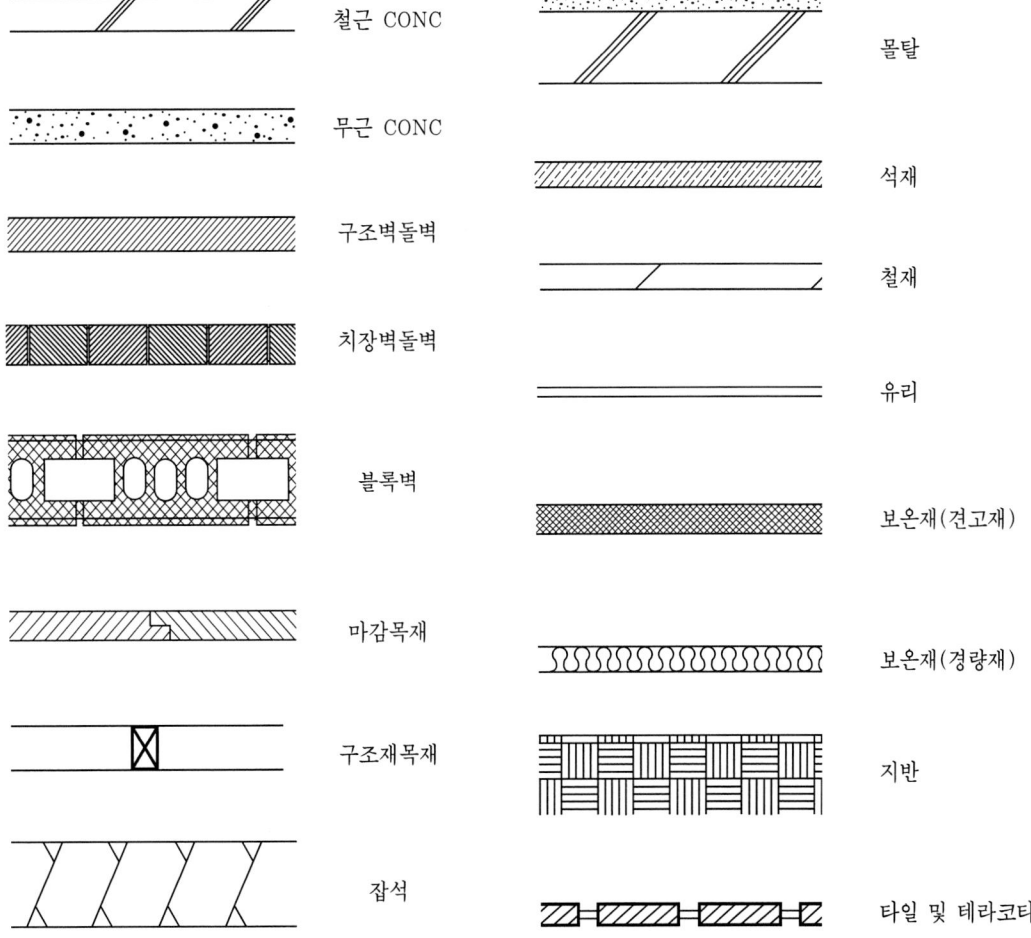

(12) 창호표시

① 약자

AL-ALUMINIUM
S-STEEL
SS-STAINLESS STEEL
W-WOOD
D-DOOR
W-WINDOW
S-SHUTTER

② 입면표시

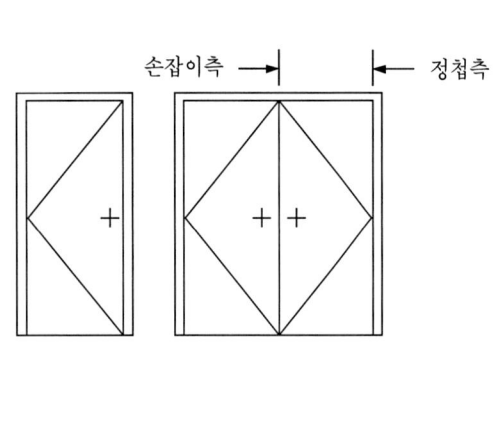
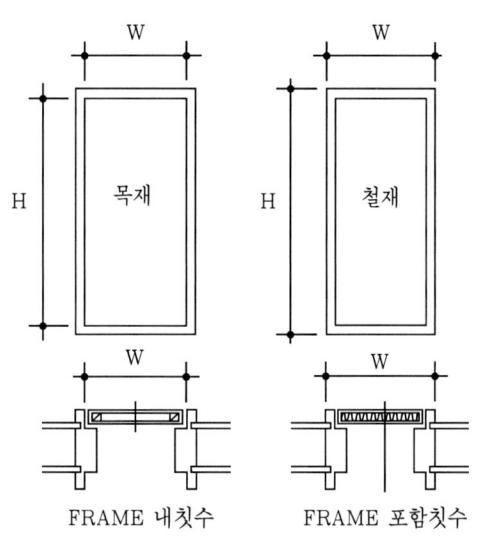

- 창호의 칫수는 목재의 경우 문짝자체의 칫수를, 철재의 경우 문틀을 포함한 칫수를 적는다.

(13) 수목표현

[2] 재료 및 약호

(1) 재료별 표기방법

구 분	분 류	표 기 예	비 고
콘크리트	① 노출 콘크리트 ② 콘크리트 제물마감 ③ 콘크리트 조면처리 ④ 콘크리트 하드너 제물마감 ⑤ 기포 콘크리트 ⑥ 경량콘크리트 ⑦ 무근 콘크리트 ⑧ 프리캐스트 콘크리트(P.C) ⑨ A.L.C (고온·고압양생경량콘크리트) ⑩ G.R.C	 ·THK 70 기포콘크리트 ·THK 120 경량콘크리트 ·THK 100 무근 콘크리트	·강도, 배합비 부재강도 ♯25-210-12 ·두께 표기 ·두께 표기 ·두께 표기
모르터	① 시멘트 모르터 ② 내산 모르터 ③ 단열 모르터(질석, 퍼라이트) ④ 셀프 레벨링 모르터	·THK 18시멘트모르터:벽 ·THK 30 : 바닥 ·THK 15 : 천정 ·THK 24 : 외벽	

벽 돌	① 시멘트 벽돌
	② 점토벽돌
	  ㉮ 적벽돌
	  ㉯ 변색벽돌
	  ㉰ 유약벽돌
	③ 내화벽돌
	④ 고압벽돌
	〈시공방법〉
	  ㉮ 치장줄눈쌓기
		·점토벽돌(적벽돌)
		치장쌓기
			·0.5B
			·1.0B

블 록	① 콘크리트 블록
	② 시멘트 블록
	③ 바닥포장블록(Type 지정)
	〈시공방법〉
	  ㉮ 보강블록쌓기
	  ㉯ 치장줄눈쌓기
		·6″콘크리트블록
		보강쌓기	

방 수	① 아스팔트방수(층표시)
	② 모르터방수
	③ 침투성방수
	④ 구체방수
	⑤ 쉬트방수
	⑥ 액체방수
	⑦ 도막방수
	  ㉮ 에폭시
	  ㉯ 우레탄
	  ㉰ 실리콘
		·액체방수(2차)	

석 재	〈석종분류〉 ① 화강석 ② 대리석 ③ 인조석 ④ 테라조 〈마감분류〉 ㉮ 흑두기 ㉯ 정다듬 ㉰ 도드락다듬 　(16,25,36,64,100目) ㉱ 잔다듬 ㉲ 기계켜기 ㉳ 버너마감 ㉴ 물갈기(유광, 무광)	· THK 30 화강석 　(괴산석물갈기)	· 석종 표기 · 두께 표기
타 일	① 자기질 외장타일 ② 자기질 내장타일 ③ 석기질 외장타일 ④ 석기질 내장타일 ⑤ 도기질 타일 ⑥ 모자익 타일 ⑦ 파스텔 타일 ⑧ 쿼리 타일 〈마감분류〉 ㉮ 시유타일(무광, 유광) ㉯ 무유타일 ㉰ 조면타일		
금 속	① 아연도강판 ② 착색아연도강판 ③ 불소수지피복강판 ④ 석면수지피복강판 ⑤ 염화비닐피복강판 ⑥ 다층수지피복강판 ⑦ 스텐레스 스틸(SST) ㉮ 스텐레스 스틸 미러 ㉯ 스텐레스 스틸 헤어라인 ㉰ 스텐레스 스틸 에칭 ㉱ 칼라 스텐레스 ㉲ 불소수지코팅스텐레스 스틸 ⑧ 착색 알루미늄 판넬 ⑨ 불소수지 코팅 알루미늄 ⑩ 유공 알루미늄판 ⑪ 악세스 플러오 ㉮ 철제 ㉯ 알루미늄제 ⑫ 경량철골 천정틀 ⑬ 동판(COPPER) ⑭ 황동(BRASS) ⑮ 청동(BRONZE)	· THK 2.3 아연도강판	· 두께 표기

유 리	① 맑은 유리 ② 칼라유리 ③ 반사유리 ④ 무늬유리 ⑤ 스팬드럴 유리 ⑥ 망입유리 ⑦ 강화유리 ⑧ 투명복층유리 ⑨ 칼라복층유리 ⑩ 반사복층유리 ⑪ 에칭유리 ⑫ 접합유리 ⑬ 유리블록 ⑭ 결정화유리 ⑮ 고밀도 아크릴판 　(POLY-CARBONATED SHEET) ⑯ 거울	・THK 5 칼라유리 ・THK 12 복층유리(3+6+3) ・THK 24 칼라복층유리 　(6+12+6) (상품명:네오빠리에, 　　　화이트스톤…)	・두께 명기
도 장	〈수지 TYPE별 분류〉 ① 불소수지 페인트 ② 우레탄 페인트 ③ 에폭시 페인트 ④ 실리콘 페인트 ⑤ 아크릴 페인트 ⑥ 알키드 및 페놀수지계 　㉮ 조합페인트 　㉯ 에나멜 페인트 　㉰ 은분페인트 　　(알루미늄페인트) 　㉱ 바니쉬 　㉲ 광명단 ⑦ 카슈(CASHEW) ⑧ 락카 　㉮ 투명락카 　㉯ 유색락카 ⑨ 멜라민 페인트 ⑩ 염화고무페인트 ⑪ 비닐페인트 ⑫ 수성페인트(에멀젼페인트) 〈수지종합 예〉 　㉮ 아크릴 우레탄 페인트 　㉯ 우레탄, 바니쉬 페인트 　㉰ 염화비닐 바니쉬 페인트 　㉱ 아크릴 에멀젼 페인트	・불소수지 페인트 　(정전도장) ・우레탄 페인트 　(스프레이) ・조합페인트(2회 도장) ・수성페인트(3회 도장)	〈특성에 따른 　분류〉 ① 내산페인트 ② 내알카리페인트 ③ 내약품페인트 ④ 내열페인트 ⑤ 방균페인트 ⑥ 방청페인트 ⑦ 발수페인트 ⑧ 전도성페인트 ⑨ 낙서방지페인트 ⑩ 탄성페인트 ⑪ 내후성페인트 〈도장방법에 따른 　분류〉 ① 소부도장 ② 정전도장 ③ 전착도장 ④ 분체도장 ⑤ 스프레이 ⑥ TEXTURED 　　COATING 　(하겐, 죠리파트)
보온 단열재	① 암면 펠트 ② 암면 보드 ③ 암면 유공 흡음판 ④ 유리면 ⑤ 우레탄 폼 보드	・THK 50 암면펠트(#80) ・THK 75 암면보드(#150) ・THK 50 유리면보드 　(#24, 1면 알루미늄 포일)	・밀도 및 두께명기

	⑥ 암면 스프레이 ⑦ 퍼라이트 스프레이 ⑧ 질석 스프레이 ⑨ 우레탄 스프레이 ⑩ 내화피복재		
목 재	① 합판(일반, 내수, 방염) ② 무늬목 ③ 원목(집성목 포함) ④ 인조목 ㉮ CHIP BOARD ㉯ M.D.F판 ㉰ 파티클 보드	·티크 무늬목	·합판은 두께를 명기 ·원목은 적용되는 재종을 명기하고 가능한 SIZE 표기 ·인조목 두께 등 치수 표기
내장재 (벽·천정)	① 석고보드(내수, 방화, 유공) ② 석면 시멘트판 ③ 목모 시멘트판 ④ 암면텍스 ㉮ 평판 ㉯ CUBE TYPE ㉰ 유공 ㉱ 기타 마감에 따름 ⑤ PVC 천정재 ⑥ 유리면 텍스 ⑦ 합성수지판재 (비닐, 아크릴계 재질) ⑧ 금속 천정재 ㉮ 금속 천정타일 ㉯ 금속 스판드럴 ㉰ 금속 천정판 ※금속 : 철제, 알루미늄, 스텐레스스틸, 동, 황동 ⑨ 장식 천정재 ⑩ 벽지 및 천정지 (종이, 비닐, 천) ⑪ 장판지(종이, 비닐) ⑫ 라미네이션 ㉮ 멜라민 ㉯ 우레탄 ㉰ 호마이카	·THK 12 석고보드(방화) ·THK 3.2 석면시멘트판 ·THK 12 암면텍스 (300×600 평판) ·PVC 천정재(리브형) ·금속천정타일(알루미늄) ·금속스판드럴 (스텐레스 스틸) ·금속천정판(황동)	·두께 및 SIZE 표기 ·암면텍스는 필요에 따라 EDGE TYPE 명기 - EXPOSED - CONCEALED - SEMI-EXPOSED ·하이보드 ·하니소 톤 ·크링클글라스 ·와룬쉬트 ·이삭글라스 ·루마사이트 ·벽지(천정지)는 방염처리 여부명기
바닥재	① 비닐 쉬트 ㉮ 장판용 ㉯ 중보행용 ② 비닐, 무석면 타일 ③ 라바 타일 ④ 전도성 비닐 타일 ⑤ 카페트 ⑥ 카페트 타일 ⑦ 라바 베이스 ⑧ 카페트 라바베이스		

(2) 실내마감재료 사례

① 주택

구 분	천 정	벽	바 닥	걸레받이
방	45mm합판위 천정지	모르타르위 벽지마감	모르타르위 장판지마감	H:50 굽도리
거 실	45mm합판위 천정지	모르타르위 벽지마감	온수 동 파이프위 모노륨	H:150 나왕위 니스칠
	12mm무늬목위 니스칠	12mm무늬목위 니스칠	18mm플로링널위 니스칠	H:150 나왕위 니스칠
주방·식당	4.5mm합판위 비닐천정지	모르타르위 비닐벽지	아스타일, 모노륨마감	H:150 나왕위니스칠
욕 실	6mm합판위 비닐천정지	세라믹 타일 시공	모자이크 타일 시공	
	3mm평스레트위 비닐천정			
	리빙우드마감			
현 관	12mm무늬목위 니스칠	12mm무늬목위 니스칠	바닥타일, 클링커타일	바닥타일, 클링커타일
창 고	모르타르위 WP칠	모르타르위 WP칠	모르타르마감	
테라스	모르타르위 WP칠	모르타르위 WP칠	인조석물갈기, 클링커타일	
계단실	12mm무늬목위 니스칠	12mm무늬목위 니스칠	18mm마루널	

② 아파트

구 분	천 정	벽	바 닥	걸레받이
방	45mm합판위 천정지	모르타르위 벽지마감	모르타르위 장판지	H:50 굽도리
거 실	45mm합판위 천정지	모르타르위 벽지마감	온수 동 파이프위 모노륨	H:150 나왕위 니스칠
	12mm무늬목위 니스칠	12mm무늬목위 니스칠	18mm플로링널위 니스칠	H:150 나왕위 니스칠
주방·식당	45mm합판위 비닐천정지	모르타르위 비닐벽지	모르타르위 모노륨	H:150 나왕위 니스칠
욕 실	6mm합판위 비닐천정지	세라믹 타일 시공	모자이크 타일 시공	
	3mm평스레트위 비닐천정지			
	리빙우드			
현 관	12mm무늬목위 니스칠	12mm무늬목위 니스칠	바닥타일, 클링커타일	바닥타일, 클링커타일
보일러실·창고	모르타르위 WP칠	모르타르위 WP칠	모르타르마감	
발코니	모르타르위 WP칠	모르타르위 WP칠	바닥용 타일 깔기	
계단실	모르타르위 WP칠	모르타르위 WP칠	인조석 현장물갈기	인조석 현장 물갈기
	무늬코트뿜칠	무늬코트뿜칠		

③ 사무소

구 분	천 정	벽	바 닥	걸레받이
사무실	6mm석고보드 마감	6mm평스레이트위 WP칠	인조석 현장물갈기	인조석현장물갈기
화장실	6mm석고보드 마감	세라믹 타일 마감	모자이크타일, 바닥타일	
창 고	모르타르위 WP칠	모르타르위 WP칠	모르타르마감	

계단실	무늬코트 뿜칠	무늬코트 뿜칠	인조석 현장물갈기	인조석 현장물갈기
	본타일마감	본타일마감	아스타일 마감	아스타일 마감
	모르타르위 WP칠	모르타르위 WP칠		
지하층	모르타르위 WP칠	모르타르위 WP칠	인조석 현장 물갈기	인조석 현장 물갈기
	6mm석고보드마감			

(3) 약호표기해설

약 호	원 어	원 어
@	at	~에서, 간격표기
A.B	Anchor Bolt	앵커볼트
ABS	Asbestos	석면
ACST.	Acoustic	음향
ADD.	Addition	부기
AGGR.	Aggregate	자갈
AIRCOND	Air Conditioning	에어컨디션
APPD.	Approved	승인
ASPH.	Asphalt	아스팔트
AL.	Aluminium	알루미늄
APT	Apartment	아파트
L	Angle	앵글
B.L.	Building Line	건물기준선
BLDG.	Building	건물
B.M.	Bench Mark	표준점
BOT.	Bottom	하부
BR.	Bed room	침실
BRS.	Brass	황동
BRZ.	Bronze	청동
BT.	Bolt	볼트
C, CL	Center line	중심선
CEM.	Cement	시멘트
CL.	Closet	옷장
C.O.	Clean out	청소구
COL.	Column	기둥
CONC.	Concrete	콘크리트
CORR.	Corridor	복도
C. TO C.	Center to center	중심에서 중심까지
CIR	Circle	원
CL. G.	Clear Glass	투명유리
CONST.	Construction	시공

약 호	원 어	원 어
DIA.	Diameter	지름
DIM.	Dimension	치수
DIST.	Distance	거리
DN.	Down	내려감
DR.	Drain	드레인
EA.	Each	개, 각각
ENT.	Enterance	현관
FIN.	Finish	마감
FD.	Floor drain	바닥, 드레인
FL.	Floor	바닥
F. C. U.	Fan Coil Unit	팬코일유니트
GL.	Ground Level	지면
GYP.	Gypsum	석고
KIT.	Kitchen	부엌
LAB.	Laboratory	실험실
MH.	Manhole	맨홀
MAX	Maximum	최대의
MIN	Minimum	최소의
MECH.	Mechanical	기계의
PL.	Plate	판
P.V.C	Poly vinyl chloride	염화비닐
PC.	Precast	프리케스트
PREFAB	Prefabricated	프리패브
RAD.	Radiator	라지에타
R. C.	Reinforced concrete	철근콘크리트
R	Riser	계단높이
RF.	Roof	지붕
R.D.	Roof Drain	지붕드레인
r	radius	반지름
RM.	Room	방
Sect.	Section	단면
SK.	Sink	개수대
ST. STL	Steel	철
SST.	Stainless steel	스텐레스
SYM.	Symbol	기호
T.	Toilet	화장실
THK	Thickness	두께
TYP	Typical	대표적인
UP	Up	오름
VENT	Ventilate	환기
W	with	～와

[3] 설계의 표현기호

(1) 재료 구조 표시기호

축척정도별 구분 표시사항	축척 1/100 또는 1/200 일때	축척 1/20 또는 1/50 일때
벽 일 반		
철골 철근 콘크리트 기둥 및 철근 콘크리트벽		
철근 콘크리트 기둥 및 장막벽		
철골기둥 및 장막벽		
블 록 벽		
벽 돌 벽		
목조벽 { 양쪽심벽 / 안심벽 / 밖평벽 / 안팎평벽 }		

▲ 평면용

표시사항구분		원칙사용	준용사용	비 고
지 반				경사면
잡석다짐				
자갈, 모래		a자갈 b모래	자갈, 모래섞기	타재와 혼용될 우려가 있을 때에는 반드시 재료명을 기입한다.
석 재				
인조석 (모조석)				
콘크리트		a b c		a는 강자갈 b는 깬자갈 c는 철근배근일 때
벽 돌				
블 록				
목재	치장재		단면 직사각형방향 단면	
	구조재		합판	유심재 거심재를 구별할 때 유심재 거심재
철 재				준용란은 축척이 실척에 가까울 때 쓰인다.
차단재 (보온,흡음, 방수,기타)		재료명 기입		
얇은재(유리)		a		a는 실척에 가까울 때 사용한다.
망 사		a		a는 실척에 가까울 때 사용한다.
기 타		윤곽을 그리고 재료명을 기입한다.	재 료 명	실척에 가까울수록 윤곽 또는 실형을 그리고 재료명을 기입한다.

▲ 단 면 용

(2) 출입구 및 창호 표시기호

명 칭	평 면	입 면	명 칭	평 면	입 면
출입구 일반	┐ ┆ ┌	(문)	미서기문	┐├┌	(이중창)
회전문	┐⊗┌	(3패널)	미닫이문	┐ ─ ┌	(문)
쌍여닫이문	┐⌣┌	(쌍문)	셔터	┐ ─ ┌	(셔터)
접이문	┐∧┌	(접이)	빈지문	┐ ┄ ┌	(문)
여닫이문	┐⌢┌	(문)	방화벽과 쌍여닫이문	┐⌣┌	(쌍문)
주름문 (재질 및 양식기입)	┐∽┌	(주름)	빈지문	┐ ┄ ┌	(문)

명 칭	평 면	입 면	명 칭	평 면	입 면
자재문			망사문		
창일반			망사창		
망 창			여닫이창		
회전창 또는 돌출창			셔터창		
오르내리창			미서기창		
격자창			계단 오름 표 시		
쌍여닫이창					

(3) 가구 및 설비 표시 기호

테이블		2단베드		붙박이가구 (미닫이문)	
책 상		더블베드		침대 (전시·제안용, 도면에만 사용, 공사용도면에는 사용하지 않음)	
소 의 자		세로형 피아노		냉 장 고	
스 툴		평 형 피아노		세 면 기	
쇼 파		싱크대		소 변 기	
코 치		가스렌지		대 변 기	
쇼 파		수납용가구 (절단된 표시)		송 기 구	
싱글베드		붙박이가구 (여닫이문)		배 기 구	

닥 트	E — 전기 / A — 공기 / S — 위생	엘리베이터	⊠ ⊠
텔레비젼	TV.	파이프닥트	⊠ (PD)	닥트스페이스	⊠ (DS)
서어비스콕	⋈	한쪽 가스콕	⊙	탕비기	⊘
탕가감콕	⋈	양쪽 가스콕	○	가스미터	M
중간콕	Z	특수 가스콕	⊚	가스미터	⌐⌐
형광등	F.L.40(20)W×1	형광등	F.L.40(20)W×2	형광등	F.L.40(20)W×3
천정등 일반	○	실링 라이트	CL	샨델리어	CH
코드 펜던트	⊖	파이프 펜던트	P	매설기구	◎
벽 등	◐	벽붙인 콘센트	⦂	선풍기	∞

2장

상 세 도

상세도를 보여 줌으로서 각 부분의 이해가 빠르도록 하였다.

1장   건축제도의 기초

2장   상세도

3장   철근배근법

4장   철골조(트러스) 일반사항

5장   상세설계 예

6장   Freehand drawing 연습

7장   건축도면 실습

8장   실시설계 예

1 바닥 및 벽마감 상세도

여러 종류의 마감이 있으나 가장 일반적인 경우를 표현하였다.

바닥마감 상세도
온돌마감 상세도
마루마감 상세도
현관단면 상세도
벽마감 상세도

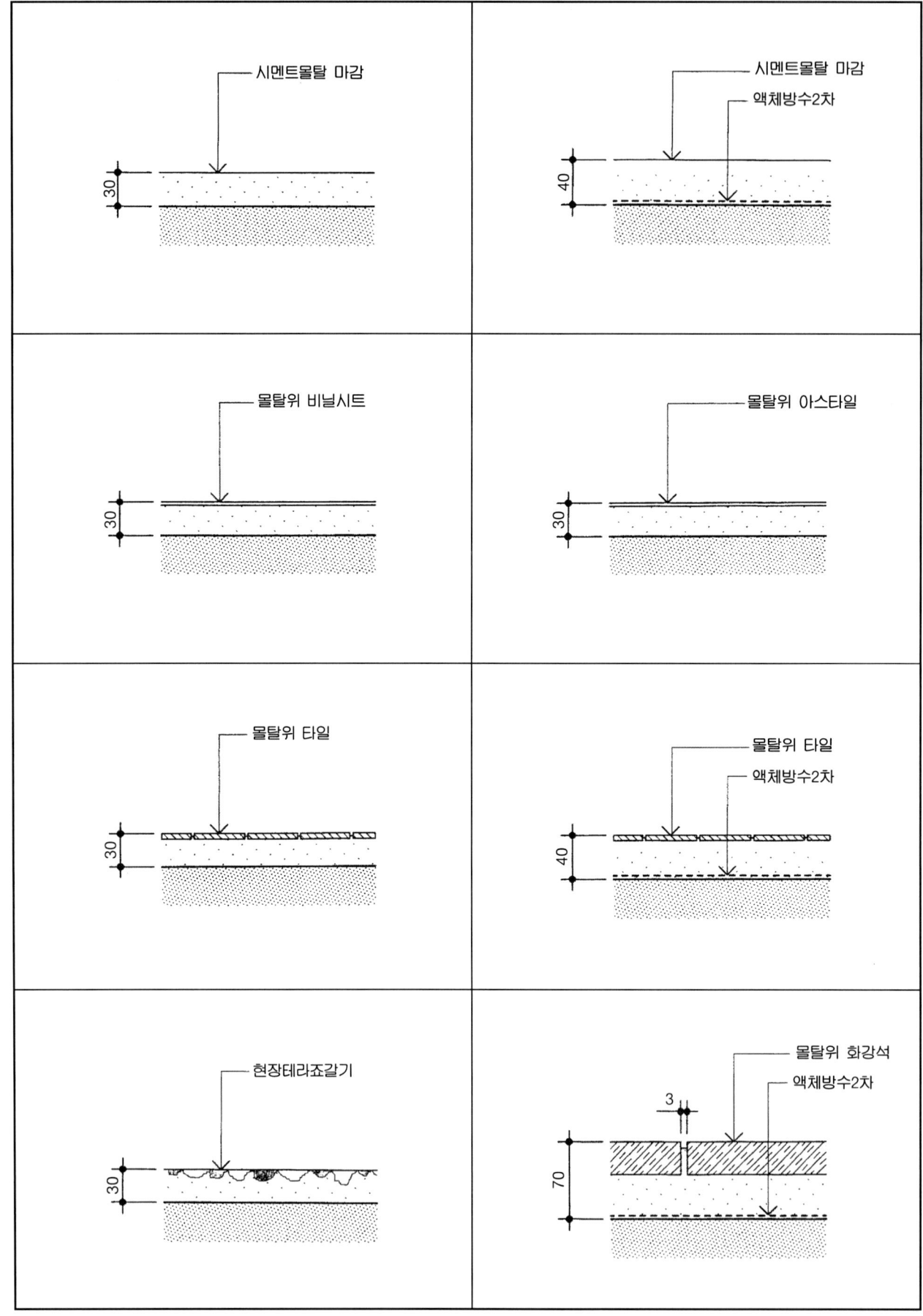

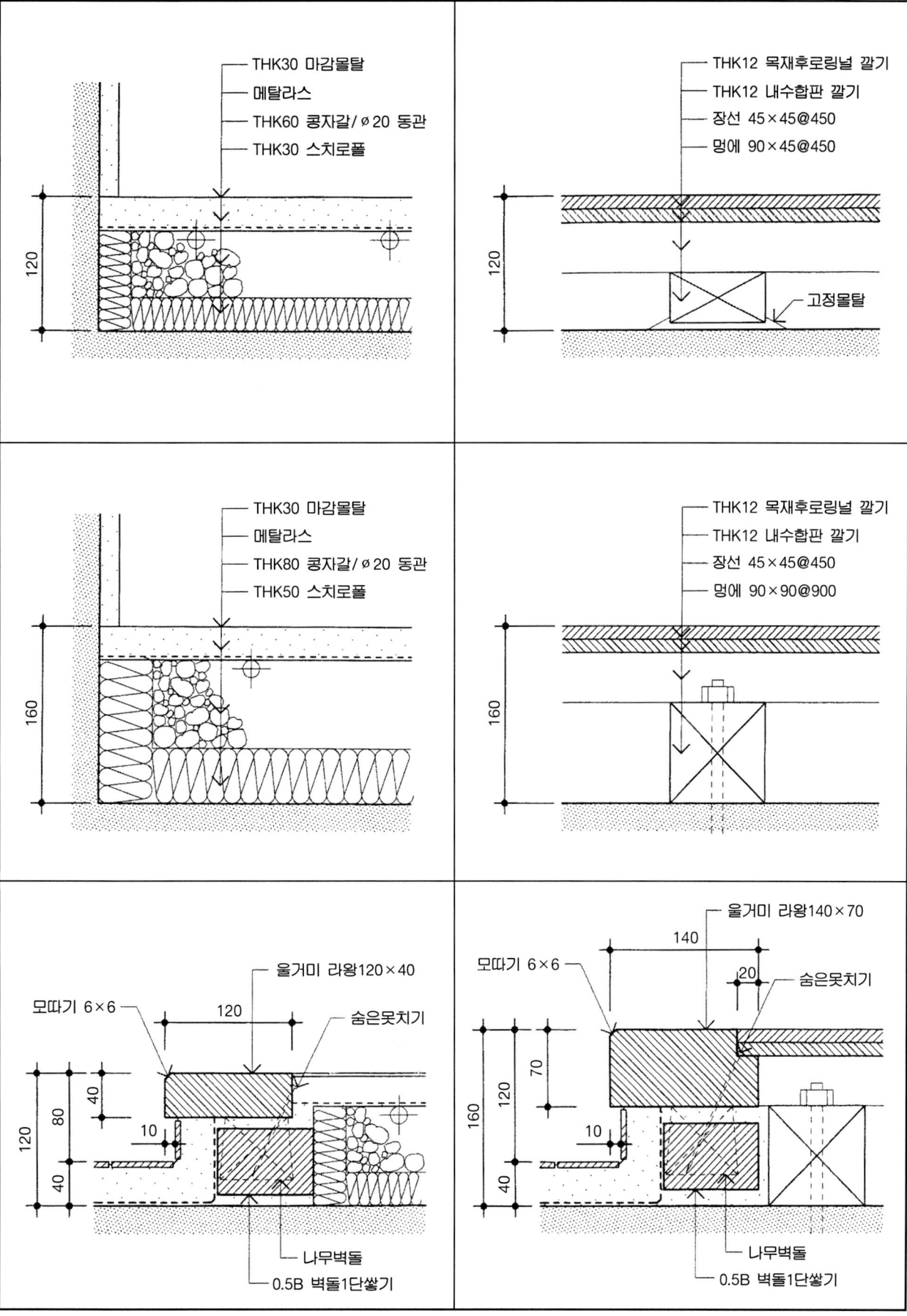

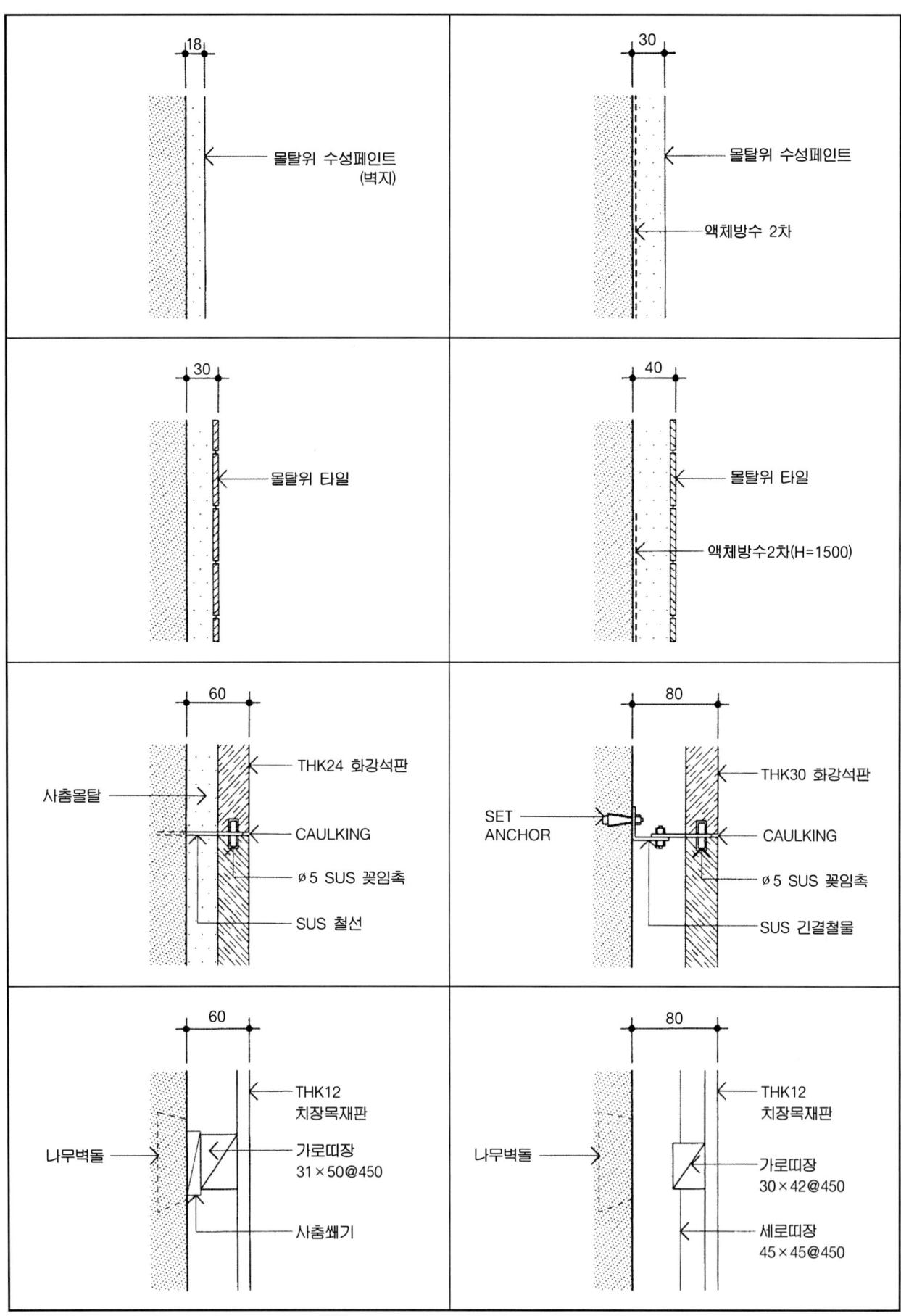

걸레받이 상세도

조이너(joiner) 상세 및 여러 종류의 걸레받이를 실었으며 벽과 바닥의 조합에 의한 변형도 가능하다.

걸레받이 상세도

조이너 상세도

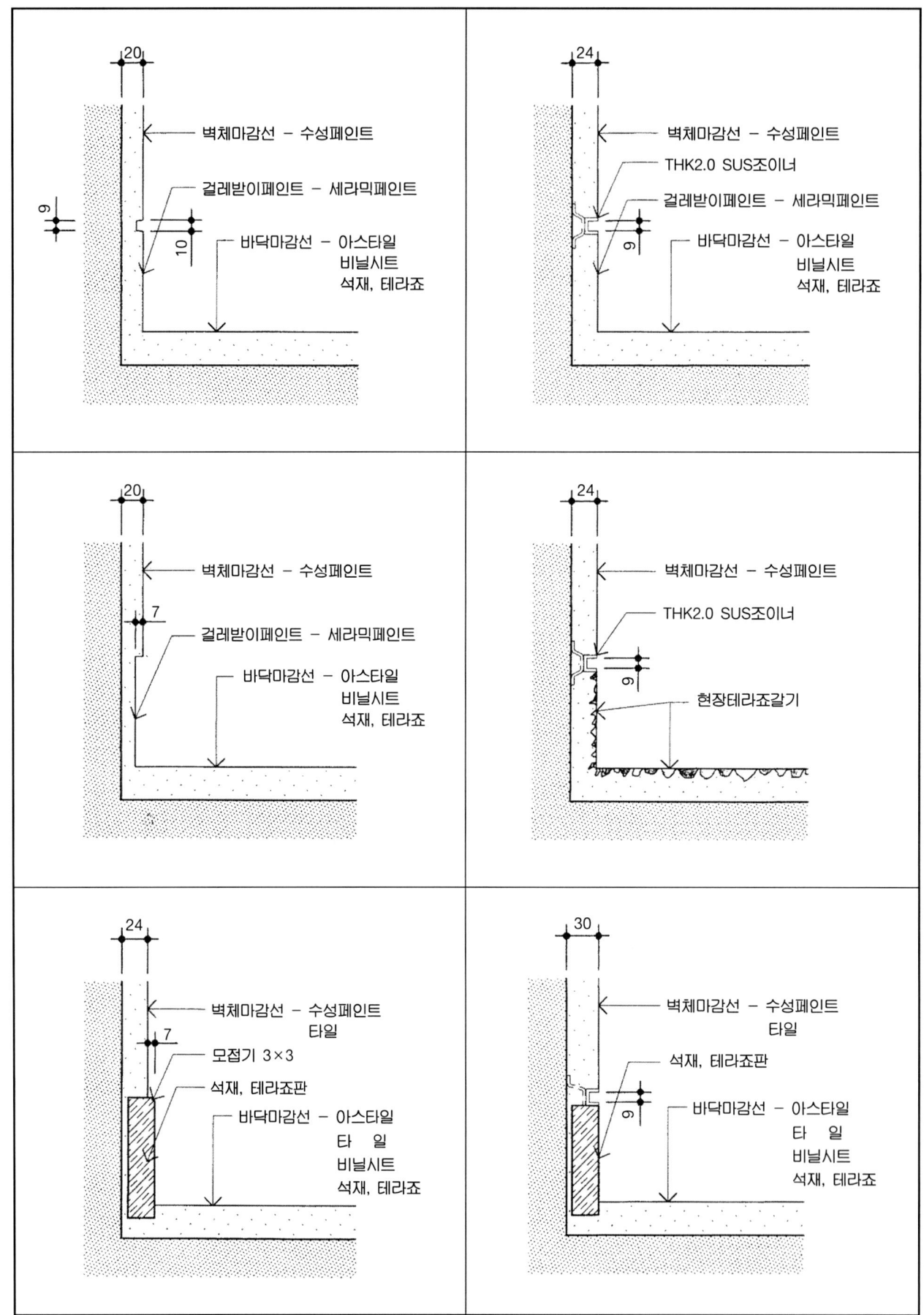

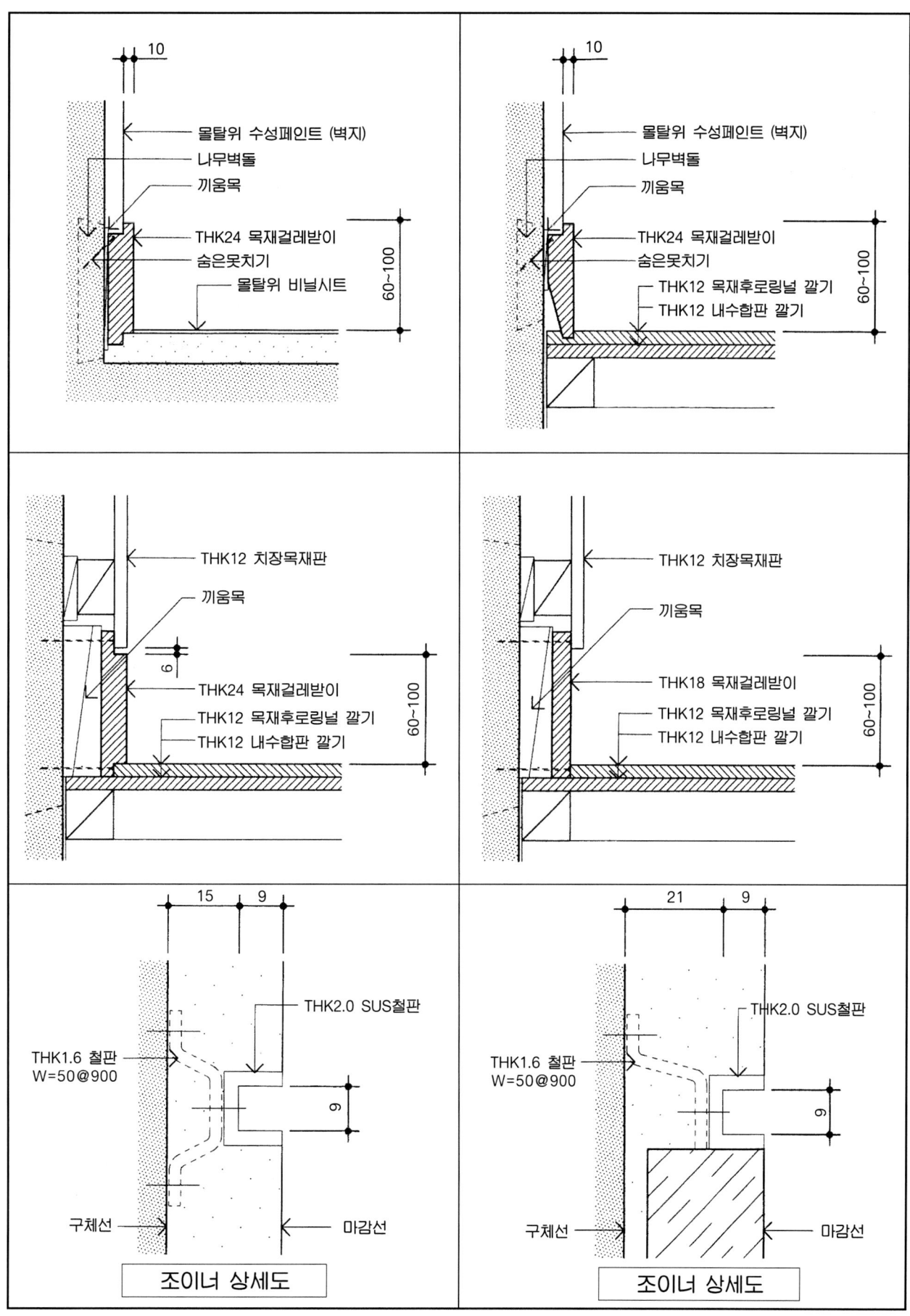

천장부분 상세도

천장의 종류별 상세 및 반자돌림, 커튼박스 상세를 표현하였다.

목조 천장 상세도

경량철골 천장 상세도

반자돌림 상세도

커튼박스 상세도

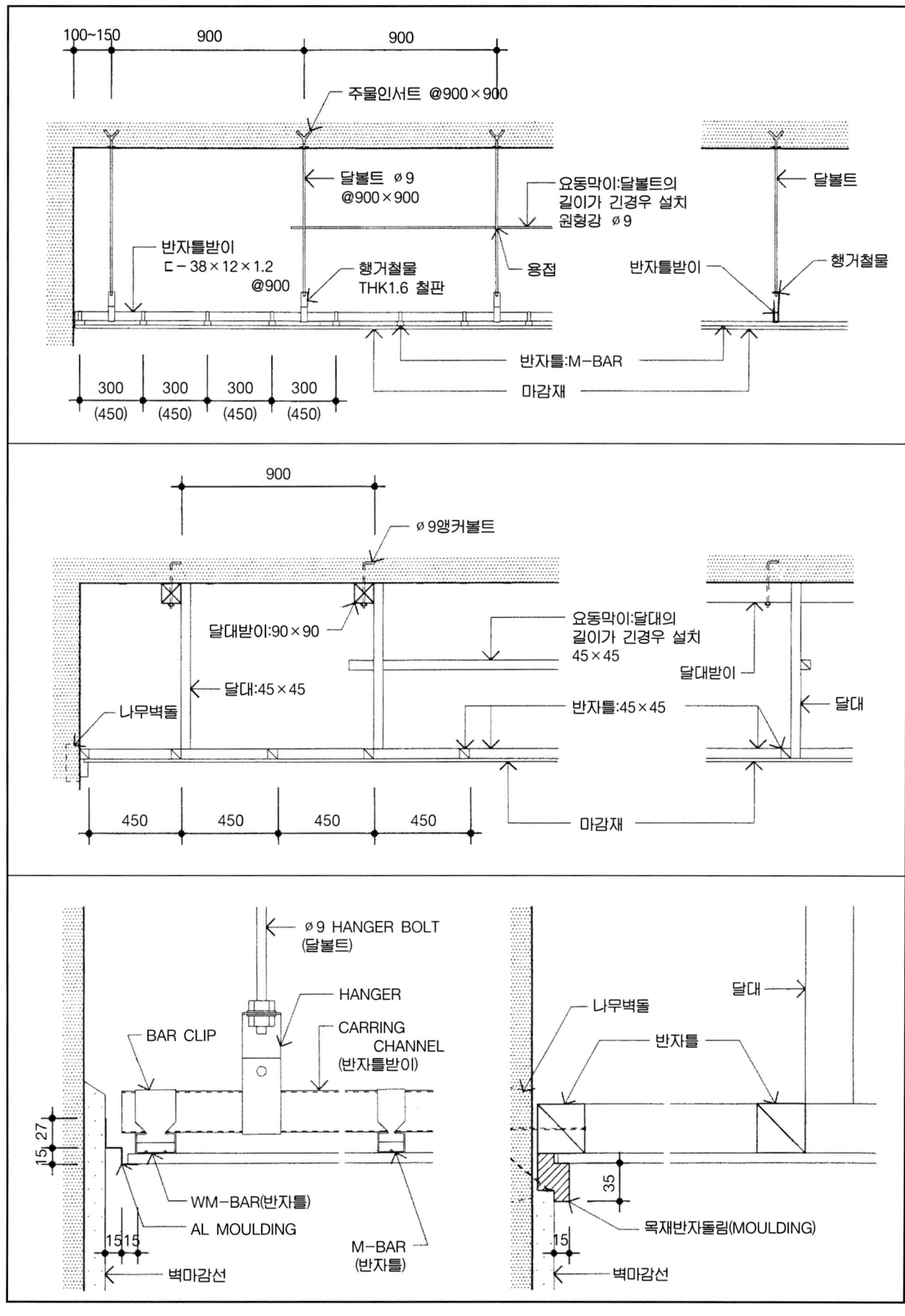

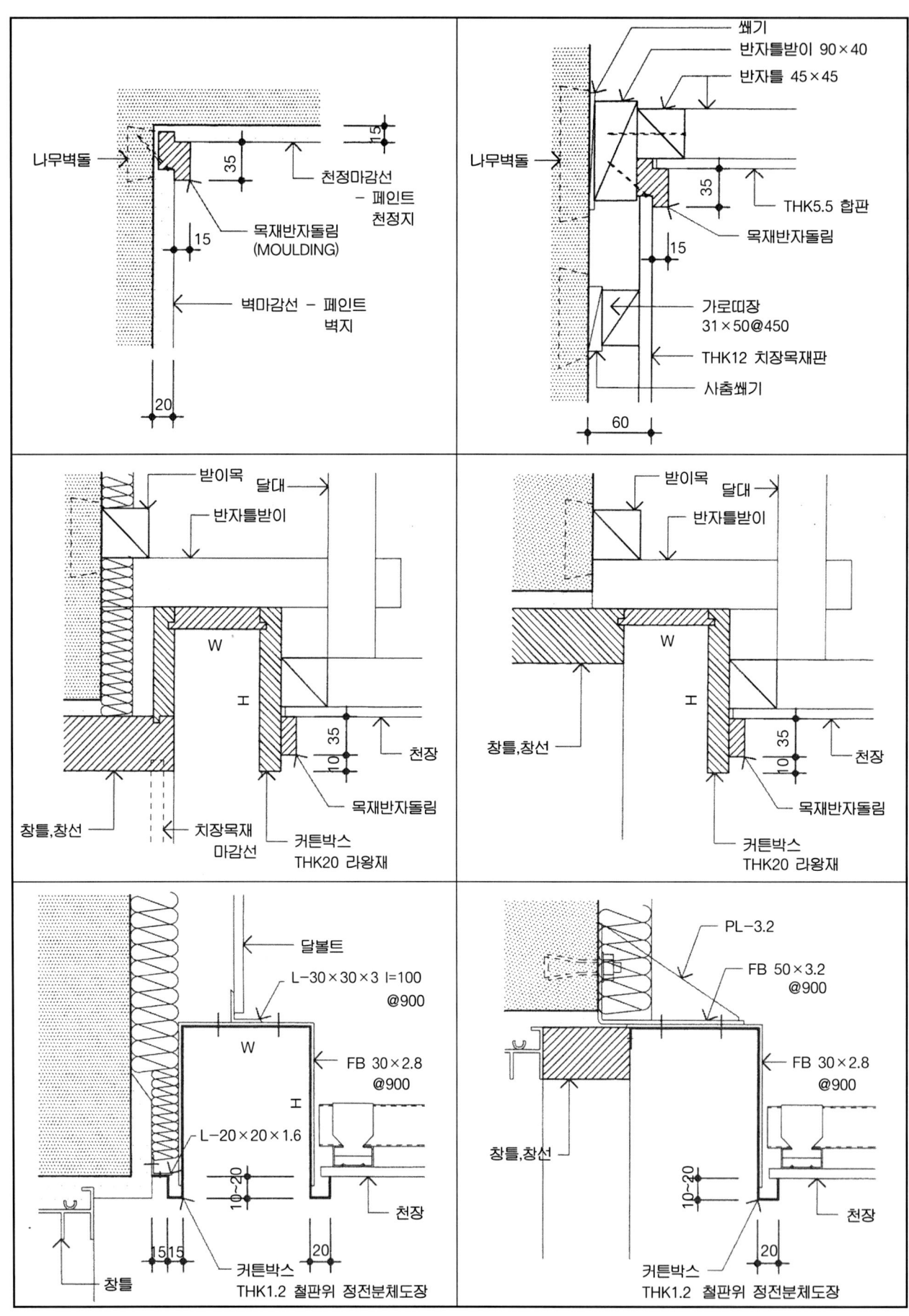

4
외벽 각부분 상세도

외벽의 종류별 상세 및 각부분 상세(창틀, 발코니, 파라펫 등)를 표현하였다.

외벽 상세도

파라펫 상세도

발코니 상세도

창틀 상세도

문틀 상세도

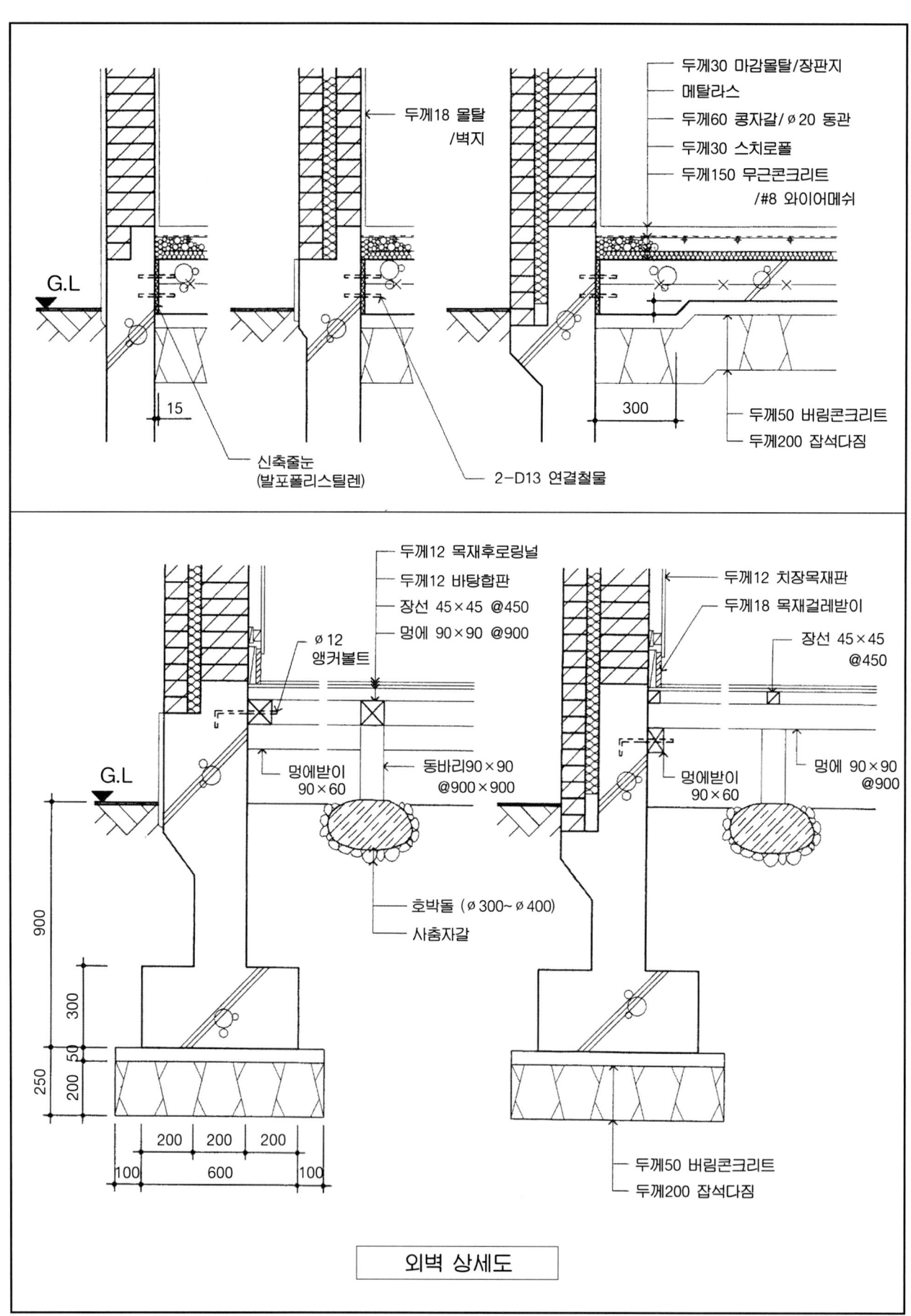

외벽 상세도

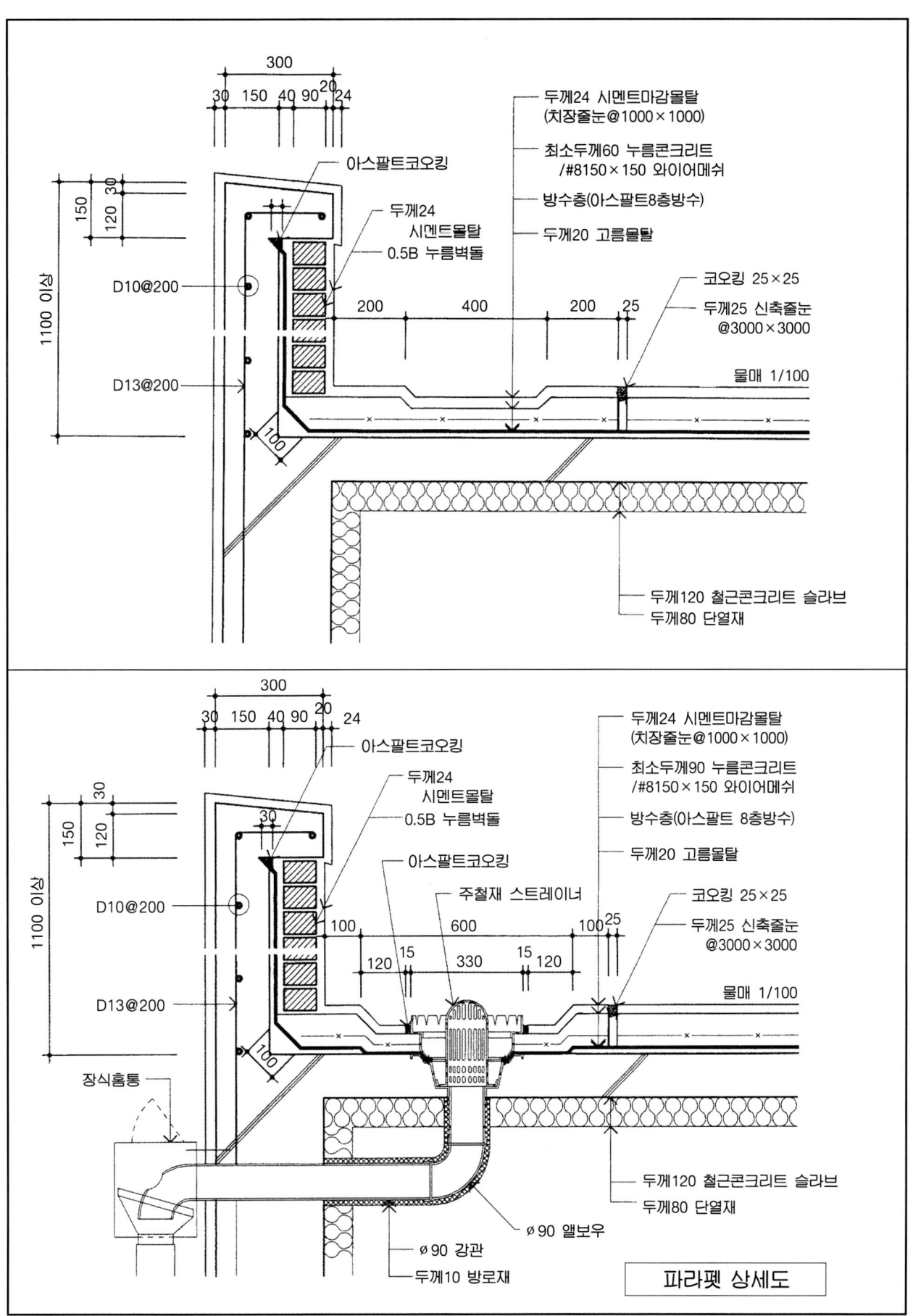

파라펫 상세도

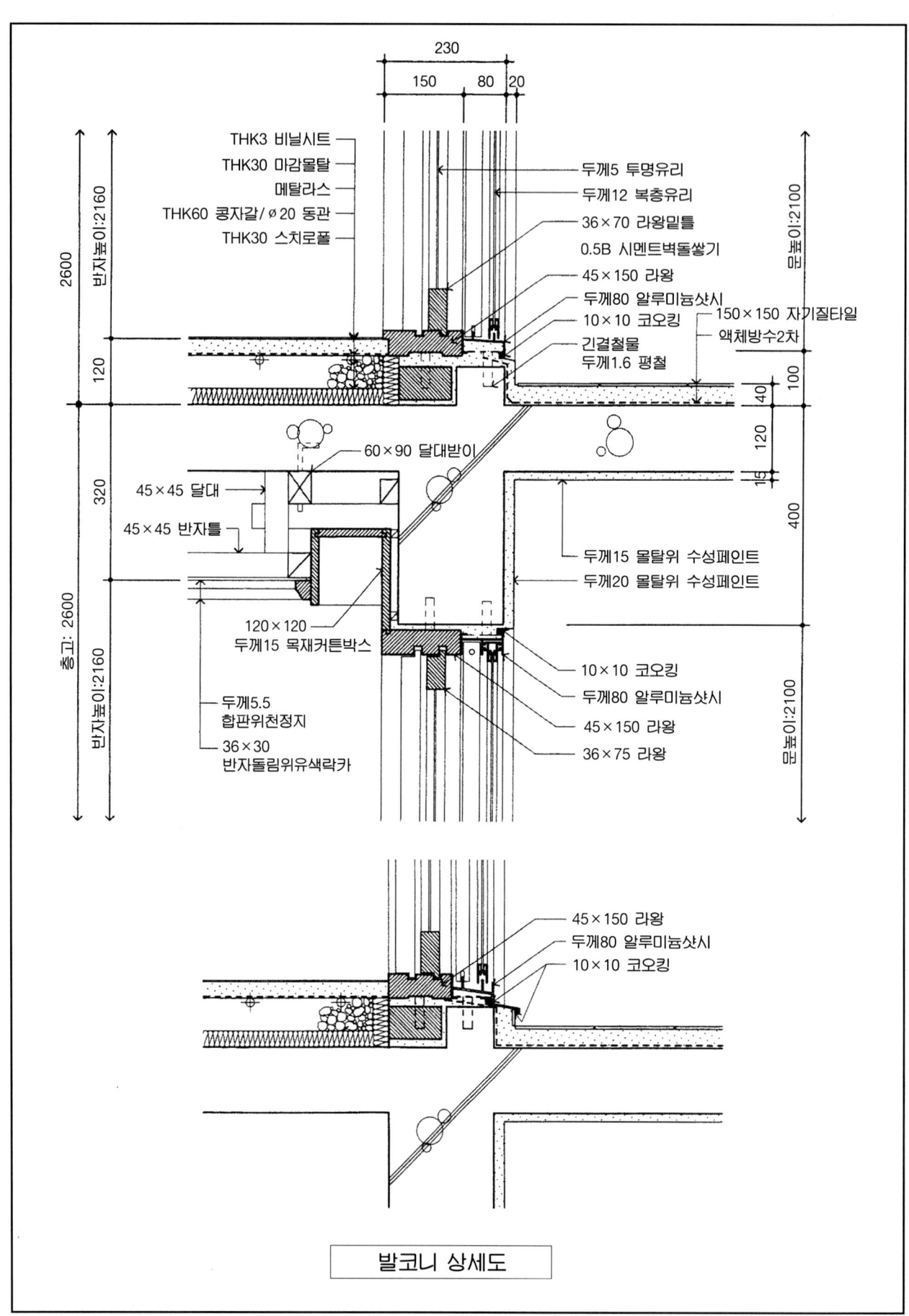

발코니 상세도

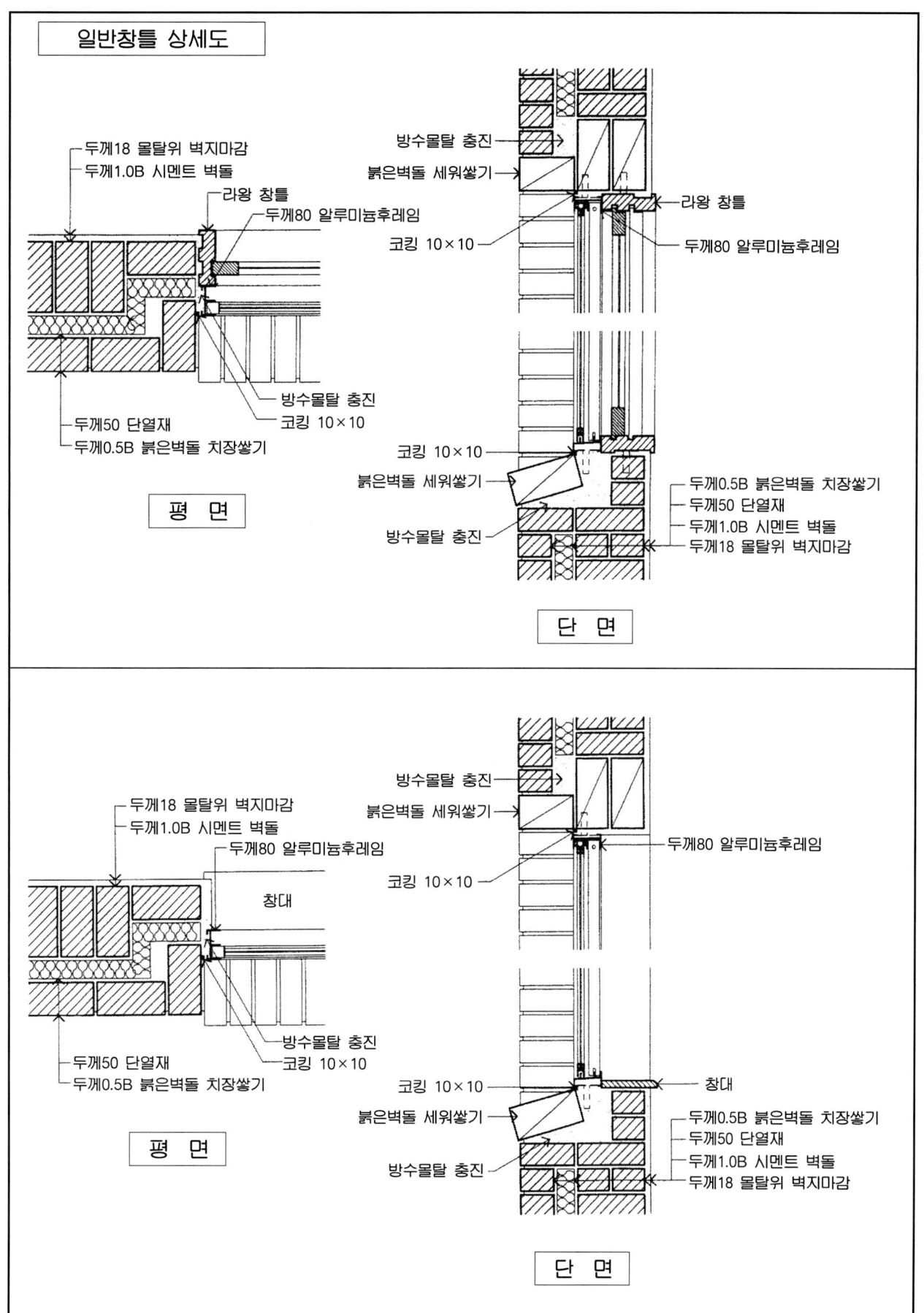

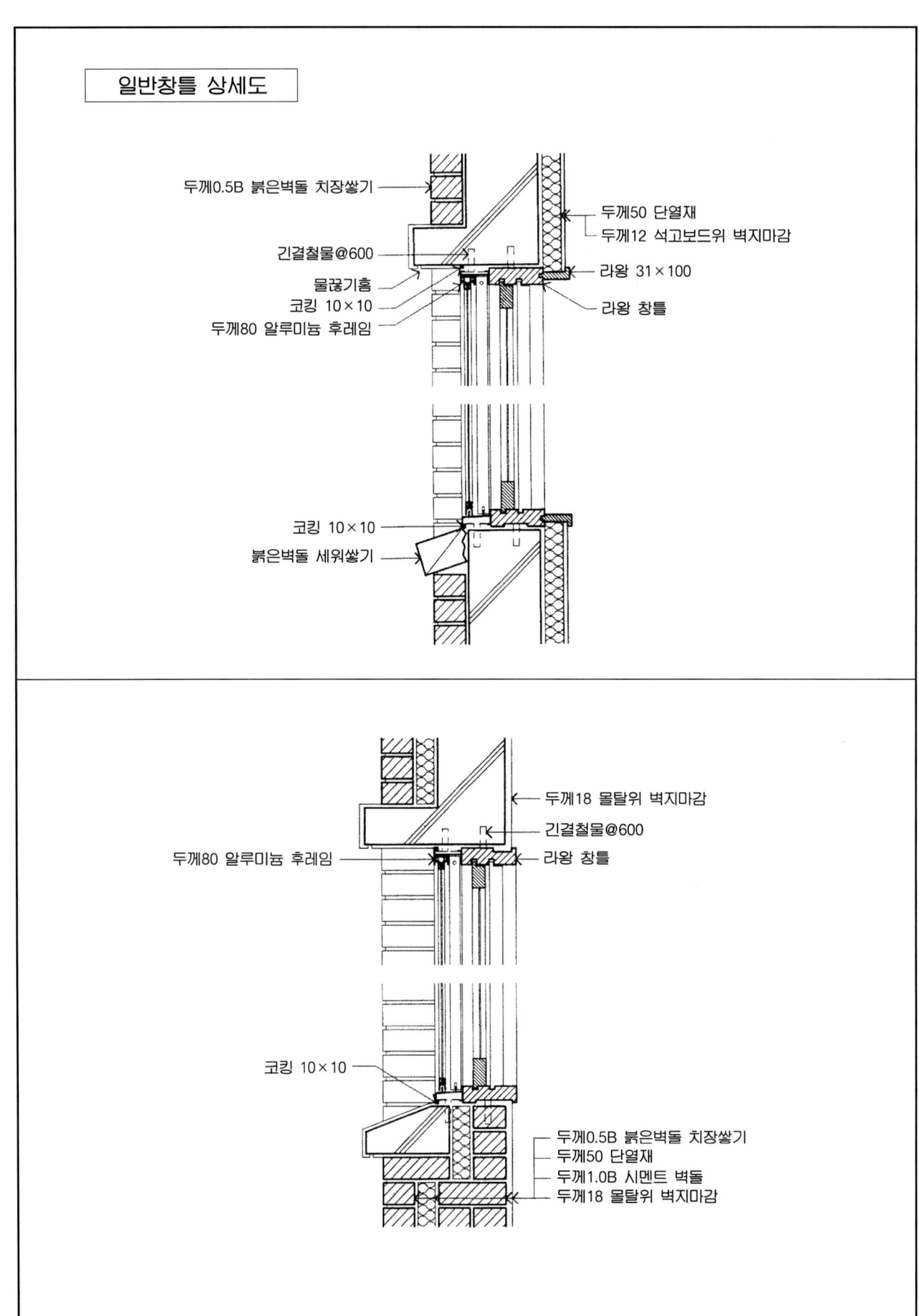

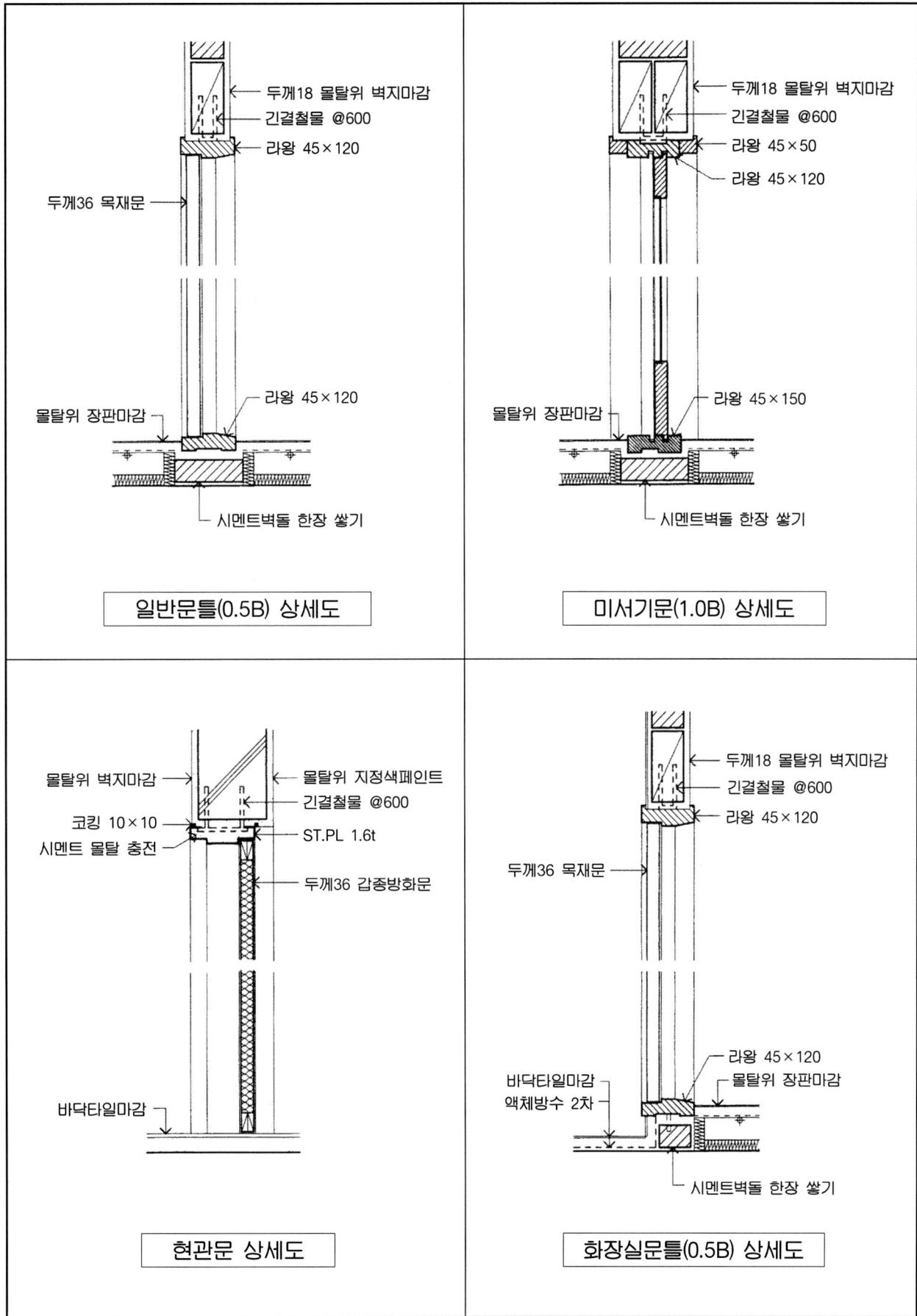

5 기타 부분 상세도

목조계단 상세도

계단 마감 상세도

발코니 난간 상세도

발코니 문틀 상세도

엘레베이터 출입구 상세도

경사지붕 상세도

발코니 드레인 상세도

목조 지붕틀 상세도

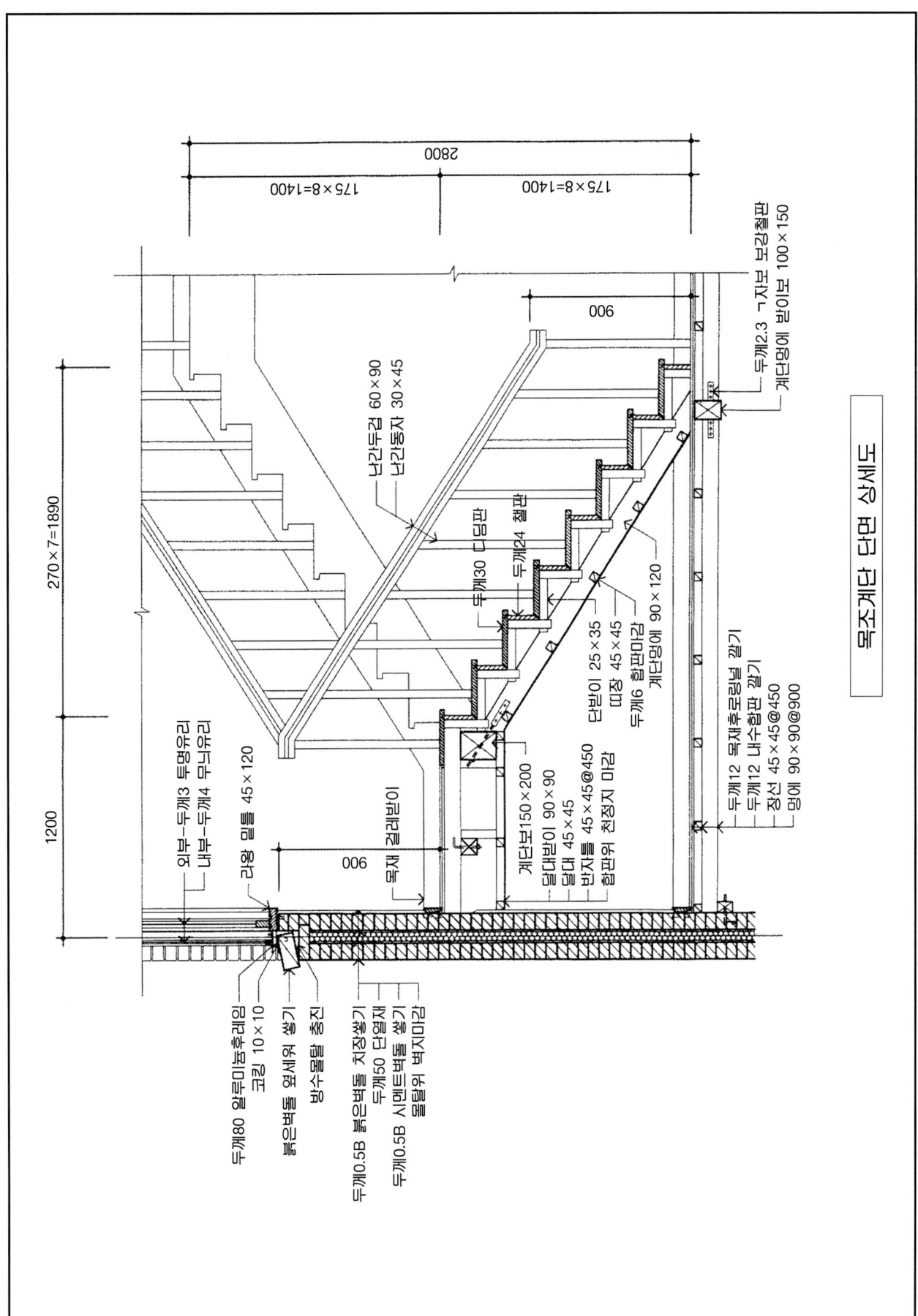

계단의 마감

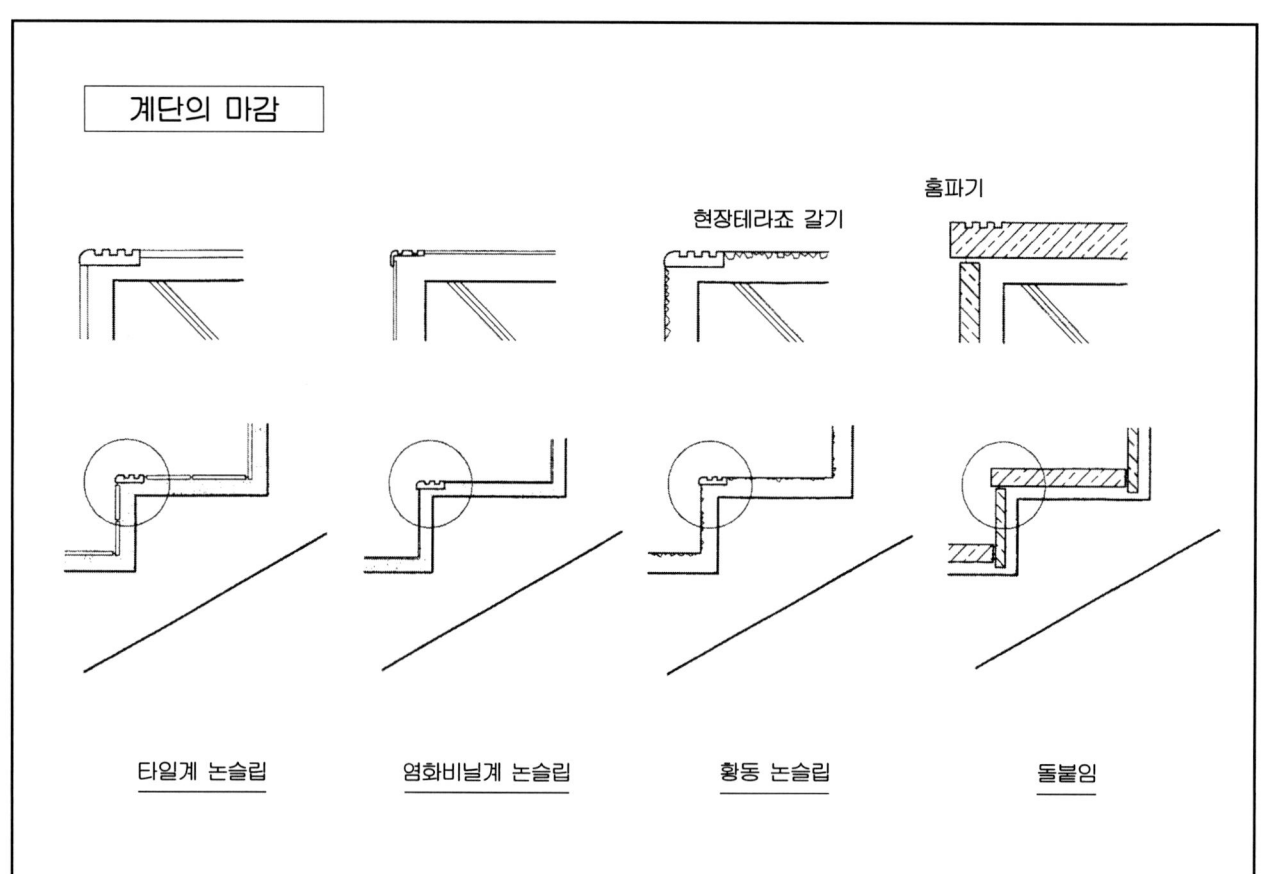

발코니 난간 단면 상세도

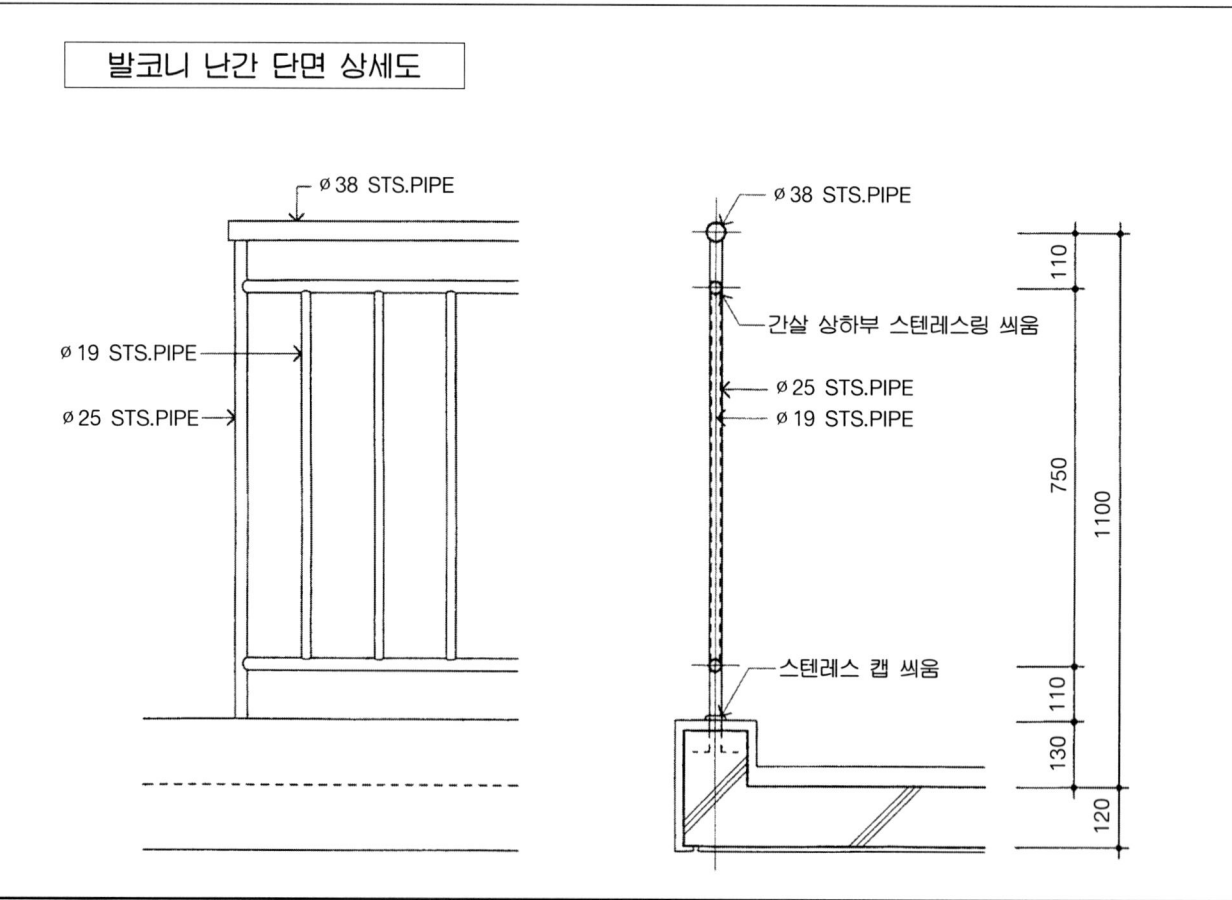

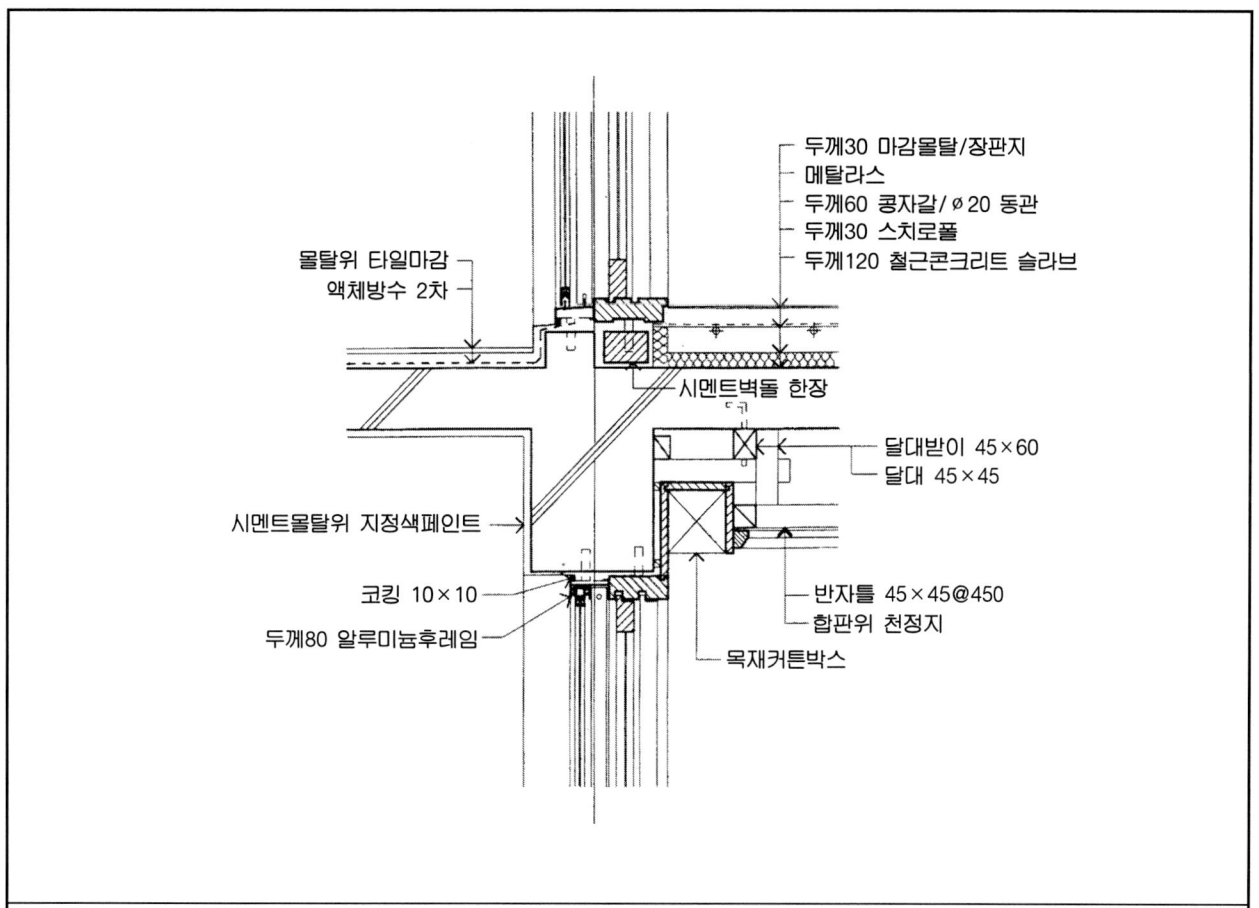

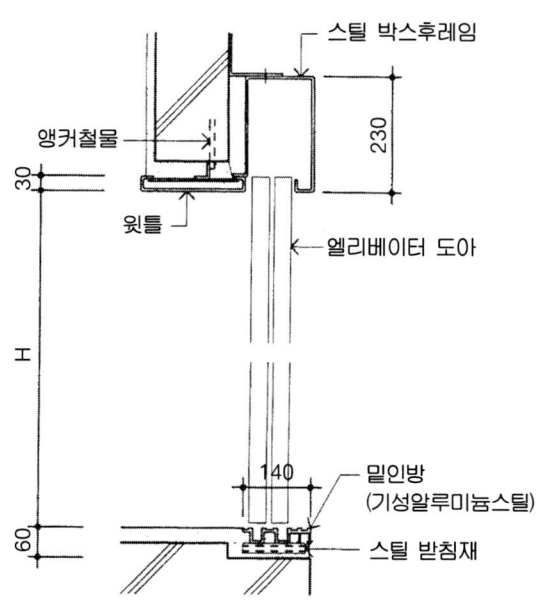

엘리베이터 출입구 상하부 상세도

경사지붕 부분 상세도

경사지붕 용마루부분 상세도

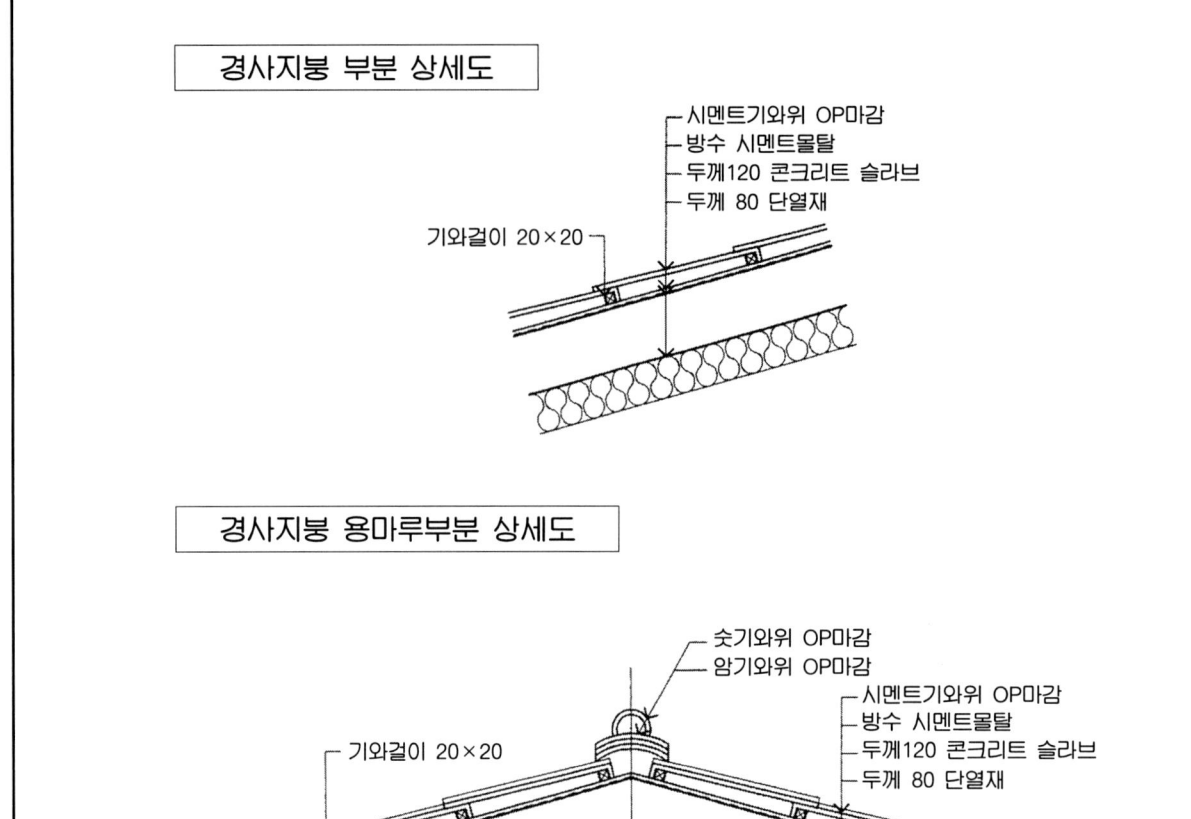

발코니 드레인부분 단면 상세도

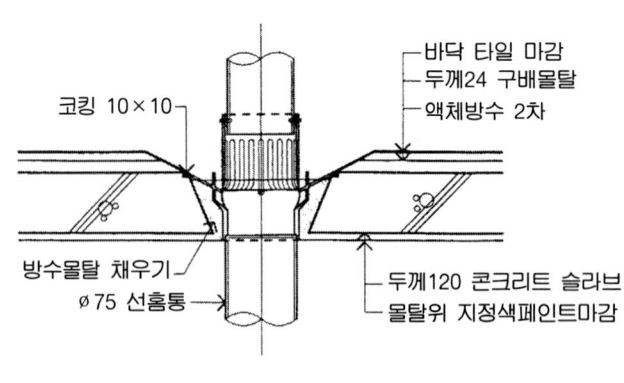

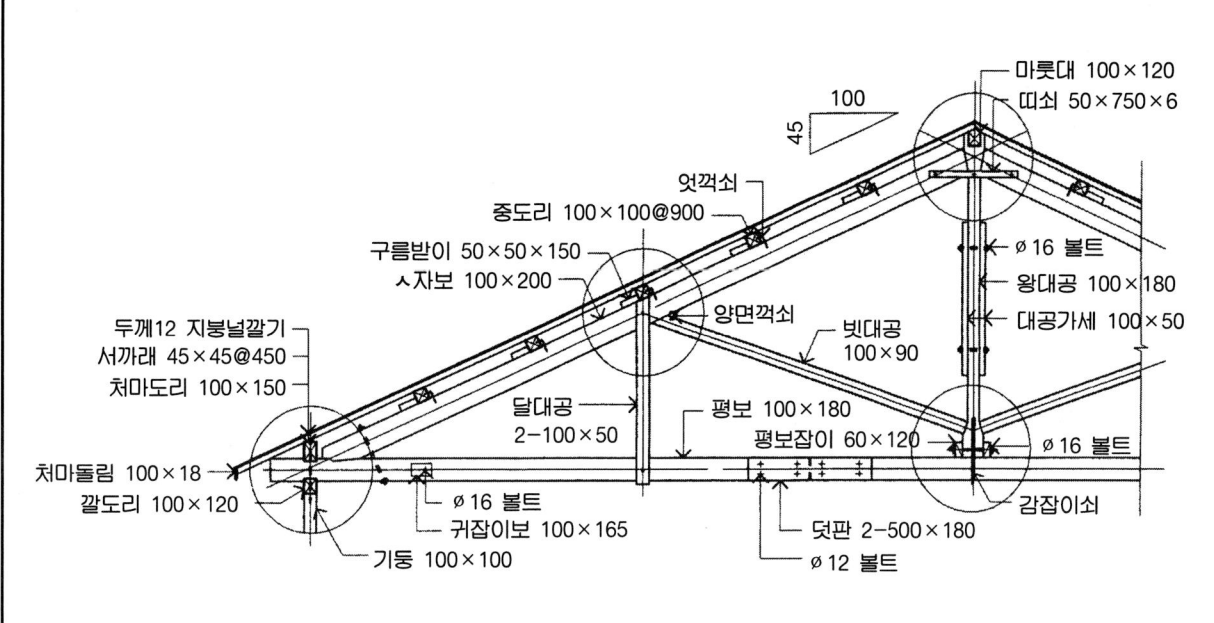

왕대공 지붕틀 상세도

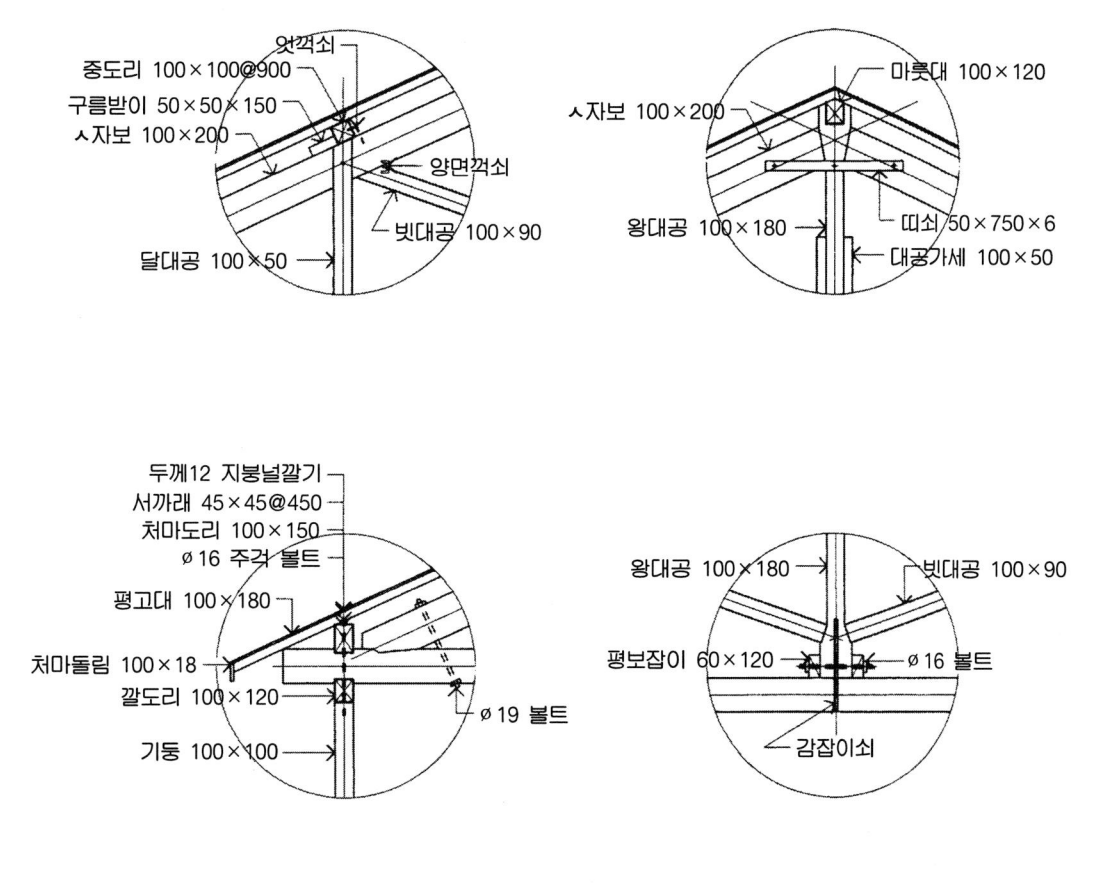

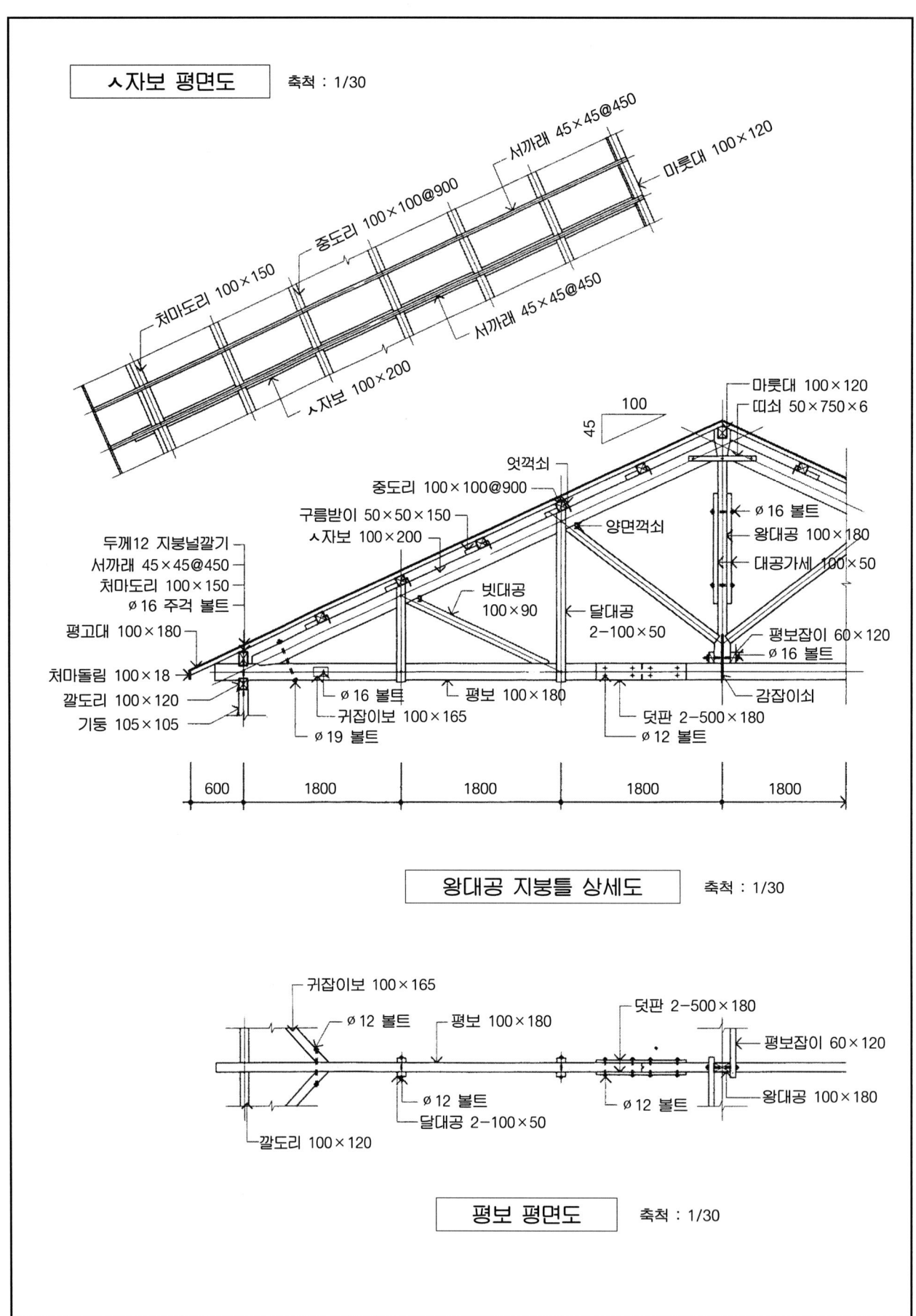

3장

철근배근법

이 장에서 설명되어지는 구조 및 배근방법에 관한 것은

국토교통부 제정 "건축공사 표준시방서" (이하 "표준시방서"라 한다),
        "건축물의 구조내력에 관한 기준" (이하 "내력기준"이라 한다),
        "철근콘크리트 구조계산규준" (이하 "계산규준"이라 한다)

에 의거하였고, 동일 사항에서 여러 경우가 생기는 경우도 있으나, 일반적으로 행하여지는 것·현장 시공법·필자의 경험 등을 고려하여 설명하였다.

1장   건축제도의 기초

2장   상세도

3장   철근배근법

4장   철골조(트러스) 일반사항

5장   상세설계 예

6장   Freehand drawing 연습

7장   건축도면 실습

8장   실시설계 예

1. 배근의 일반사항

(1) 재료
콘크리트는 보통콘크리트를 기준으로 하였고, 철근은 일반 이형철근을 기준으로 하였다.

(2) 피복두께
표준시방서의 내용과 내력기준의 내용이 다소 차이가 있으나 다음 내용을 참고하여 그 치수 범위내에서 적용하면 큰 문제가 없을 것으로 보이며 또한 도면의 표현에도 차이가 거의 없다. 표준시방서의 최소 피복두께와 내력기준의 피복두께가 같으므로 최소피복두께로 하면 적당하다고 사료된다.

〈표준시방서〉

부	위		피복두께(mm)
흙에 접하지 않는 부위	지붕슬래브 바닥슬래브 비내력벽	옥내	30
		옥외	40 [1]
	기둥 보 내력벽	옥내	40
		옥외	50 [2]
	기둥, 보, 바닥슬래브, 내력벽		50 [3]
흙에 접한 부위	기둥, 보, 바닥슬래브, 내력벽		50
	기초, 옹벽		70

※주 1)내구성상 유효한 마감이 있는 경우, 담당원의 승인을 받아 30mm로 할 수 있다.
　　2)내구성상 유효한 마감이 있는 경우, 담당원의 승인을 받아 40mm로 할 수 있다.
　　3)콘크리트 품질 및 시공방법에 따라, 담당원의 승인을 받아 40mm로 할 수 있다.
▲ 최소피복두께 : 담당원의 승인에 따라 위 표의 치수에서 10mm를 공제한 값 이상으로 한다.

〈내력기준〉

부	위	피복두께(mm)
흙에 접하지 않는 부위	비내력벽, 바닥	20
	내력벽, 기둥, 보	30 [1]
흙에 접한 부위	벽, 기둥, 바닥, 보	40
	기초(밑창 콘크리트 제외)	60

※주 1)옥내에 면하는 부분으로서 시멘트 모르타르 바르기, 회반죽 바르기, 또는 타일 붙이기 기타 이와 유사한 철근의 내구성 유지를 하기 위한 마감을 한 것에 있어서는 20mm 이상으로 한다.

(3) 철근의 간격(철근과 철근사이의 순간격)

보와 기둥의 폭을 정할 때 고려한다.

〈표준시방서〉

철근간의 순간격이라 함은 철근 표면간의 최단 거리이며, 이형철근의 경우는 철근간의 마디, 리브 등이 가장 근접하는 경우의 치수이다.

① 굵은 골재 최대치수 1.25배 이상
② 25mm 이상
③ 원형철근에서는 직경, 이형철근에서는 공칭 지름의 1.5배 이상

(4) 철근의 구부림(절곡)

〈표준시방서〉

1) 철근 단부의 구부림 형상 및 치수

구부림 각도	그 림	종 류	구부림 안치수(D)
180°	여장 4d이상	SR24 SRR23	3d 이상 [1]
135°	여장 6d이상	SD30A SD30B SR30 SD35	지름 16mm, D16이하 3d이상 [1] D19~D38 4d 이상 [2]
90° [2]	여장 8d이상	SD40	5d 이상 [1]

※주 1) d는 원형철근에서는 지름, 이형철근에서는 호칭을 이용한 수치로 한다.
   2) 구부림 각도 90°는 슬래브 철근, 벽철근 단부 또는 슬래브와 동시에 배근하는 T형, 및 L형 보에 사용하는 U자형 스터럽과의 타이(tie)에만 사용한다.
   3) 캔틸레버의 상단근의 선단, 벽의 자유단에 사용하는 선단은 여장 4d 이상이 좋다.

2) 철근 중간부의 구부림 형상 및 치수

구부림 각도	그 림	철근 사용 개소의 명칭	철근의 종류	철근지름	구부림 안치수(D)
90° 이하		스터럽 띠철근 나선철근	SR24 SD30A SD30B SR30 SD35	Ø16 D16 이상	3d 이상 [1]
				Ø19 D19 이상	4d 이상 [1]
		상 기 이외의 철근	SR24 SD30A SD30B SR35 SD40	Ø16 D16 이상	
				Ø19~Ø25 D16~D25	6d 이상 [1]
				Ø28~Ø32 D28~D38	8d 이상 [1]

※주 1)d는 원형철근에서는 지름, 이형철근에서는 호칭을 이용한 수치로 한다.

3) 다음의 철근단부에는 갈고리(Hook)을 설치하여야 한다.
① 원형철근
② 스터럽(늑근) 및 띠철근(대근)
③ 기둥 및 보(지중보 제외)의 돌출부분의 철근
④ 기둥의 최상층 주두부분 철근
⑤ 굴뚝의 철근

(5) 철근의 이음 및 정착

콘크리트 및 철근의 종류에 따른 표준시방서의 내용을 표와 그림으로 실어놓았고, 각 항에서의 설명시에는 철근응력이 큰 인장력일 경우는 40d, 철근응력이 압축응력이거나 적은 인장력일 경우 또는 파열의 염려가 없는 부분은 25d로 일률적으로 설명하였다. 일반적인 경우에는 큰 지장이 없으리라 생각되며 정확한 것을 원할때에는 표와 그림을 보고 이해하면 되리라 본다.

〈표준시방서〉

철근의 정착 및 겹침이음의 길이

종 류	콘크리트의 설계기준강도 (kg/cm2)	겹침이음의 길이 (L_1)	정착길이		
			일반(L_2)	하단철근(L_3)	
				작은 보	바닥·지붕·슬래브
SR24	150 180	45d 갈고리부착	45d 갈고리부착	25d 갈고리부착	150mm 갈고리부착
	210 240	35d 갈고리부착	35d 갈고리부착		
SD 30A	150 180	45d 또는 35d 갈고리부착	40d 또는 30d 갈고리부착	25d 또는 15d 갈고리부착	10d 또는 150mm 이상
SD 30B	210 240	40d 또는 30d 갈고리부착	35d 또는 25d 갈고리부착		
SD 35	270 300 360	35d 또는 25d 갈고리부착	30d 또는 20d 갈고리부착		
SD 40	210 240	45d 또는 35d 갈고리부착	40d 또는 30d 갈고리부착		
	270 300 360	40d 또는 30d 갈고리부착	35d 또는 25d 갈고리부착		

※주 1) 단부의 갈고리는 정착 및 겹침이음 길이에 포함하지 않는다.
2) d는 원형철근에서는 지름, 이형철근에서는 호칭을 이용한 수치로 한다.
3) 내압슬래브의 하단철근의 정착길이는 일반정착(L2)으로 한다.
4) 지름이 다른 겹침 이음길이는 세장한 d에 따른다.
5) 28mm, D29이상의 원형 및 이형철근의 경우에는 겹침이음을 하지 않고 용접이음을 하므로 겹침길이 적용에서 제외한다.

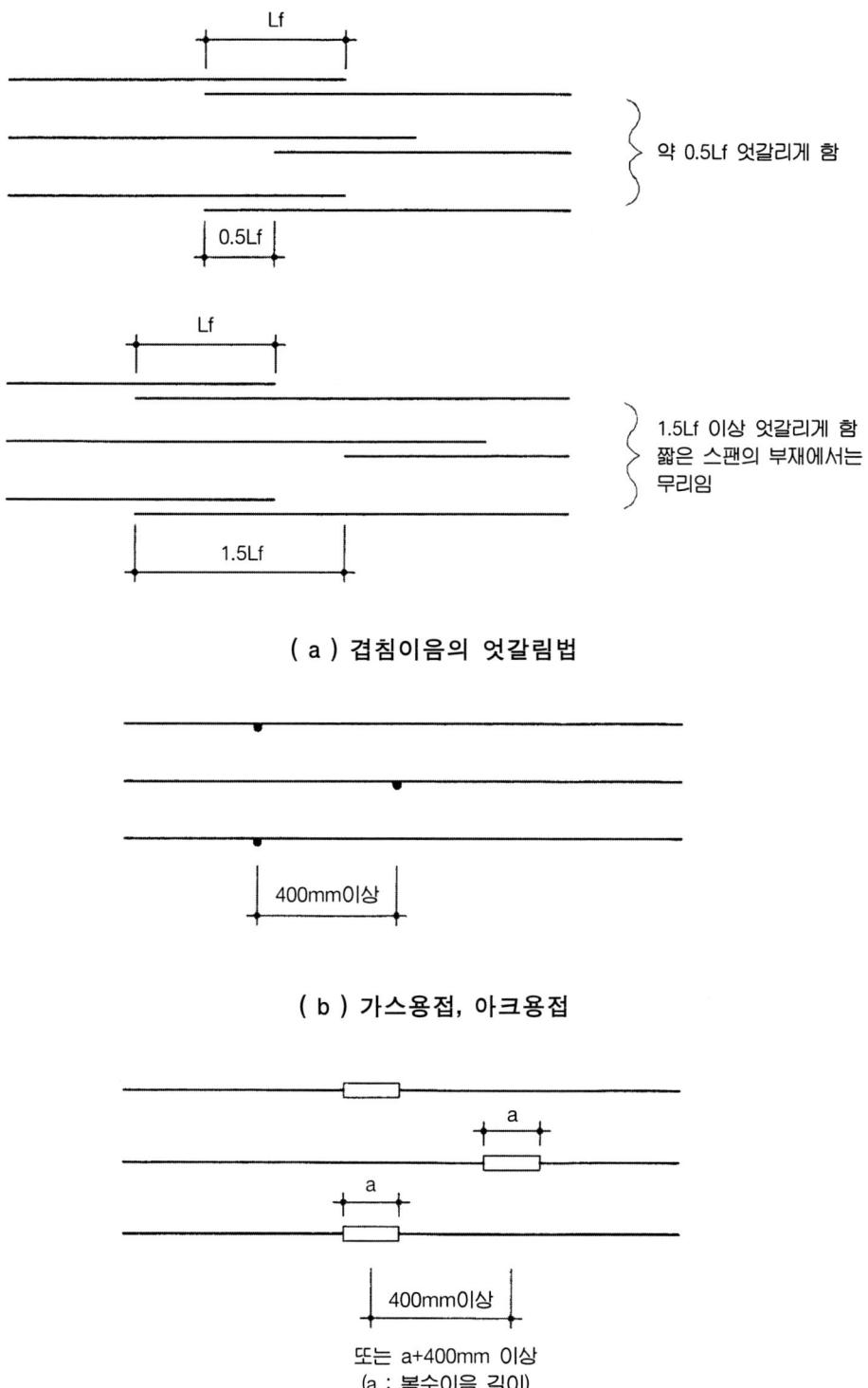

(a) 겹침이음의 엇갈림법

(b) 가스용접, 아크용접

(c) 가스용접이음, 아크용접이음, 기계적 이음의 엇갈림법

인접철근 이음의 엇갈리는 방법

기둥이음 위치 범위

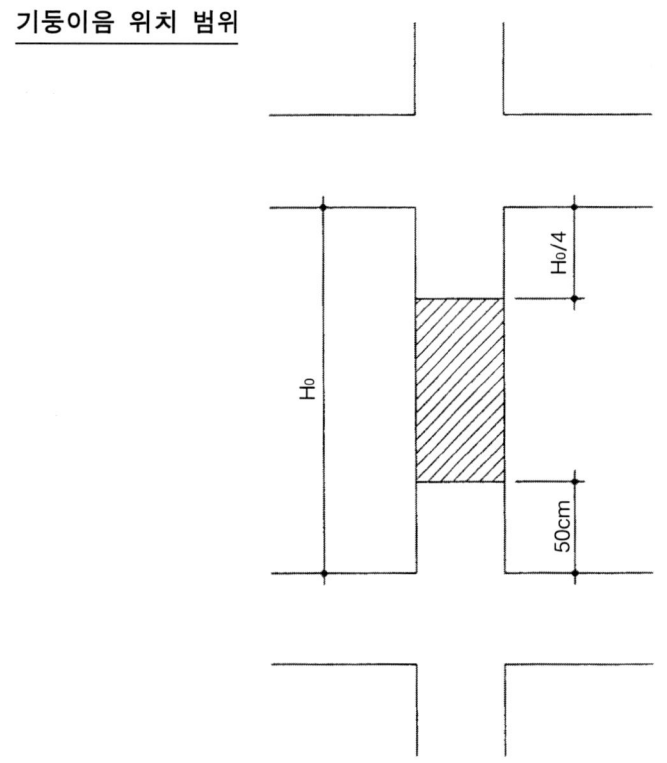

정 착

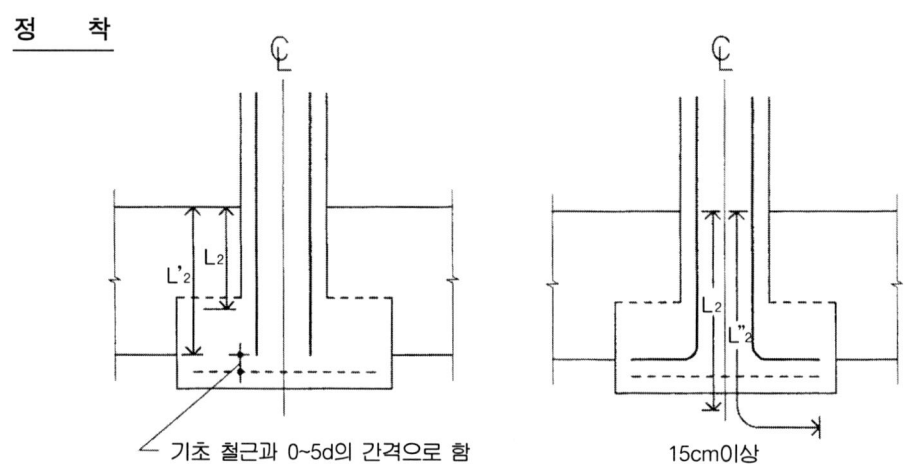

L'₂ : L₂의 길이로 수직 정착이 될 경우에도 L'₂까지 산정한다.
L"₂ : L₂의 길이로 수직 정착이 되지 않을 경우에는 L"₂로 한다.
 단, L"₂는 L₂ 이상으로 하고 또한 수평절곡부의 길이는 15cm이상으로 한다.

기둥철근의 이음범위 및 정착

정 착

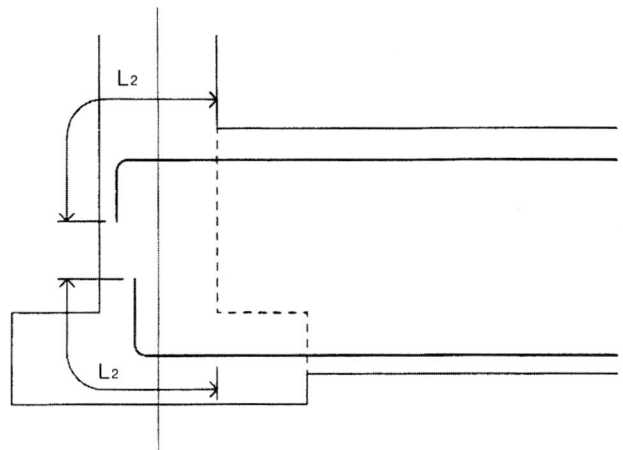

기초보

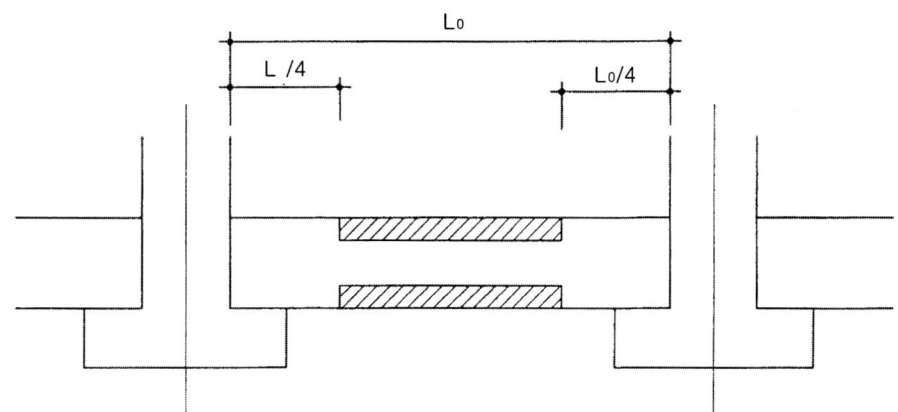

기초보

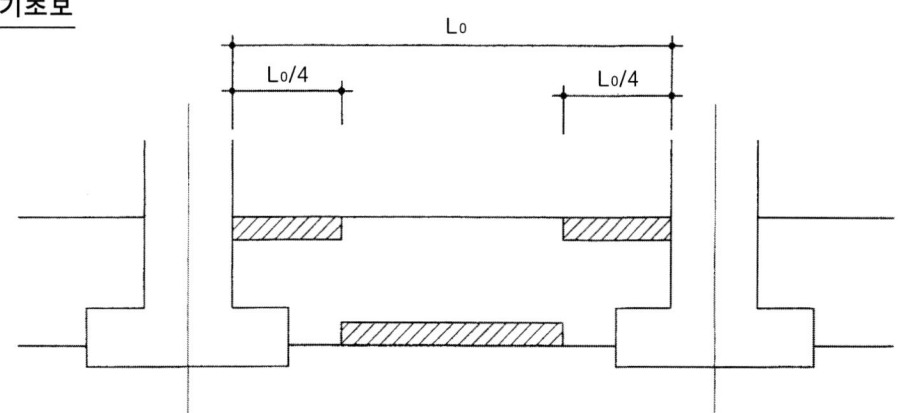

지중보 철근의 이음범위 및 정착

이음 범위

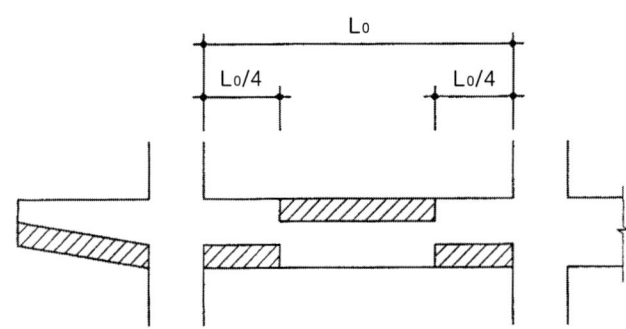

정 착

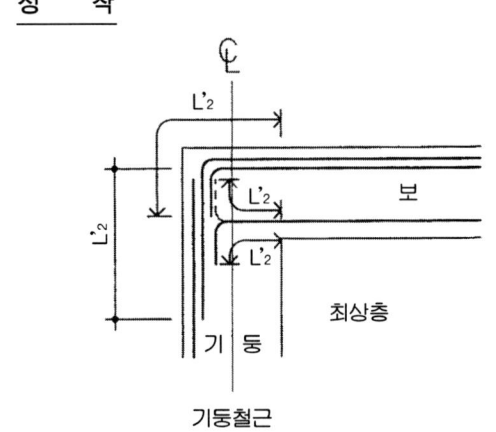

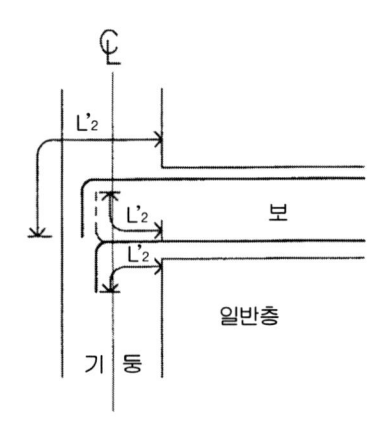

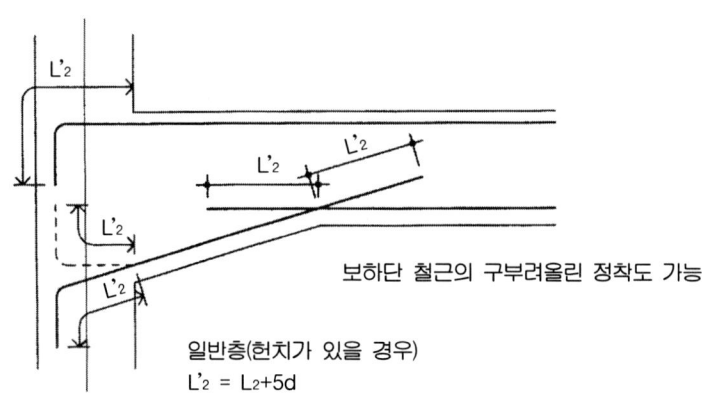

보하단 철근의 구부려올린 정착도 가능

일반층(헌치가 있을 경우)
$L'_2 = L_2 + 5d$

큰보의 이음범위 및 정착

이음 범위

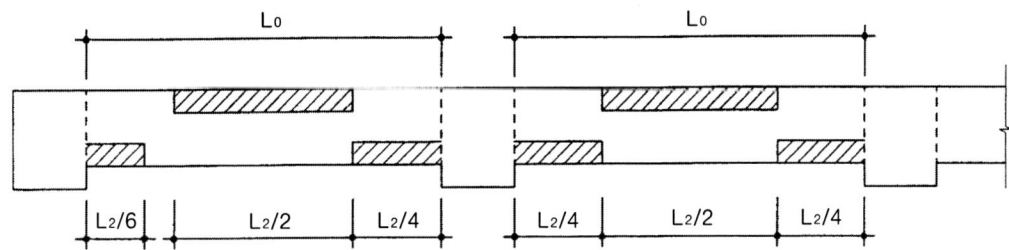

정 착

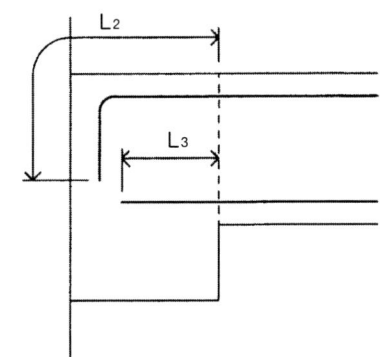
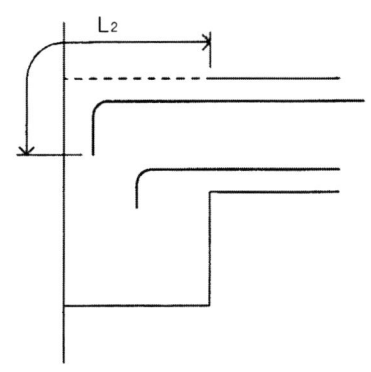

작은보의 춤이 작아서 수직으로 L_2를 취할 수 없는 경우 경사지게해도 좋다.

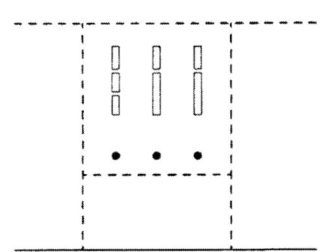
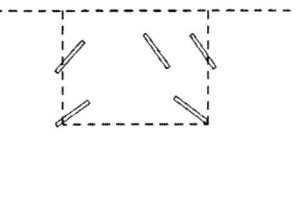

작은보의 이음범위 및 정착

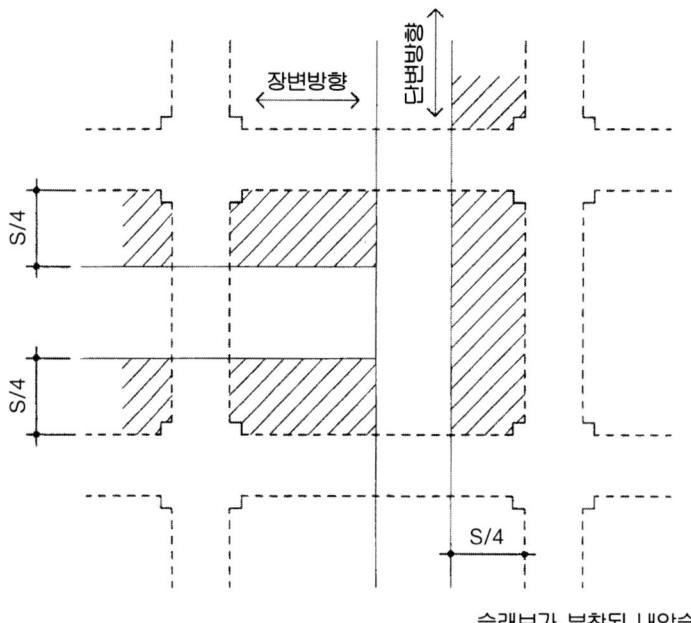

슬래브가 부착된 내압슬래브의 경우 상단, 하단을 역으로 한다.

상단 철근

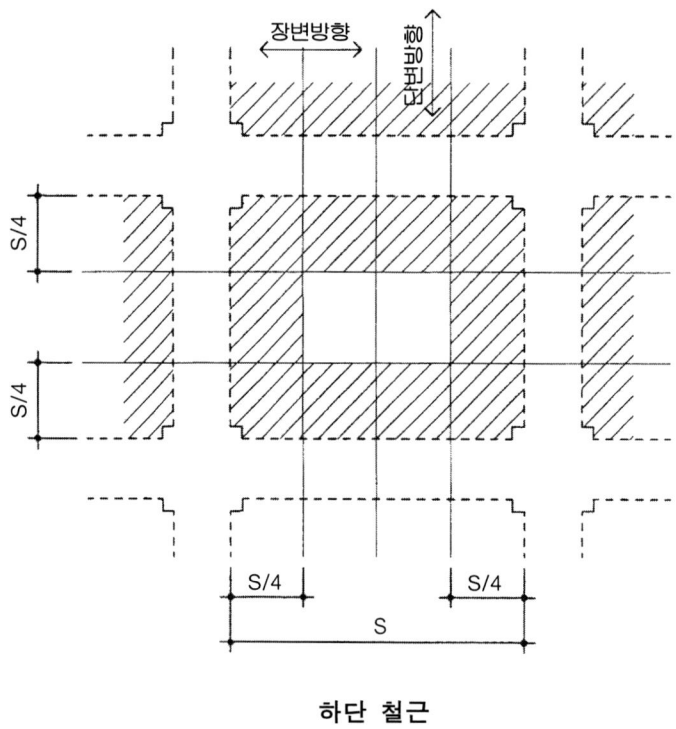

하단 철근

슬래브철근의 이음범위

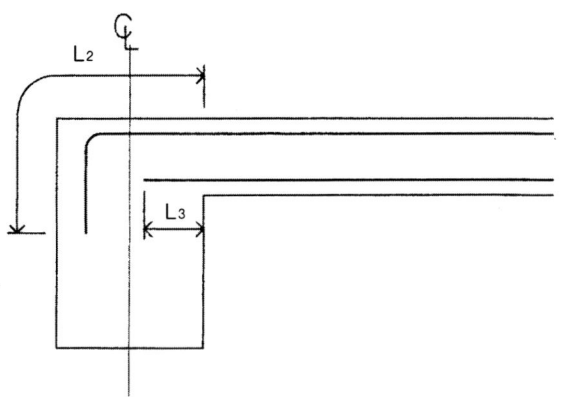

슬래브철근의 정착

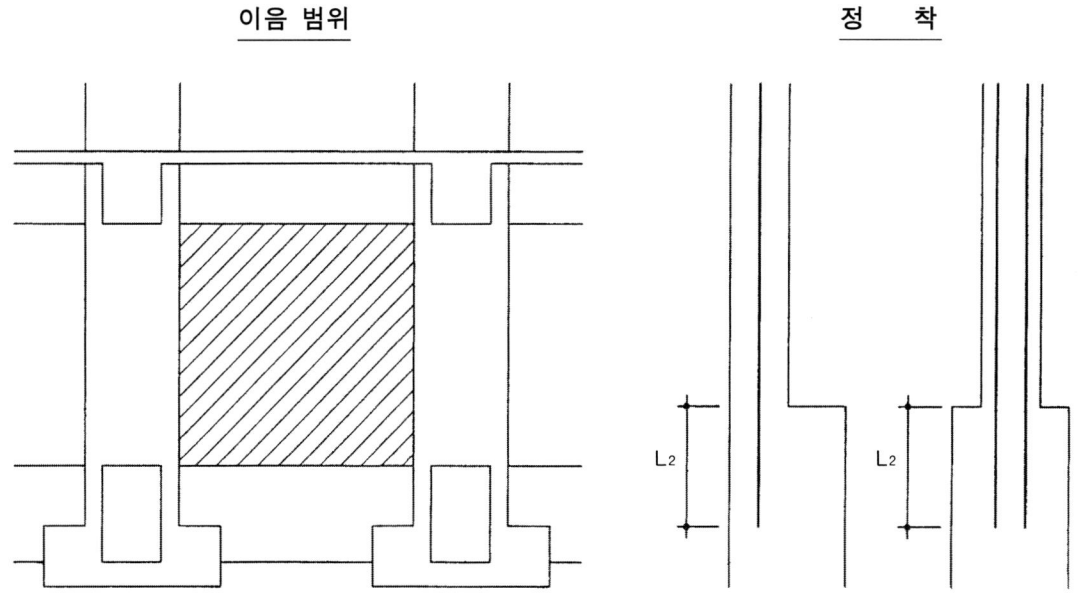

벽철근의 이음범위 및 정착

2. 기초

기초는 독립기초, 연속기초, 복합기초, 온통기초로 나뉘어진다. 여기에서는 연속기초인 줄기초와 독립기초인 정방형기초, 장방형기초, 말뚝기초에 대하여 설명한다.

(1) 공통사항

1) 기초의 형태
예전에는 사다리꼴 단면형태가 절약의 의미로 쓰여졌으나 시공의 번거로움과 어려움으로 절약되어지는 것이 거의 없고 현장 여건(지하층이 있는 경우 실제 전혀 사용하지 않는다.)에 의해 사각형 단면형태의 기초가 거의 대부분을 차지한다.

2) 피복두께
피복두께는 표준시방서(7cm)와 내력기준(6cm)에서 차이가 있으나, 표준시방서에서의 최소 피복두께가 내력기준과 같으므로 6cm로 한다. 또한 말뚝철근을 기초에 정착시키는 경우 기초저면의 피복두께는 11cm로 한다. 이는 말뚝삽입길이 5cm를 피복두께에 더한 값이다.

3) 배근법
① 철근은 D13 이상을 사용한다.
② 주근과 부근의 첫번째 철근은 기초 끝단에서 9cm를 띠어서 배치한다. 이것은 6cm의 피복두께에 철근의 결속을 위한 3cm를 더한 길이이다.
③ 주근의 경우 단면상 제일 아래에 배치한다.
④ 부근은 주근의 위에 올려놓는다.
⑤ 보강 빗철근은 기초판의 대각선 방향으로 철근 3개를 각각 배치하며, 주근보다 한치수 작은 철근을 사용한다.
⑥ 기둥 주근의 정착길이는 수직으로 정착길이가 나오면 구부려 정착하지 않아도 되나 수직으로 정착길이가 나오지 않을 경우 수평길이 15cm 이상으로 되어 있으므로 시공성 및 안전성을 고려하여 20cm~30cm가 적당하다.
⑦ 기둥의 첫번째 대근 위치는 주근의 정착부에서 대근 간격의 1/2 이하가 되도록 한다.
⑧ 말뚝철근의 정착시 30cm~50cm 정도를 정착길이로 한다.

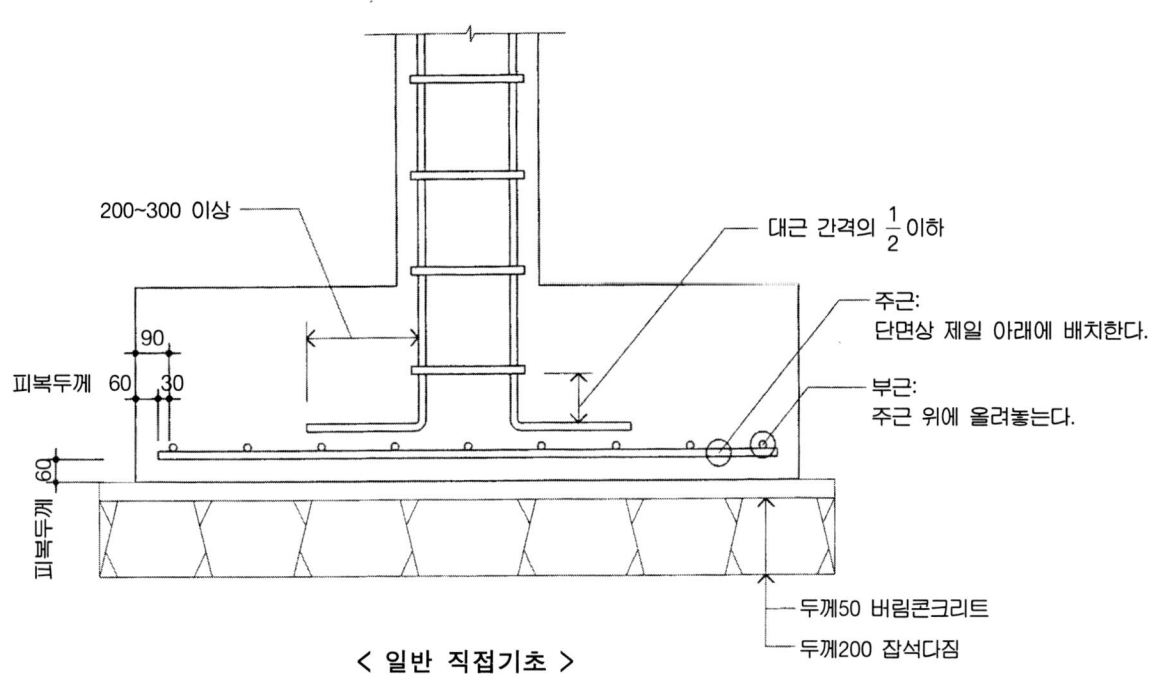

< 일반 직접기초 >

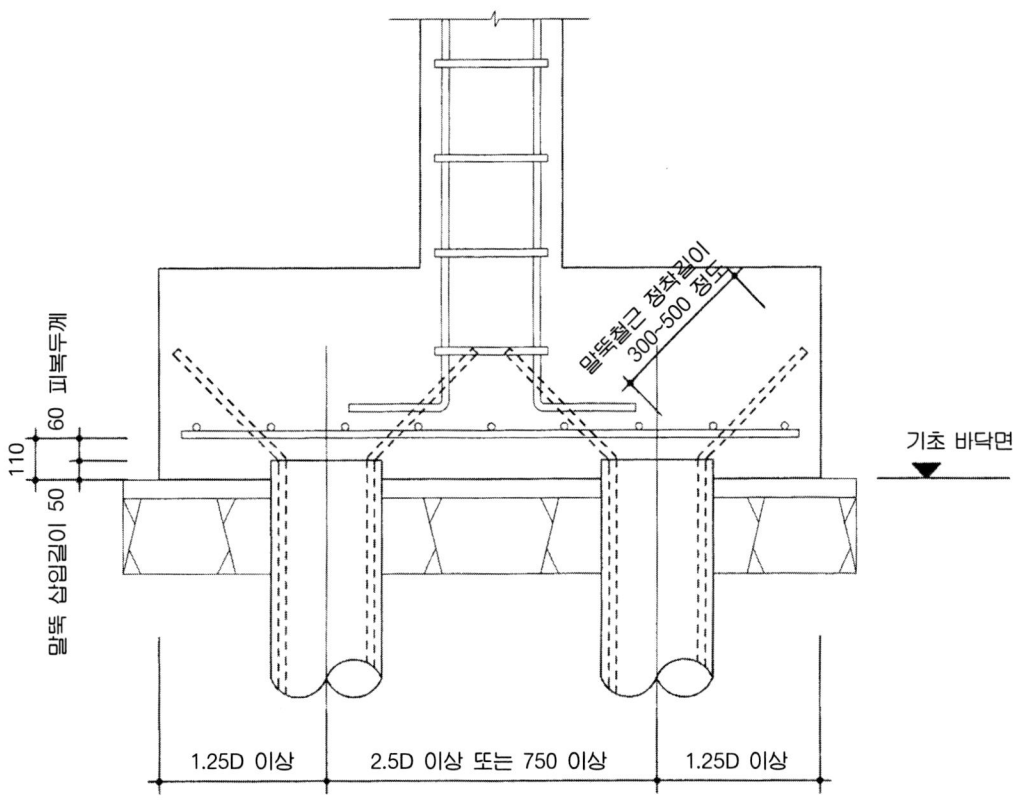

< 말뚝(PILE)기초 >

* 철근의 배근은 일반 직접기초와 동일.
* 말뚝철근을 기초에 정착하지 않을 경우 말뚝을 기초 바닥면에서 자르고 피복두께는 일반기초와 같이 60으로 한다.

기초의 배근법 공통사항

(2) 줄기초(연속기초)

1) 가장 기초적인 기초로서 소규모(1~3층) 건축물에 사용되어 진다. 물론 예외적으로 규모가 큰 벽식구조의 건축물이나 아파트의 경우와 같이 대규모에 사용 되어지는 경우도 있으나, 보통의 경우 소규모 주택이나 연립주택 등에 쓰여진다.
2) 기초판의 경우 폭 60~100cm 정도의 크기가 많이 쓰여지며 주근은 특수한 경우를 제외하고는 복배근으로 하지 않고 단배근으로 한다. 기초벽을 직각으로 교차하는 가로철근(기초폭 방향 철근)을 주근이라고 하며, 기초벽 방향의 세로 철근(기초길이 방향 철근)을 부근(배력근)이라 한다.
3) 기초벽의 경우 두께가 18cm 이상이 되면 복배근이 바람직하며 두께가 15cm 이하일 경우에는 단배근으로 한다.

(3) 독립기초

가장 일반적인 기초형태로 지반이 양호한 곳에는 직접 기초로서 쓰이며 지반이 좋지 못한 곳에서는 말뚝 기초로 쓰인다. 정방형 기초와 장방형 기초로 나뉘어지며 배근방법에 유의한다.

1) 정방형 기초
① 기초판의 가로, 세로의 길이 차이가 없으므로 주근과 부근의 차이를 두지 않는다. 단면상으로 제일 아래에 오는 철근을 주근이라 하고 그 위에 놓이는 철근을 부근이라 한다.
② 주근과 부근의 배치는 전체 폭에 대하여 균등하게 배치한다.
③ 보강 빗철근은 기초판의 대각선 방향으로 철근 3개를 각각 배치하며 주근보다 한치수 작은 철근을 사용한다. 철근의 간격은 15~20cm 정도로 한다.

2) 장방형 기초
① 장변방향의 철근을 주근이라 하며 단면상 제일 아래에 배치한다.
② 단변방향의 철근을 부근이라 하며 주근위에 올려 놓는다.
③ 보강 빗철근의 배치는 정방형 기초와 같다.
④ 주근인 장변방향의 철근은 정방형 기초에서와 같이 전체폭(단변폭)에 대해 균등하게 배치한다.
⑤ 부근인 단변 방향의 철근은 기초의 휨모멘트가 기둥 가까이에서 더 크고 기둥에서 멀어질수록 작으므로 기둥 부근에서 더 촘촘히 배치 할 필요가 있다. 이를 공식화 한 것이 아래의 계산규준이 정한 식이다.

$$\frac{\text{유효배근폭 내의 철근량}}{\text{단변방향 전 철근량}} = \frac{2}{1 + \frac{\text{장변길이}}{\text{장변길이}}}$$

위의 식에서 유효배근폭은 기둥을 중심으로 하여 기초의 단변폭과 동일한 폭으로 한다.

⑥ 단변방향의 철근을 유효폭 내와 유효폭 외로 나누어 줄 경우 필자의 경험에서 비추어 볼 때 장변의 길이가 단변의 길이보다 2배 이상 긴 경우 단변방향의 철근을 유효폭 내와 유효폭 외로 나누어 주는 것이 좋고 2배 미만이면 유효폭 내와 유효폭 외의 간격 차이가 별로 생기지 않으므로 전체 철근을 균등한 간격으로 배치하여도 무방하다 사료된다. 하지만 유효폭 내와 유효폭 외로 나누어 철근을 배치하는 것이 원칙이다.

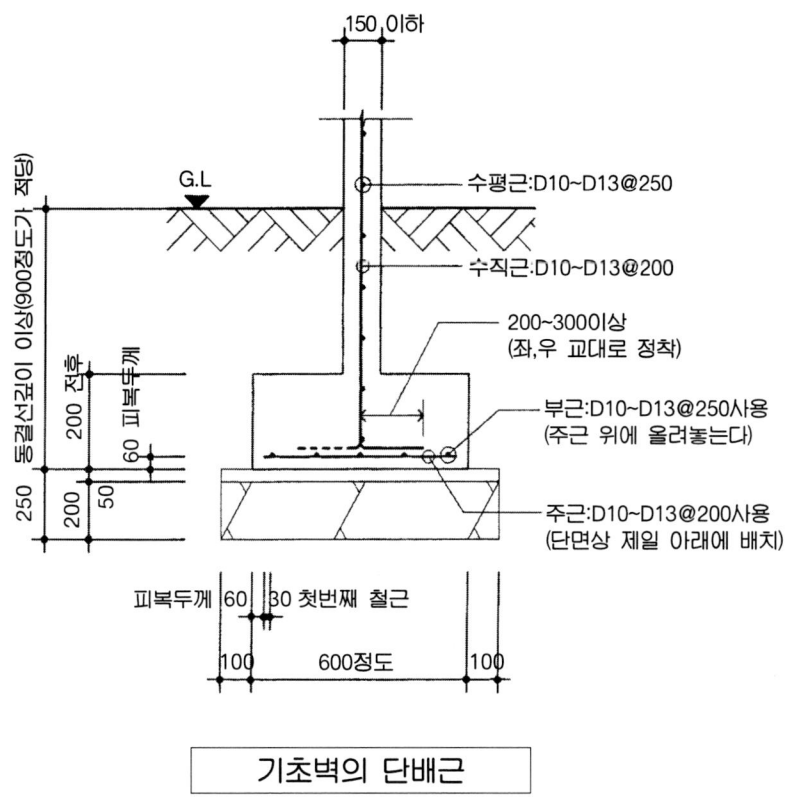

기초벽의 단배근

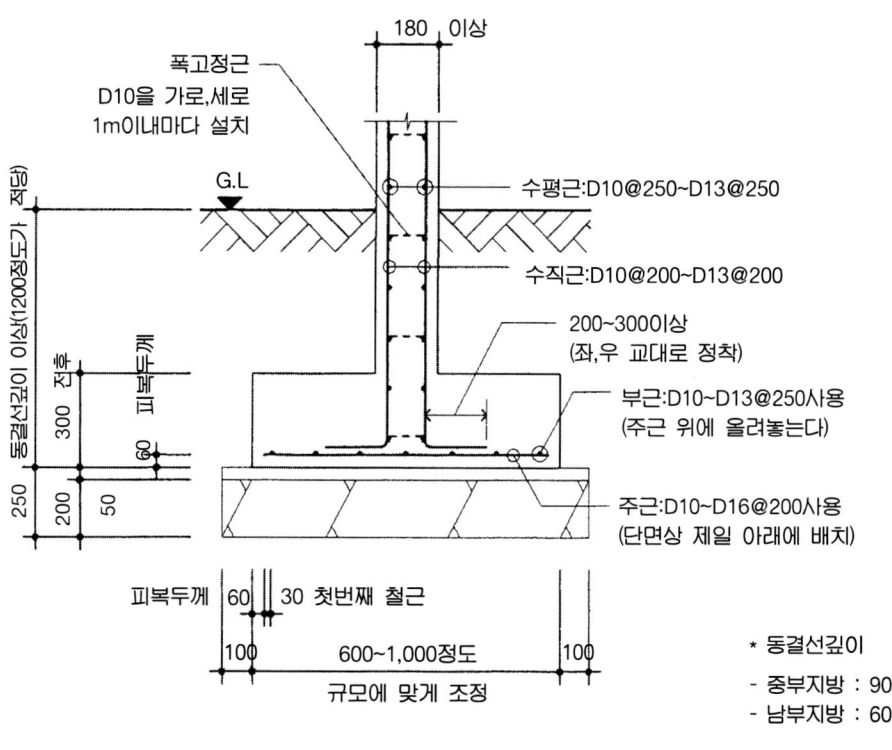

* 동결선깊이
  - 중부지방 : 900
  - 남부지방 : 600

기초벽의 복배근

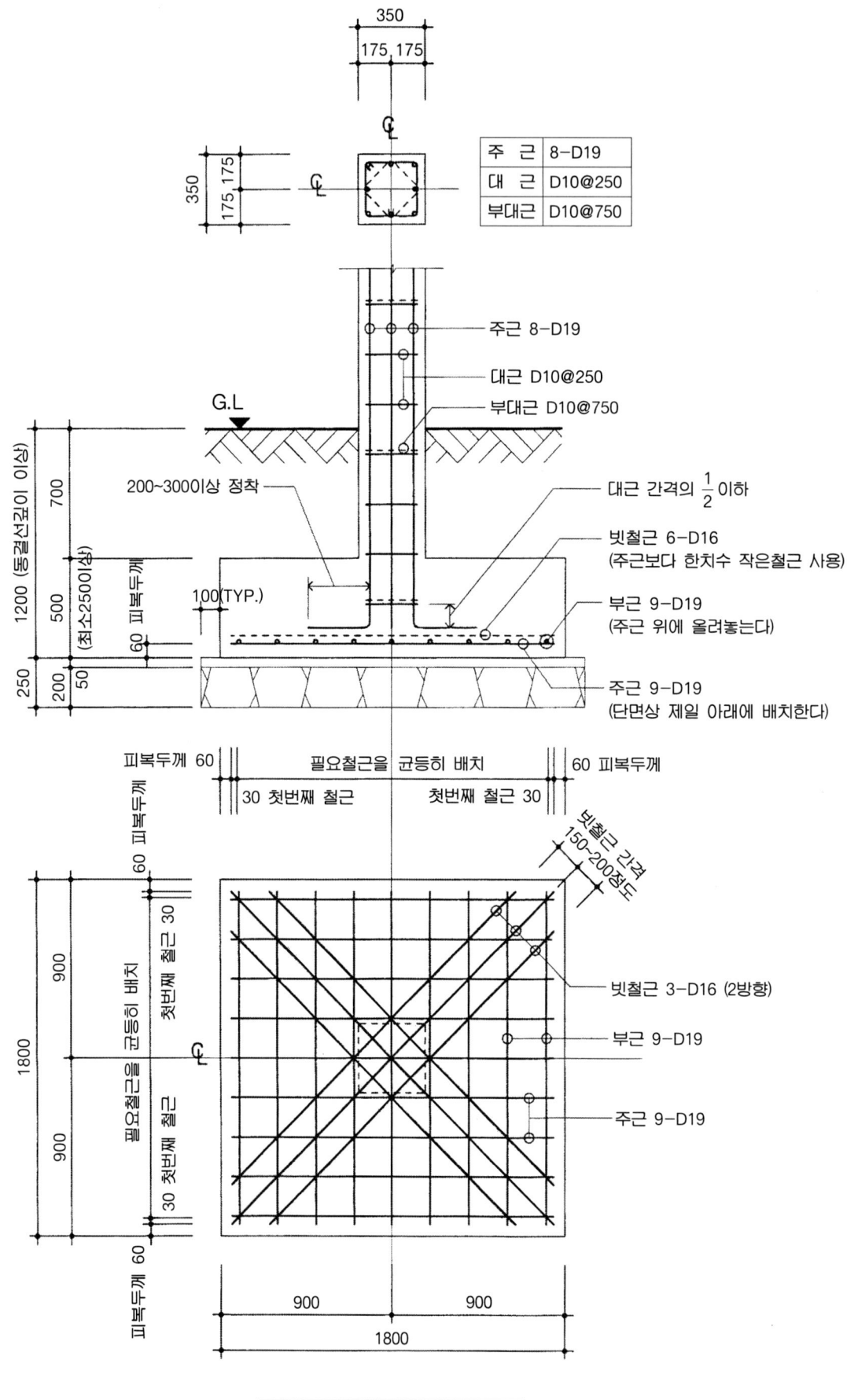

정방형기초 배근예

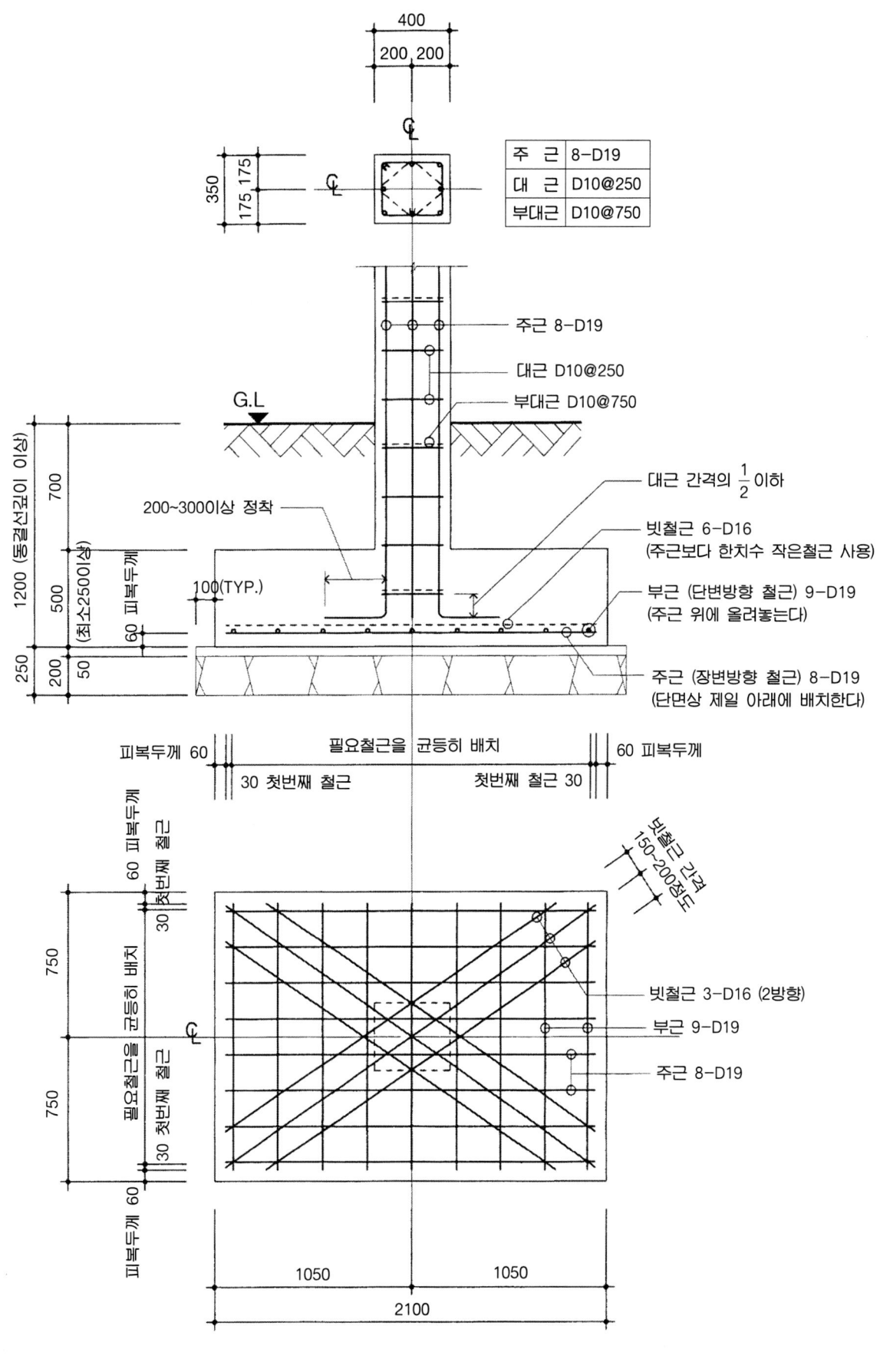

장방형기초 배근예 (장변/단변<2의 경우)

• 옆의 그림은 규준식에 의하여 유효폭 내와 유효폭 외의 구분을 하여 배근을 한 것이다.

조건) • 장변방향 주근　D19-6개
　　　• 단변방향 부근　D19-10개
　　　• 보강빗철근　　 D16-6개

〈배근법〉
① 장변방향의 철근을 단변폭에 균등하게 배치한다.
② 단변방향의 철근을 유효폭 내의 철근과 유효폭 외의 철근으로 나눈다.

$$\text{유효폭 내의 철근량} = 10개 \times \frac{2}{1 + \frac{2.4(\text{장변길이})}{1.0(\text{단변길이})}}$$

$$= 5.8개 \to 6개$$

유효폭 외의 철근은 양쪽으로 나뉘어지므로 짝수의 갯수가 나오도록 한다.

유효폭 외의 철근량 = 10개 - 6개 = 4개

③ 유효폭 내의 철근을 기둥을 중심으로 기초의 단변폭인 1m안에 6개를 균등하게 배치한다.
④ 유효폭 외의 철근은 유효폭(단변폭) 이외의 부분에 2개씩 양쪽에 배치한다.
⑤ 보강 빗철근을 기초판의 대각선 방향으로 각각 3개씩 15cm 간격 정도로 배치한다.

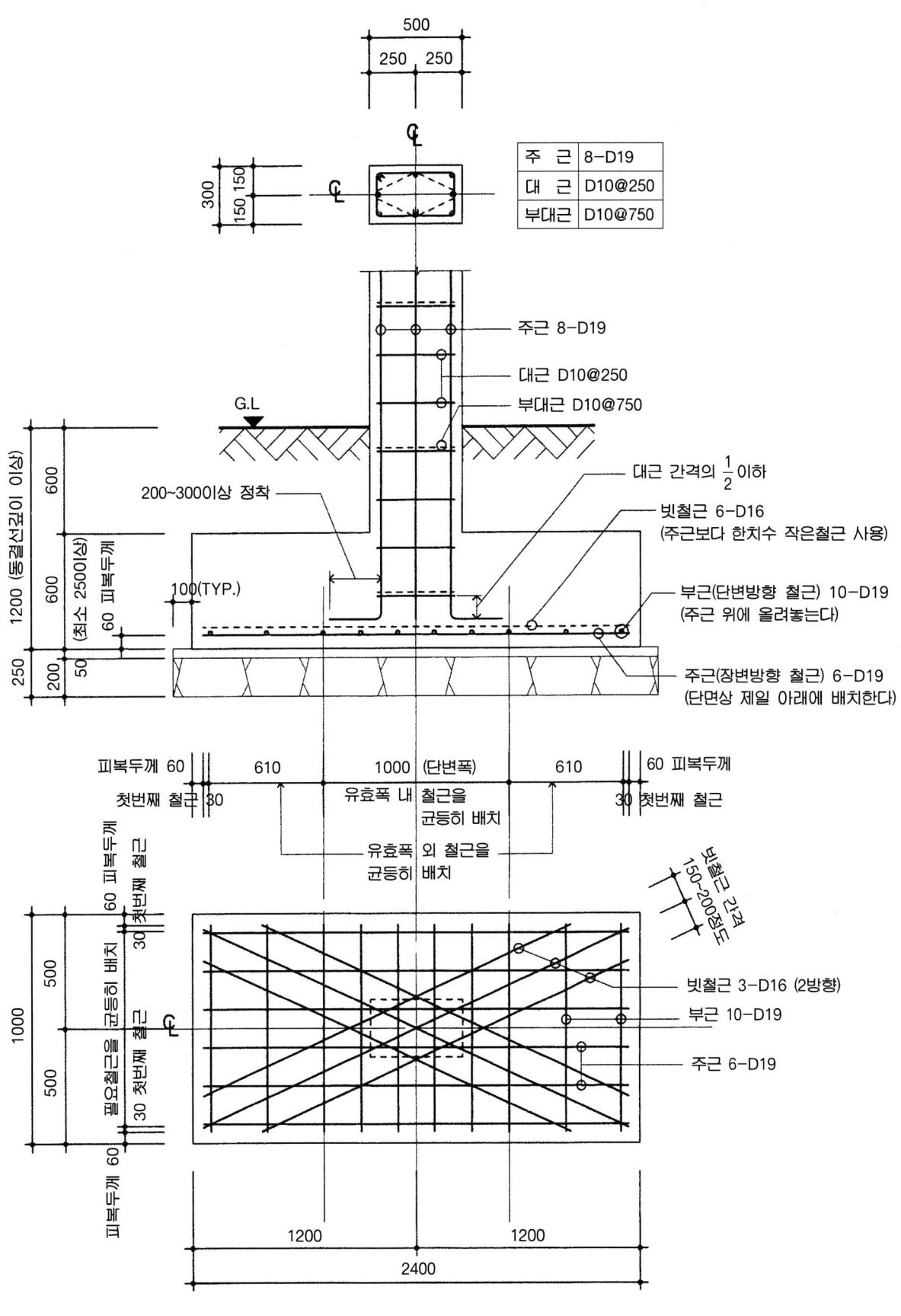

장방형기초 배근예 (장변/단변≥2의 경우)

3) 말뚝기초 (PILE기초)

말뚝의 종류에는 나무말뚝, PC말뚝, PSC말뚝, 강재말뚝, 현장타설 말뚝 등이 있으나 여기에서는 많이 사용되어지는 PC말뚝의 경우를 설명하겠다.

① 주근·부근·보강 빗철근의 배치는 일반 직접 기초와 같다.
② 말뚝기초의 주요점은 말뚝머리(頭部)의 처리에 있다. 말뚝의 철근을 기초판에 정착시키는 경우와 정착시키지 않고 철근을 잘라내는 경우의 2가지가 있다. 말뚝을 박고나서 말뚝의 높낮이가 일정하게끔 두부정리(頭部整理)를 하고나면 철근이 노출되기 때문에 말뚝철근을 기초에 정착시키는 경우가 대부분이다.
③ 말뚝철근을 기초에 정착시키는 경우 말뚝철근을 30~50cm 정도 기초판에 정착시킨다. 이경우 말뚝을 기초판에 5cm 정도 삽입시키게 되고 여기에 피복두께 6cm를 더하여 기초바닥면의 피복두께는 11cm가 된다. 구조계산을 할때에도 이를 고려하여 기초판의 두께를 정한다.
④ 말뚝철근을 기초에 정착시키지 않을 경우 말뚝과 철근을 기초바닥면에서 자르고 피복두께는 일반 직접기초와 같이 6cm로 한다.
⑤ 말뚝의 배치간격은 말뚝지름의 2.5배 이상 또는 75cm 이상으로 하며 말뚝과 기초판 끝에서의 거리는 말뚝지름의 1.25배 이상으로 한다.
  말뚝은 보통 지름이 30~40cm인 것을 많이 사용하므로 말뚝간격은 90~100cm, 말뚝과 기초판끝에서의 거리는 50cm를 많이 쓴다.

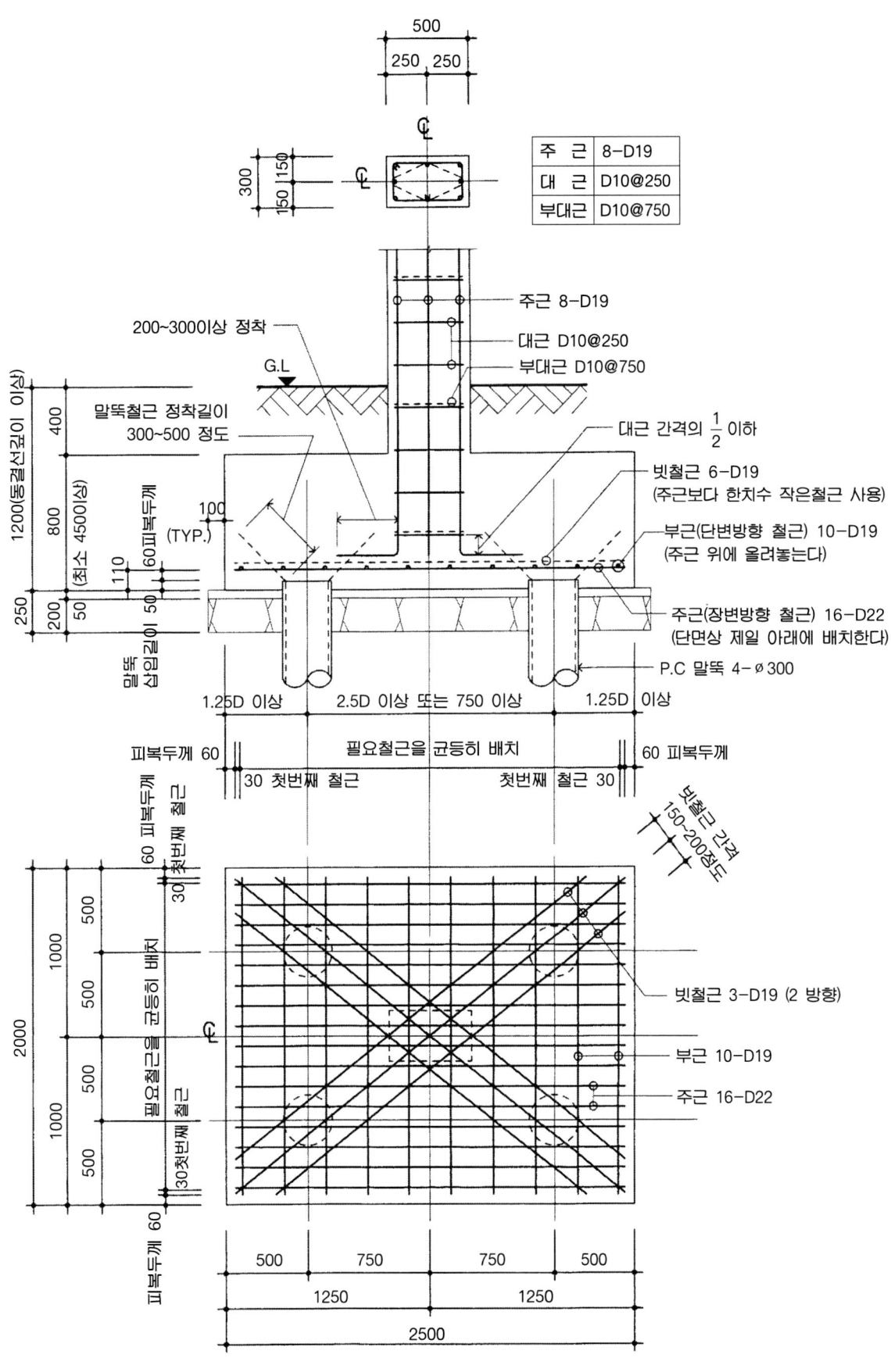

말뚝(PILE)기초 배근예

3. 기둥

기둥단면의 최소치수는 20cm 이상이고 최소단면적은 600cm² 이상이어야 한다. 따라서 기둥의 최소 크기는 20cm×30cm가 된다.

(1) 주 근

1) D13 이상을 사용하고 사각 기둥에서는 4개 이상이며 원형나선 기둥에서는 6개 이상이어야 한다.
2) 기초부분 정착시 수직으로 정착 길이가 나오면 구부려 정착하지 않아도 되나 수직으로 정착길이가 나오지 않을 경우 구부려 정착하고 구부림 길이를 수평길이가 15cm 이상 되도록 하였으므로 시공성과 안전성을 고려하여 20cm~30cm가 적당하다.
3) 최상층 주두부분은 이형철근이라도 갈고리(Hook)를 설치하여 정착한다.
4) 절곡(구부림)은 1:6의 비율이 넘지 않게 한다.
5) 이음은 기둥의 중간부분(ho/2)에서 하되 이음부분이 한곳에 집중되지 않게 한다.

(2) 대 근

1) 대근은 6mm 이상의 철근을 쓰며, 최소간격은 주근지름의 16배, 대근지름의 48배, 기둥의 최소폭, 30cm중 작은 값으로 되어있다. 일반적으로 철근 D10을 20~30cm 간격으로 많이 사용하나 기둥의 폭과 주근의 지름을 고려하여 간격을 정하기도 하며 응력에 따라 달라진다.
2) 배근시의 유의점은 기둥의 상·하단에서 기둥의 최대폭(30cm×40cm의 크기일 경우 40cm가 된다) 길이부분 사이의 대근간격은 본래 간격의 1/2(대근간격이 30cm일 경우15cm가 된다)로 배치한다.
3) 부대근은 대근간격의 2~3배가 적당하다.

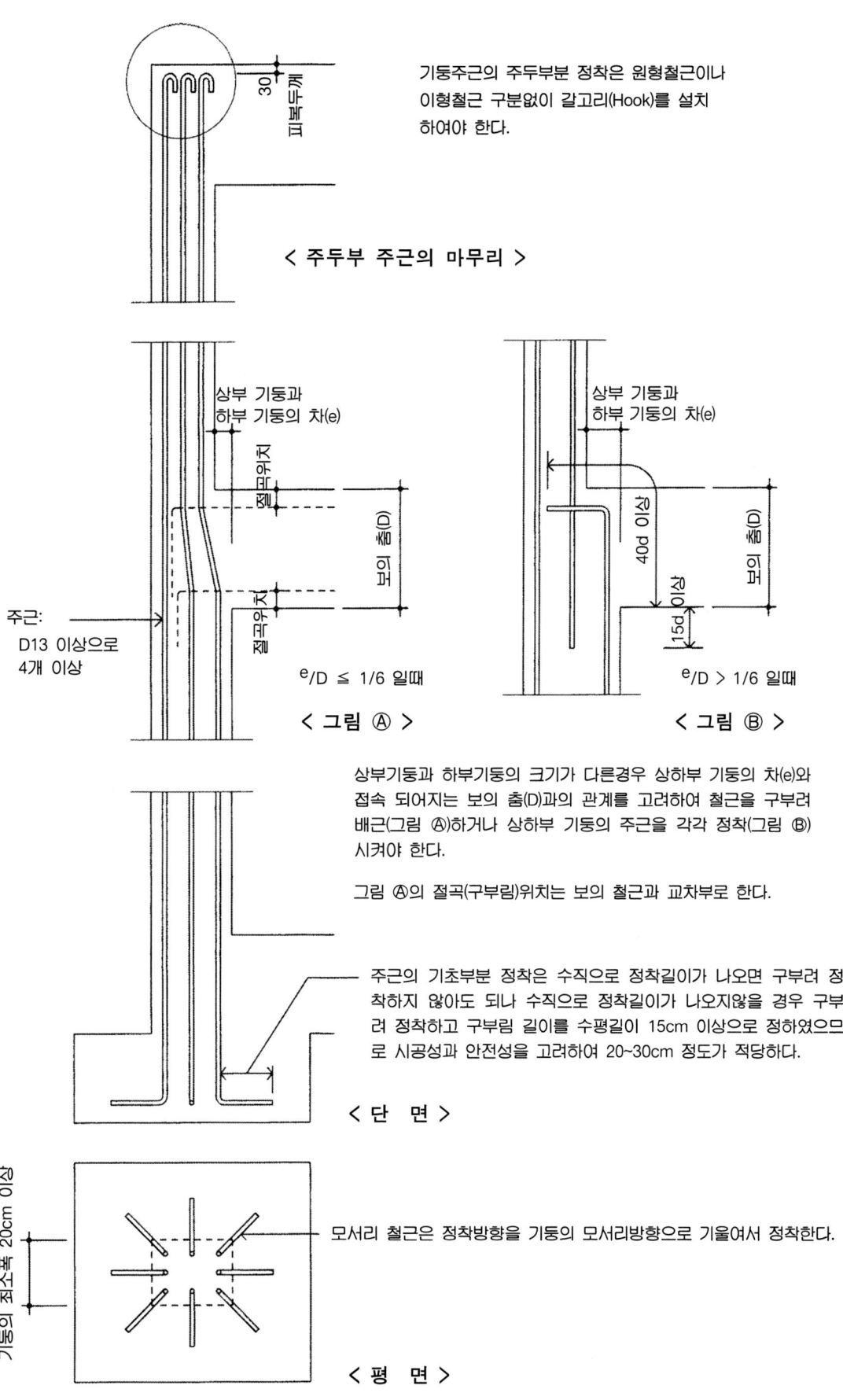

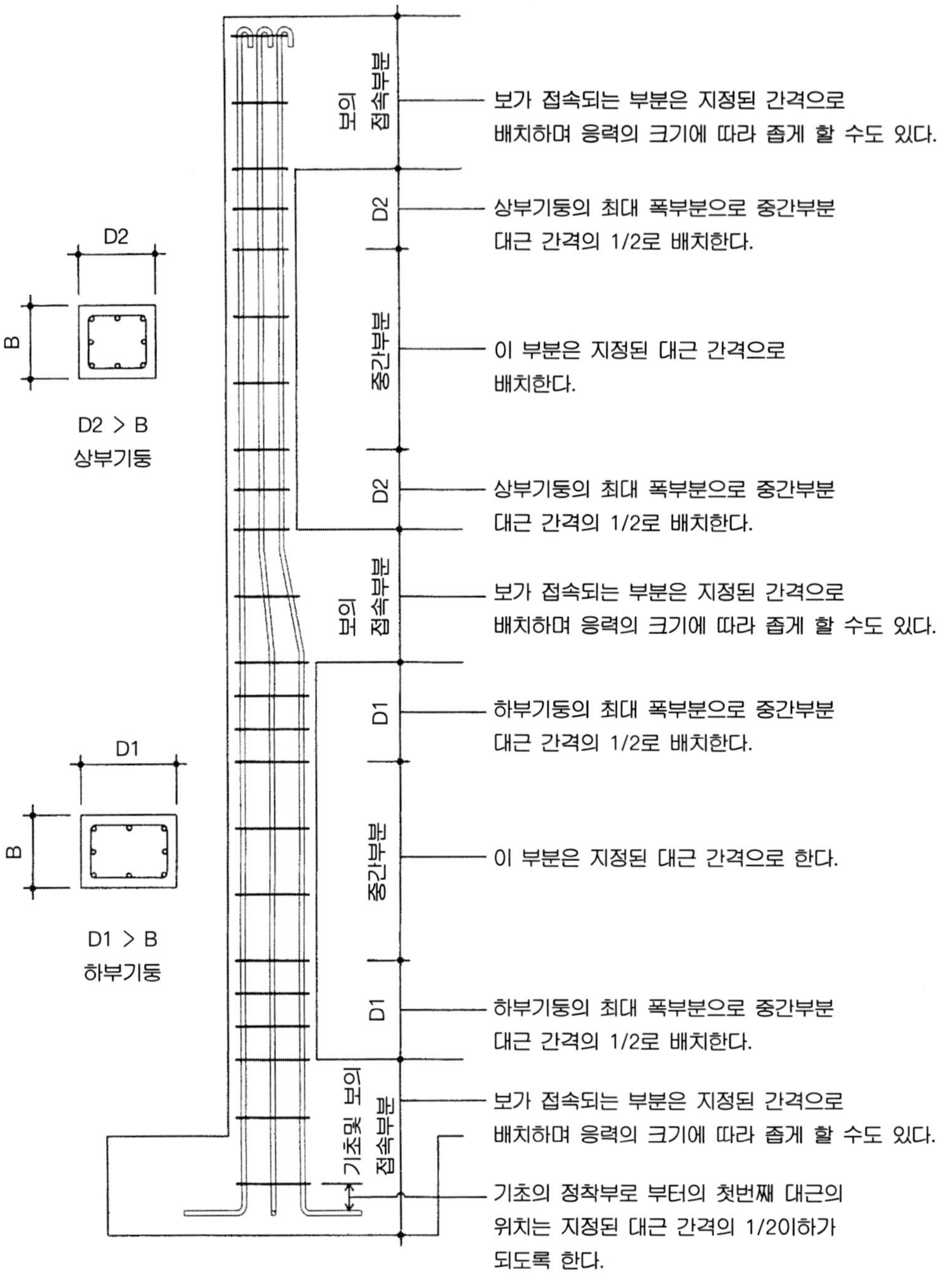

3장 · 철근배근법

보의 접속부	보가 접속되는 부분은 지정된 간격으로 배치하며 응력의 크기에 따라 좁게 할 수도 있다.
D2	상부기둥의 최대 폭부분으로 중간부분 대근 간격의 1/2로 배치한다.
중간부	이 부분은 지정된 대근 간격으로 배치한다.
D2	상부기둥의 최대 폭부분으로 중간부분 대근 간격의 1/2로 배치한다.
보의 접속부	보가 접속되는 부분은 지정된 간격으로 배치하며 응력의 크기에 따라 좁게 할 수도 있다.
D1	하부기둥의 최대 폭부분으로 중간부분 대근 간격의 1/2로 배치한다.
중간부	이 부분은 지정된 대근 간격으로 한다.
D1	하부기둥의 최대 폭부분으로 중간부분 대근 간격의 1/2로 배치한다.
기초및 보의 접속부	보가 접속되는 부분은 지정된 간격으로 배치하며 응력의 크기에 따라 좁게 할 수도 있다. 기초의 정착부로 부터의 첫번째 대근의 위치는 지정된 대근 간격의 1/2이하가 되도록 한다.

D2 > B 상부기둥

D1 > B 하부기둥

< 대근의 배치 방법 >

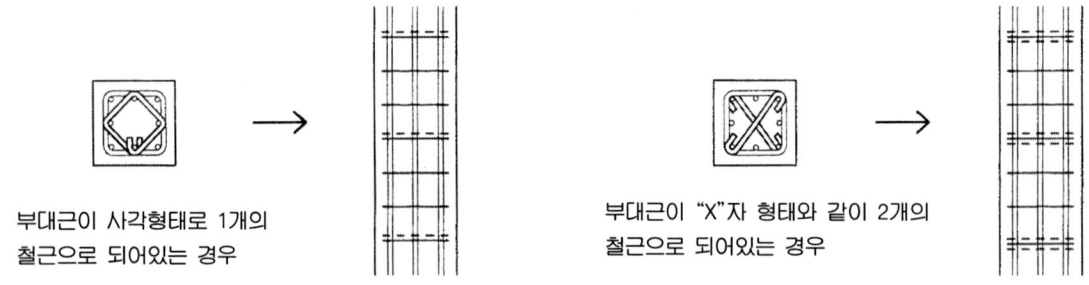

부대근이 사각형태로 1개의 철근으로 되어있는 경우

부대근이 "X"자 형태와 같이 2개의 철근으로 되어있는 경우

< 부대근의 배치 및 작도법 >

부대근의 배치는 대근의 2~3단 마다 배치하며 부대근의 형태에 따라서 위와 같이 작도한다.

4. 보

보는 기둥과 더불어 라멘조의 근간을 이루는 주요 부재로서 강도에 나쁜 영향을 주는 처짐 또는 기타의 변형을 방지하기 위하여 충분한 강도를 가질 수 있어야 한다. 특히 보는 수평재이므로 처짐에 대한 고려를 하여야 한다. 처짐을 계산하지 않고 보통 콘크리트보에서 최소춤을 정할 때는 다음표에 의한다.

부 재	최 소 춤			
	단순지지일때	1단이 연속일때	양단이 연속일때	캔틸레버일때
보	$l/20$	$l/23$	$l/26$	$l/10$

(1) 주 근

1) D13 이상을 사용하며 보통의 경우 4개 이상을 사용한다.
2) 단부와 중앙부의 배근이 다른 경우가 많으며 단부에서도 외단부와 내단부의 배근이 다를 경우도 많이 있다.
3) 상단근(Top Bar)과 하단근(Bottom Bar)으로 구분하며 상단근에서 하단근으로, 하단근에서 상단근으로 가는 철근을 절곡근(Bend Bar : 사인장력에 저항)이라 한다.
4) 상단근이나 하단근에서 스판 전체에 배근되지 않고 단부나 중앙부에만 배근되는 철근을 절단근(Cut Bar)이라 한다.
5) 주근은 아니나 너비와 춤의 비가 2배 이상 될 때 보춤의 중간에 배근하는 철근을 복근(Mid Bar)이라 한다.
6) 지하층 부분에서 지중보의 역배근은 효과적이나 지하층이 없는 부분에서 지중보의 역배근은 전혀 무의미하며 오히려 응력에 대하여 불리해 진다.
7) 기둥에 접속되는 큰 보의 경우 최상층의 보와 중간층의 보에 있어서 정착길이는 같으나 정착의 기점이 다르므로 주의한다.
8) 가능하면 구부리지 않고 이음을 하지 않는다.
    부득이한 경우 상단근은 보의 중앙부($l/2$부분)에서, 하단근은 양단부($l/4$부분)에서 이음을 한다.

(2) 늑 근

1) 늑근은 6mm 이상의 철근을 쓰며 최소간격은 보춤의 3/4 이하 또는 45cm 이하이어야 한다.
2) 보의 단부와 중앙부의 배치간격이 다를 수 있으며 간격이 다를 경우 단부의 간격이 중앙부 간격보다 촘촘하게 배치된다.
3) 보통 D10~D13 철근을 사용하는 경우가 많으며 D16이상 되는 경우는 일반 건축구조물에서는 매우 드물다. 간격은 보통 20~30cm인 경우가 많으며 응력에 따라 더 촘촘하게 배치한다.

(3) 헌 치(Haunch)

1) 보와 기둥과의 접속부 등 강한 응력이 작용하는 부분에 설치하며 보의 강성을 높이고 변형을 방지하여 구조물의 강도를 증가시키기 위한 것이다.
2) 헌치의 크기는 1:4의 비율로 길이를 정하거나 또는 스판의 1/10 이상이 되도록 길이를 정한다.

(4) 캔틸레버(Cantilever)보

1) 고정단과 자유단의 주근의 배근이 다를 수 있다.
2) 늑근의 간격을 일정하게 한다.
3) 자유단의 주근은 갈고리(Hook)를 설치한다.

* 주근의 분류

아래의 그림에서 전 스팬을 지나가는 상단근 및 하단근은 연결표시를 하지 않았다.
단부 및 중앙부에 공통적으로 들어가는 철근을 절곡근으로 하고 절곡근과 전 스팬에
걸쳐 지나가는 철근을 뺀 나머지 철근이 절단근이다.

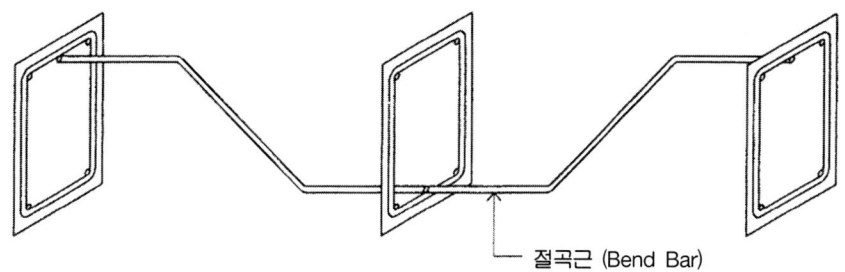

	외 단 부	중 앙 부	내 단 부
상 부 근	3 개	2 개	3 개
하 부 근	2 개	3 개	2 개

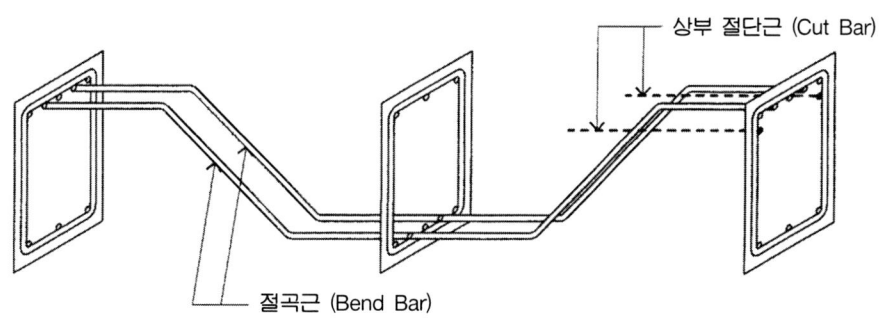

	외 단 부	중 앙 부	내 단 부
상 부 근	5 개	3 개	7 개
하 부 근	3 개	5 개	3 개

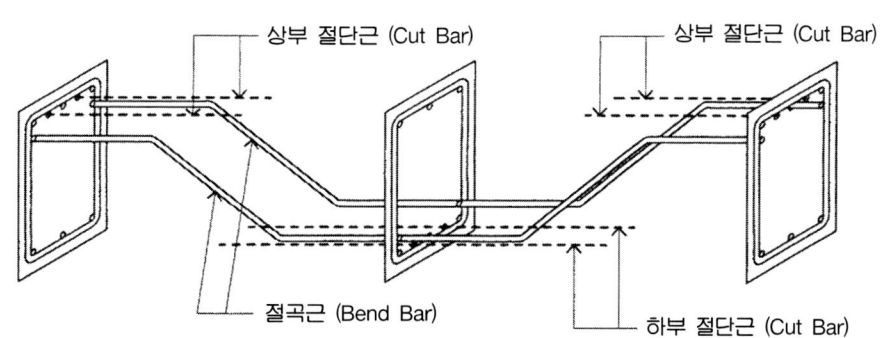

	외 단 부	중 앙 부	내 단 부
상 부 근	7 개	3 개	7 개
하 부 근	3 개	7 개	3 개

* 헌치(Haunch)가 없는 경우 주근의 정착

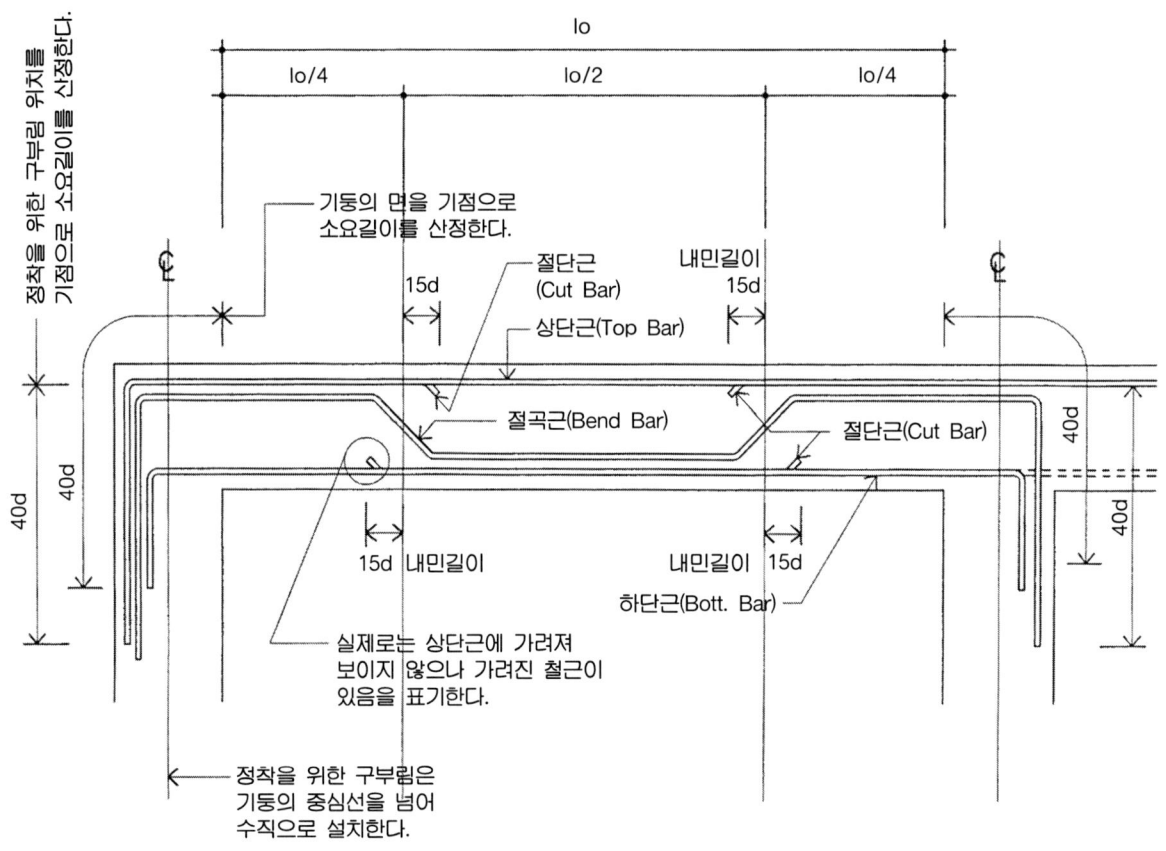

< 최상층 주근의 정착 >

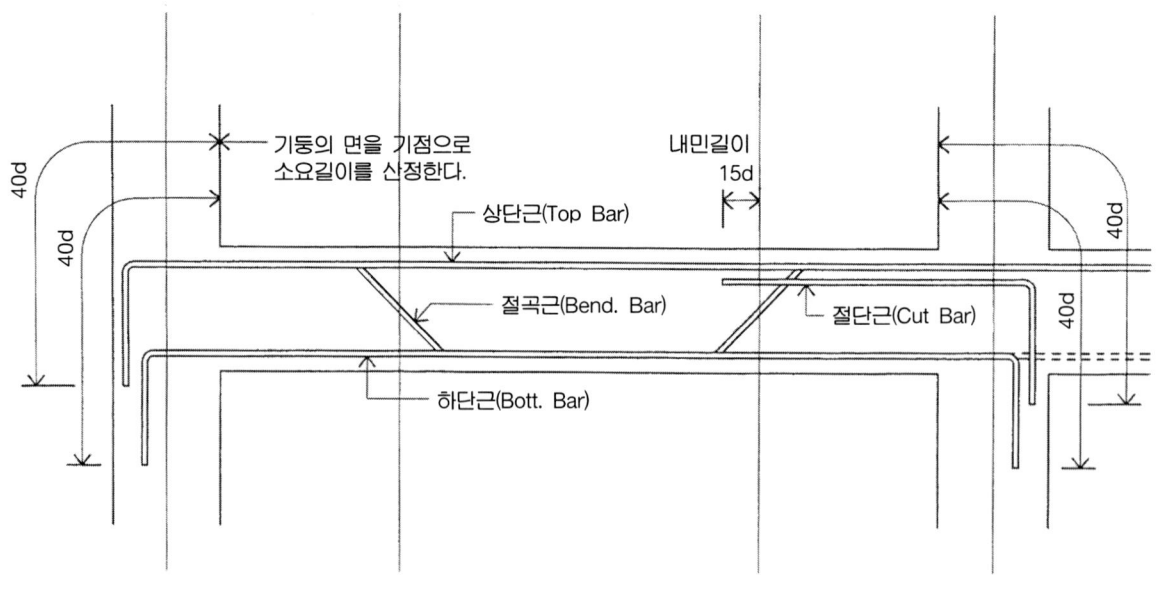

< 일반층 주근의 정착 >

* 헌치(Haunch)가 있는 경우 주근의 정착

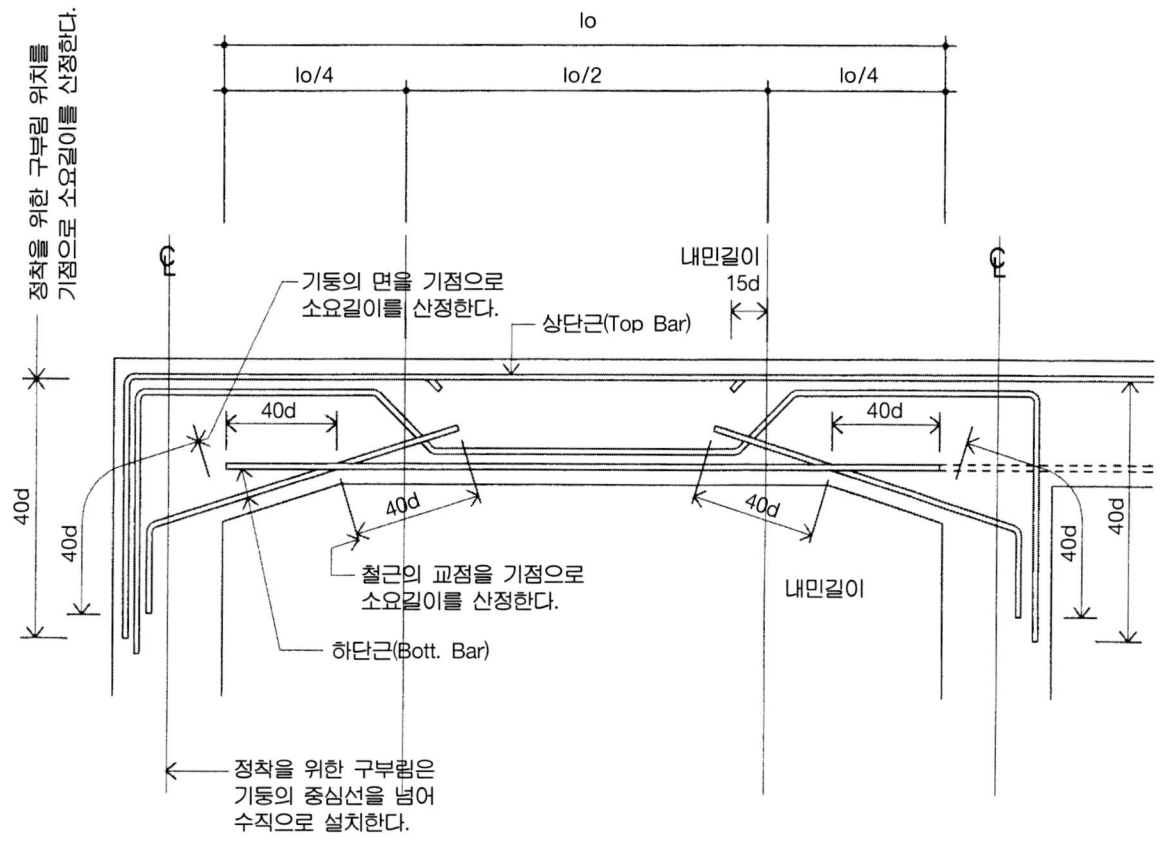

< 최상층 주근의 정착 >

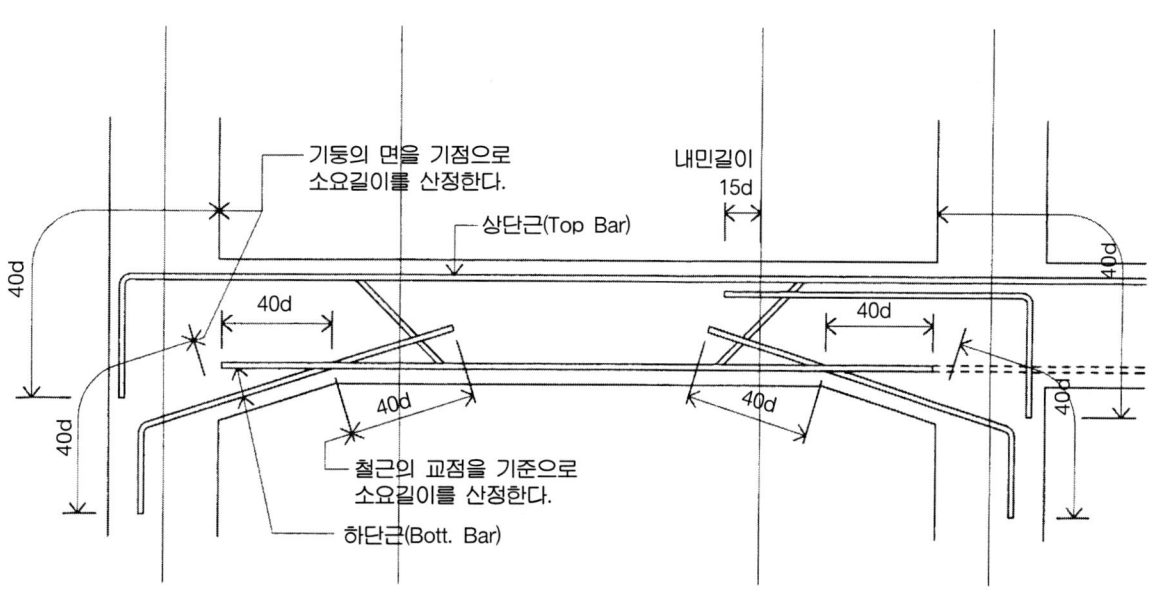

< 일반층 주근의 정착 >

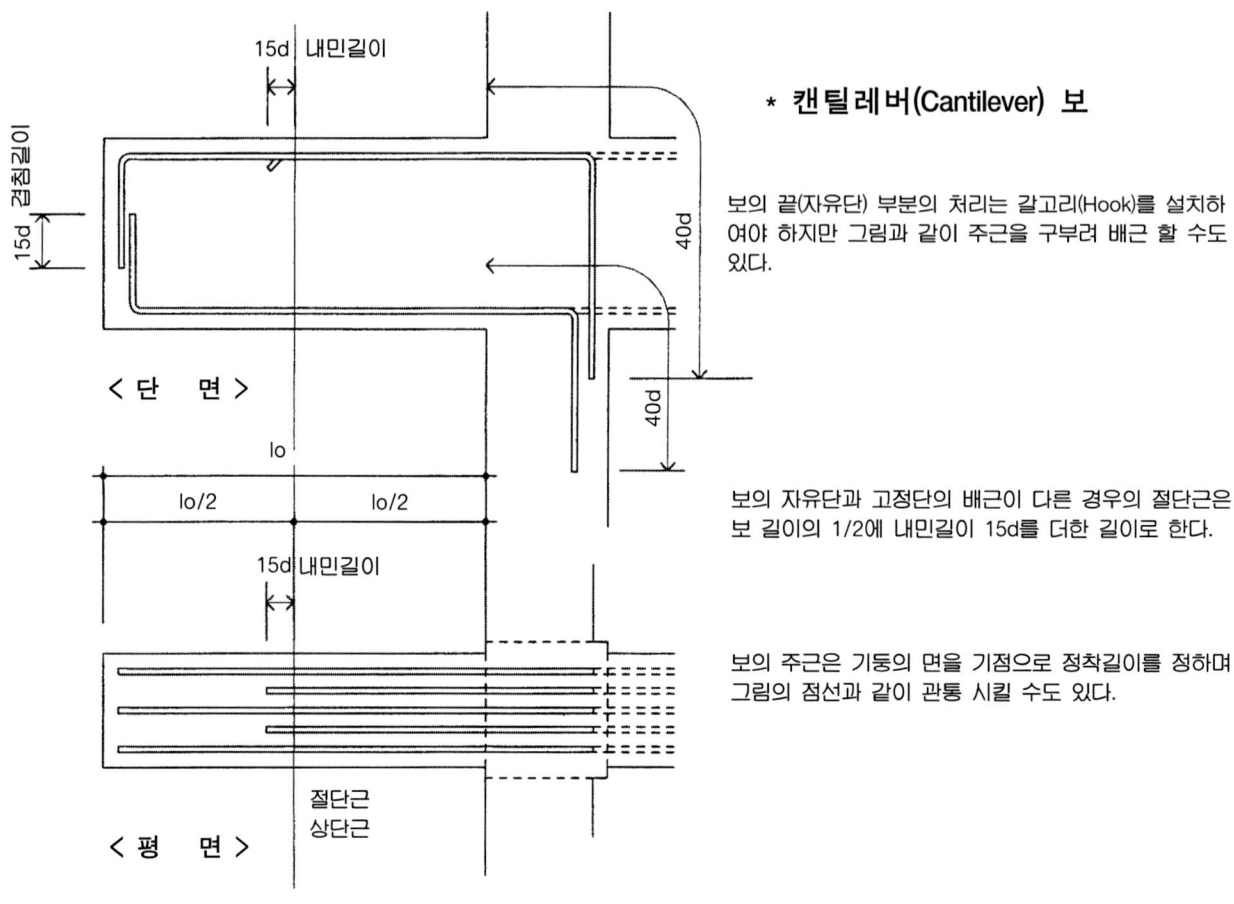

* **캔틸레버(Cantilever) 보**

보의 끝(자유단) 부분의 처리는 갈고리(Hook)를 설치하여야 하지만 그림과 같이 주근을 구부려 배근 할 수도 있다.

보의 자유단과 고정단의 배근이 다른 경우의 절단근은 보 길이의 1/2에 내민길이 15d를 더한 길이로 한다.

보의 주근은 기둥의 면을 기점으로 정착길이를 정하며 그림의 점선과 같이 관통 시킬 수도 있다.

* **높이 차가 있는 주근의 처리**

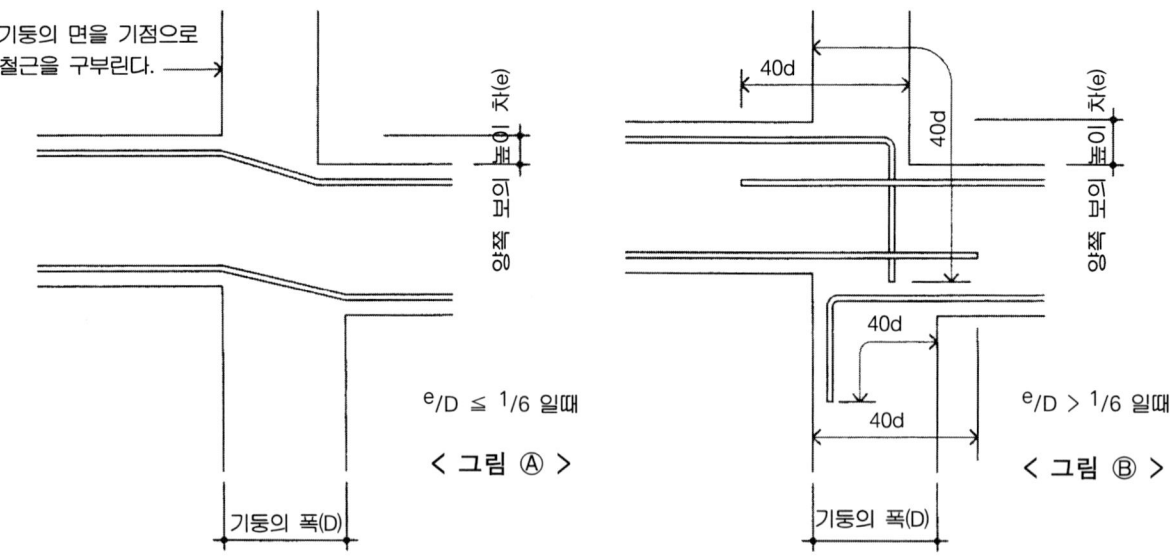

양쪽 보의 춤이 다르거나 수평면의 높이가 다른경우 양쪽 보의 높이 차(e)와 기둥폭(D)과의 관계를 고려하여 철근을 구부려 배근(그림 Ⓐ)하거나 양쪽 보의 주근을 각각 정착(그림 Ⓑ) 시켜야 한다.

그림 Ⓐ의 절곡(구부림)위치는 기둥의 면을 기준으로 한다.

* 늑근의 배치

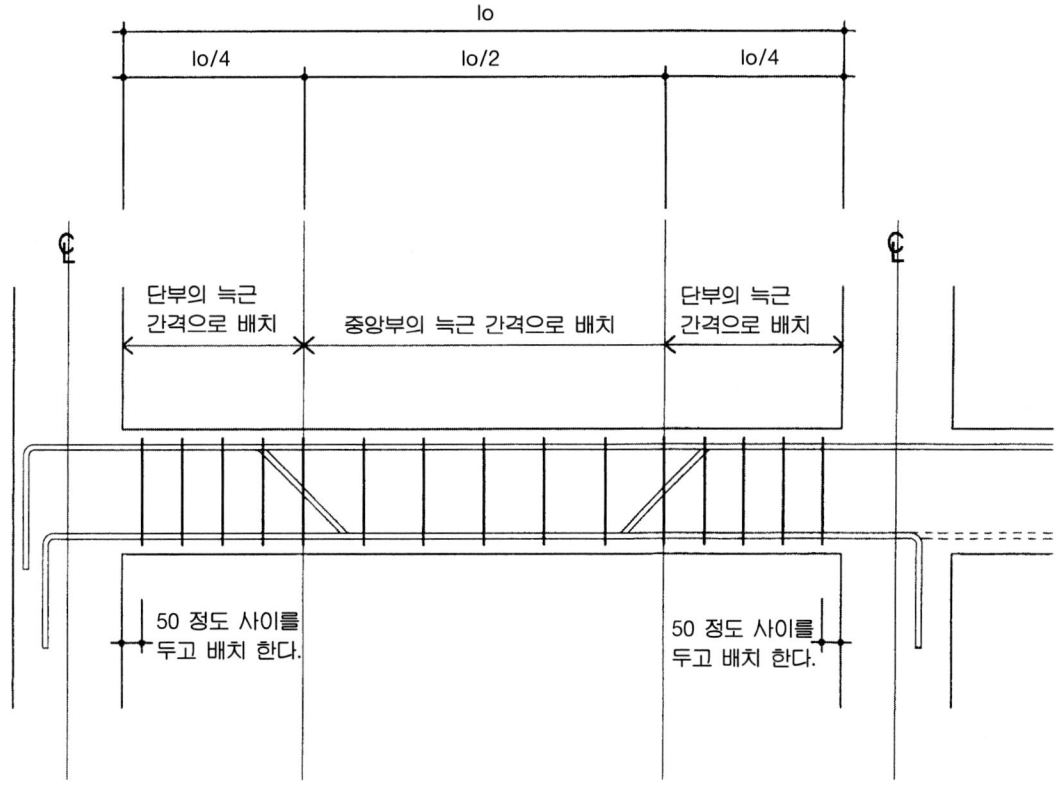

< 일반적인 보의 늑근 배치 >

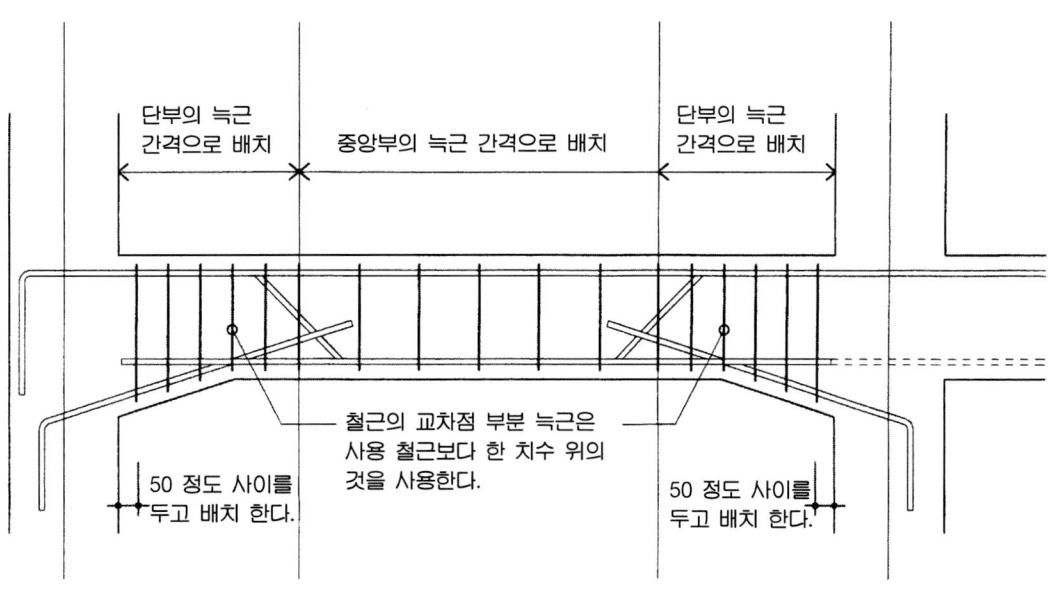

< 헌치(Haunch)가 있는 보의 늑근 배치 >

5. 라멘도

(1) 라멘도를 작도할 때 먼저 확인해야 할 사항

1) 건축물의 스팬 및 층고를 확인한다.
2) 기초·기둥·보의 배근 및 형태확인
3) 기둥과 보의 외곽으로 돌출 된 것을 확인
   (캔틸레버 보, 캔틸레버 슬라브, 옹벽, 파라펫 등)
4) 기둥의 대근이나 보의 철근, 늑근의 간격 변화지점 표기
5) 기초부분의 배근방법을 상기한다.
   (피복두께, 파일의 정착, 기둥철근의 정착, 정방형과 장방형, G.L에서의 깊이 등)
6) 기둥의 배근방법을 상기한다.
   (기초부분의 정착상태, 단면변화구간의 주근처리, 주두부분의 갈고리 설치, 대근의 간격변화, 부대근의 형태, 돌출부-옹벽 및 파라펫 등에 대한 고려 등)
7) 보의 배근방법을 상기한다.
   (주근의 정착방법, 최상층과 일반층의 정착상태, 주근의 양단부 배근변화, 절곡근의 효과적 사용, 절단근의 분류, 늑근의 간격변화, 복근의 표기, 지중보에서의 역배근과 일반배근의 판단, 돌출부-캔틸레버보에 대한 고려 등)

(2) 라멘도 표기법

1) 철근의 정착길이는 실제 길이가 아니어도 되나 형태상 정착이 되어져 있어야 한다.
2) 늑근이나 대근의 간격은 간격변화 구간을 설정한 후 표시간격 이하의 범위에서 등간격으로 배치한다.
3) 부대근의 표기는 형태에 따라 달라질 수 있으나 형태에 관계없이 부대근 위치에 점선으로 한줄 표시하여도 무방하다.
4) 기둥이나 보에서 주근의 갯수변화시 실제 보이지는 않으나 가려진 철근의 끝부분을 돌출시켜 철근의 변화가 있음을 표기한다.
5) 철근의 갯수나 간격의 표기는 변화부분마다 한다.

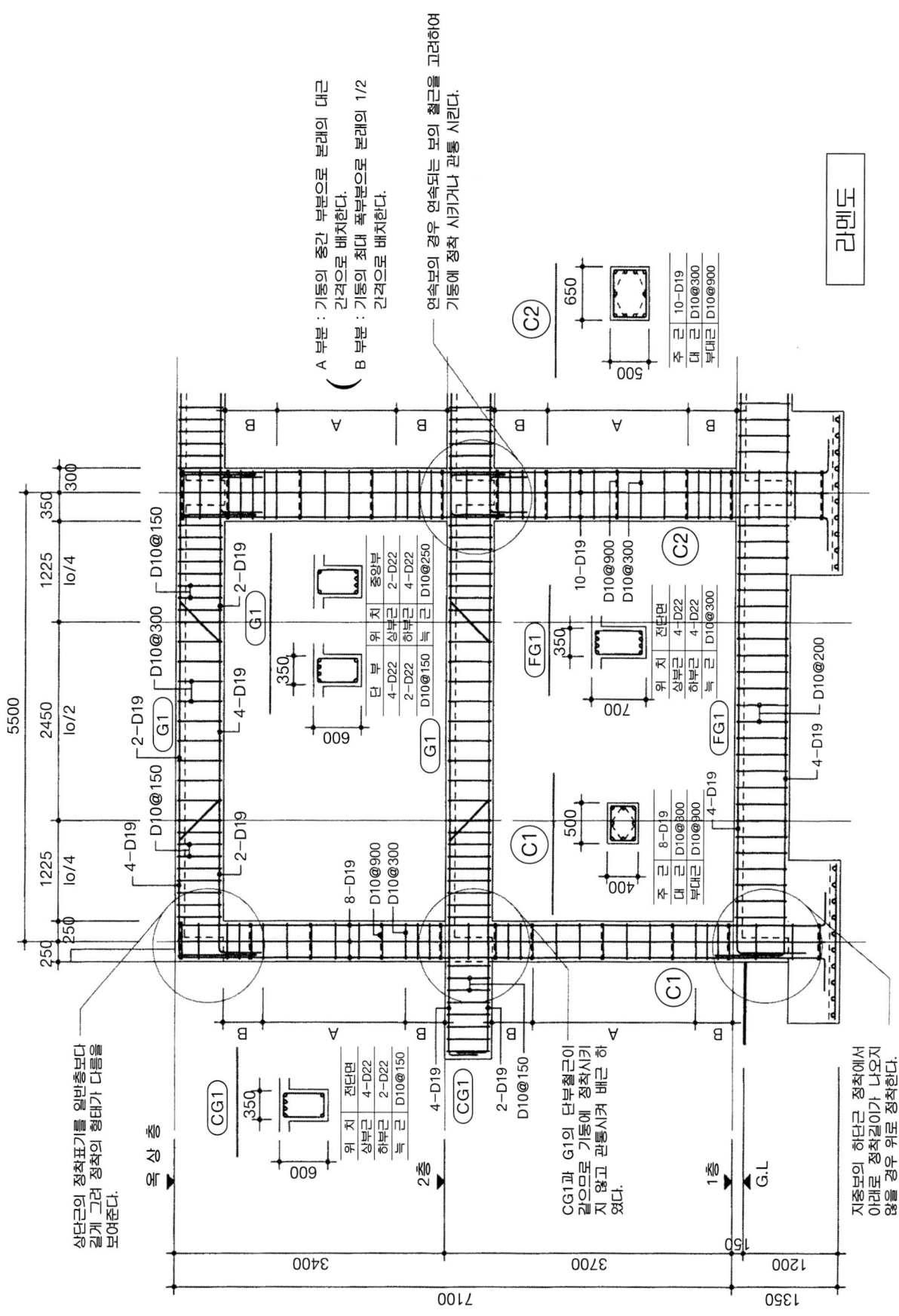

라멘도

6. 슬라브(Slab)

(1) 4변고정 슬라브

1) 슬라브의 형태
① 슬라브의 4변이 모두 보에 의해 고정되어진 슬라브를 말한다.
② 슬라브의 크기는 중심간 거리에서 보가 차지하는 넓이를 뺀 길이로 나타내며 짧은 변의 길이(단변길이)를 lx로 나타내고 긴쪽 변의 길이(장변길이)를 ly로 나타낸다.

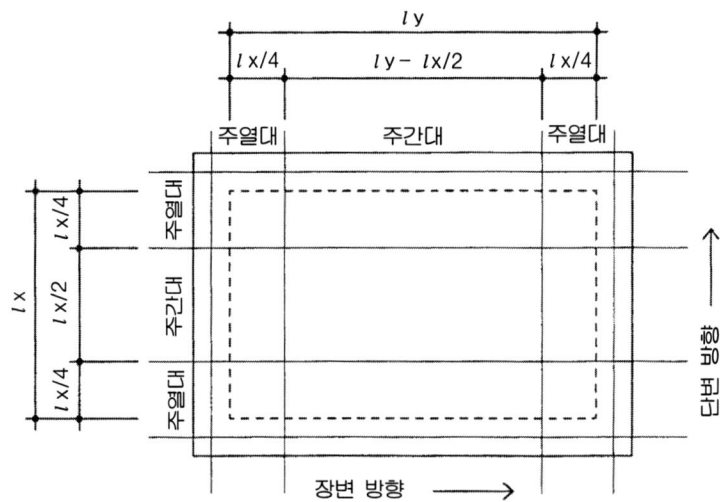

③ ly가 lx보다 2배가 넘는 슬라브를 1방향 슬라브라 하며, ly가 lx보다 2배 이하가 되는 슬라브를 2방향 슬라브라 한다.

· 2방향 슬라브 : $\lambda = \dfrac{ly}{lx} \leq 2$ · 1방향 슬라브 : $\lambda = \dfrac{ly}{lx} > 2$

(2) 슬라브의 두께

· 2방향 슬라브 : $\dfrac{\lambda lx}{16+24\lambda}$ 이상 또는 8cm 이상   · 2방향 슬라브 : $\dfrac{lx}{32}$ 이상 또는 8cm 이상

(3) 슬라브의 배근
① 슬라브에 있어서의 배근간격을 말하거나 표시할 때는 주간대 부분의 배근상황을 나타내는 것이다.
② 배근의 간격은 단변 200mm 이하, 장변 300mm 이하가 되도록 배치한다.
③ 주열대 부분의 배근은 주간대 부분 배근량의 1/2로 하면 된다. 주간대 철근의 종류가 한종류 일 경우에는 그 철근간격의 2배로 배치하면 되고 두 종류의 철근으로 배근된 경우에는 작은 철근으로 2배간격 배치를 하면 된다. 왜냐하면 주열대 부분의 응력은 매우 작으며 두종류 철근으로 2배 간격 배치를 하면 실제 주열대 폭이 좁아 한종류의 철근이 1개정도 밖에 배치되지 않는 경우가 많다. 따라서 큰 차이가 나지 않기 때문에 건축학회의 "계산규준" 해설에도 이같이 나와 있는 것으로 보인다.

④ 장변보다는 단변이 항상 더 큰 힘을 쓰기 때문에 단변방향 철근을 주근(주력근), 장변방향 철근을 부근(배력근)이라 한다. 따라서 배근시 항상 주근이 부근보다 슬라브의 바깥쪽에 위치하여야 한다.

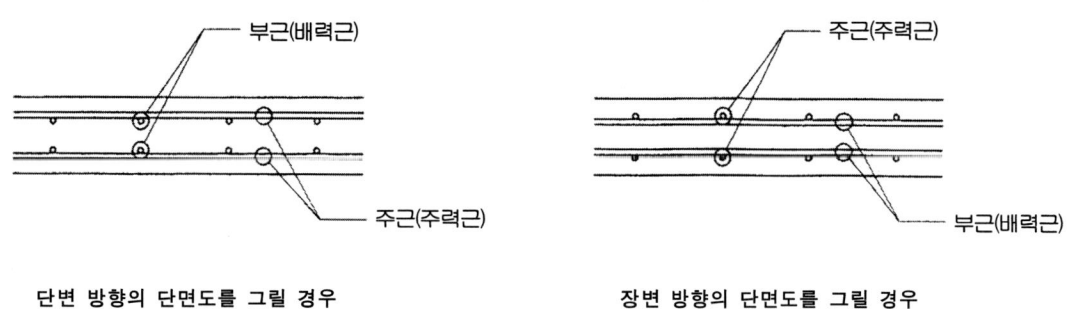

단변 방향의 단면도를 그릴 경우 **장변 방향의 단면도를 그릴 경우**

⑤ 절곡근(Bend Bar)은 단변, 장변방향 모두 고정되어진 부분으로부터 $l x/4$ 지점에서 구부린다.

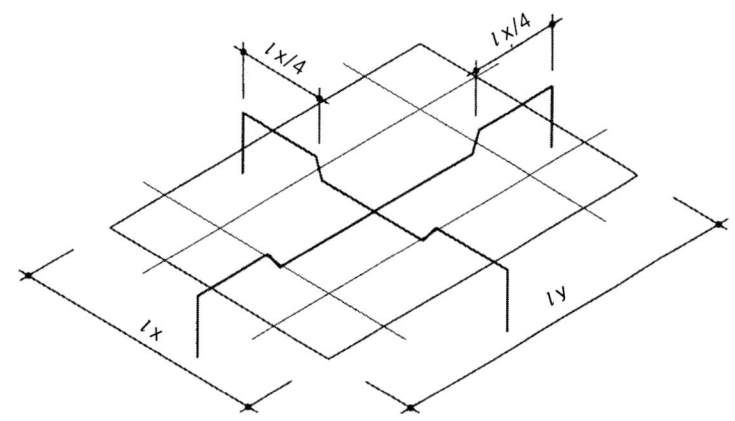

⑥ 철근의 정착

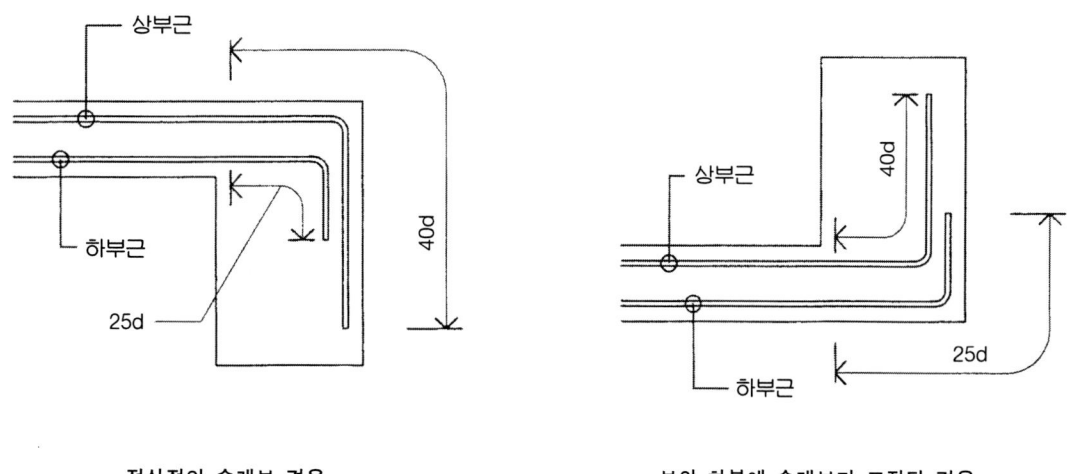

정상적인 슬래브 경우 **보의 하부에 슬래브가 고정된 경우**

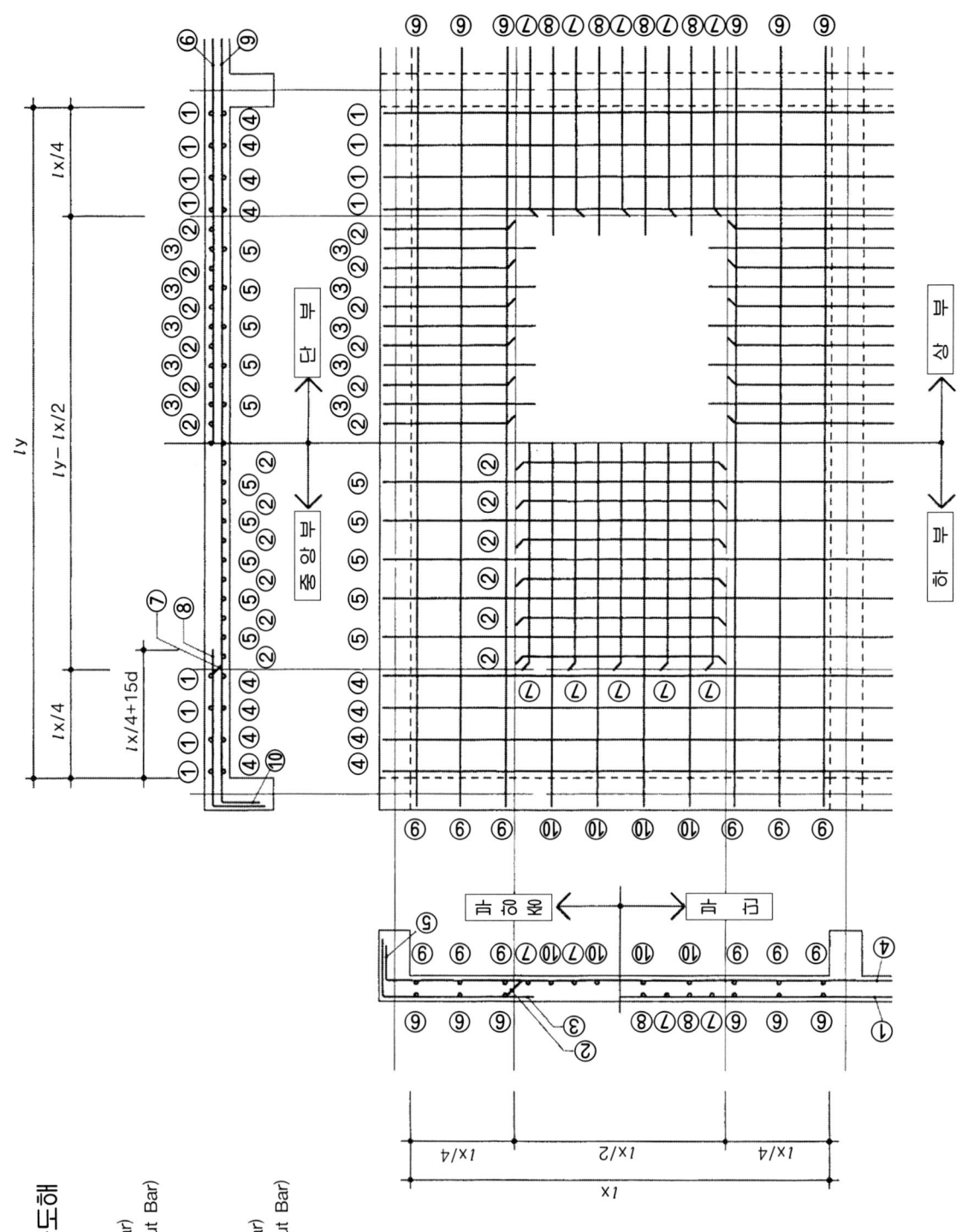

4변고정슬래브의 배근도해

① 단변방향의 단부상단근
② 단변방향의 절곡근(Bend Bar)
③ 단변방향의 중앙부상단근(Cut Bar)
④ 단변방향의 단부하단근
⑤ 단변방향의 중앙부하단근
⑥ 장변방향의 단부상단근
⑦ 장변방향의 절곡근(Bend Bar)
⑧ 장변방향의 중앙부상단근(Cut Bar)
⑨ 장변방향의 단부하단근
⑩ 장변방향의 중앙부하단근

(2) 3변고정 슬라브

1) 슬라브의 3변은 보에 의해 고정되고 한변은 자유단으로 되어 있는 슬라브

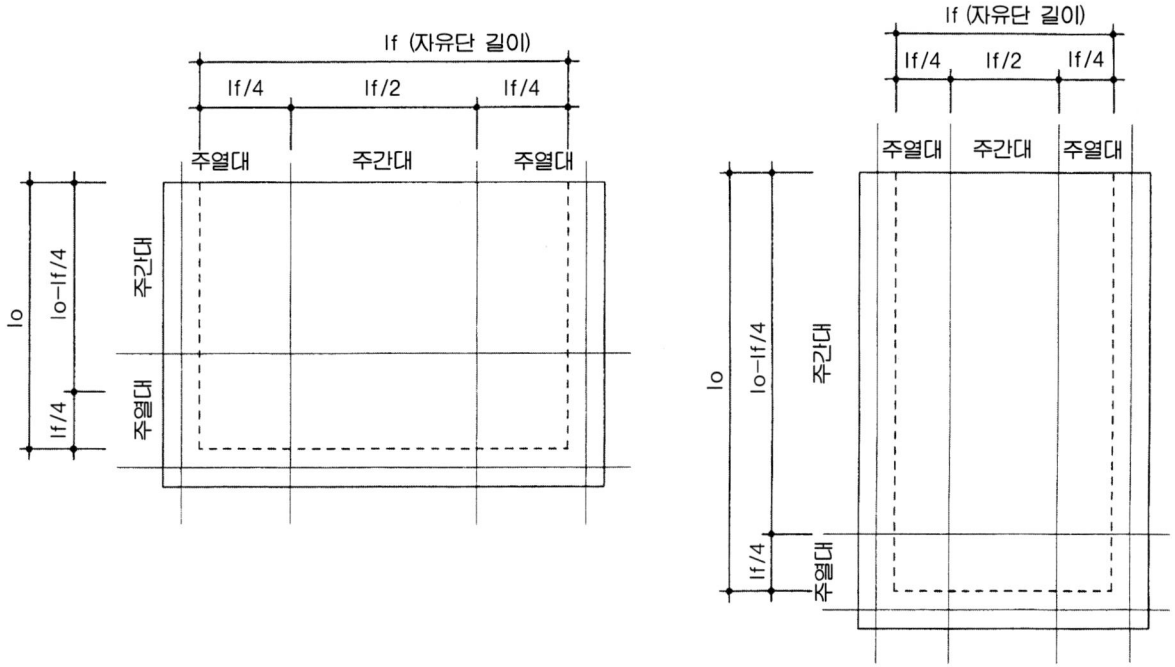

2) 절곡근(Bend Bar)의 절곡 위치는 길이에 상관없이 자유단 길이(lf)의 1/4위치로 한다.

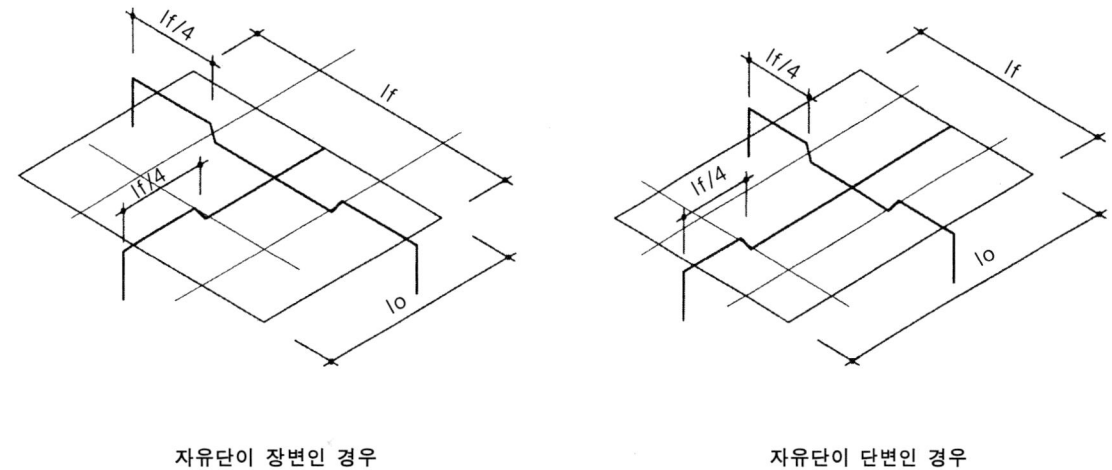

자유단이 장변인 경우   자유단이 단변인 경우

3) 배근요령 - 4변고정슬라브에서 한쪽변이 없는 것과 같이 그린다.
             자유단 끝부분에 선단보강근(2-D13 이상)을 꼭 배근한다.

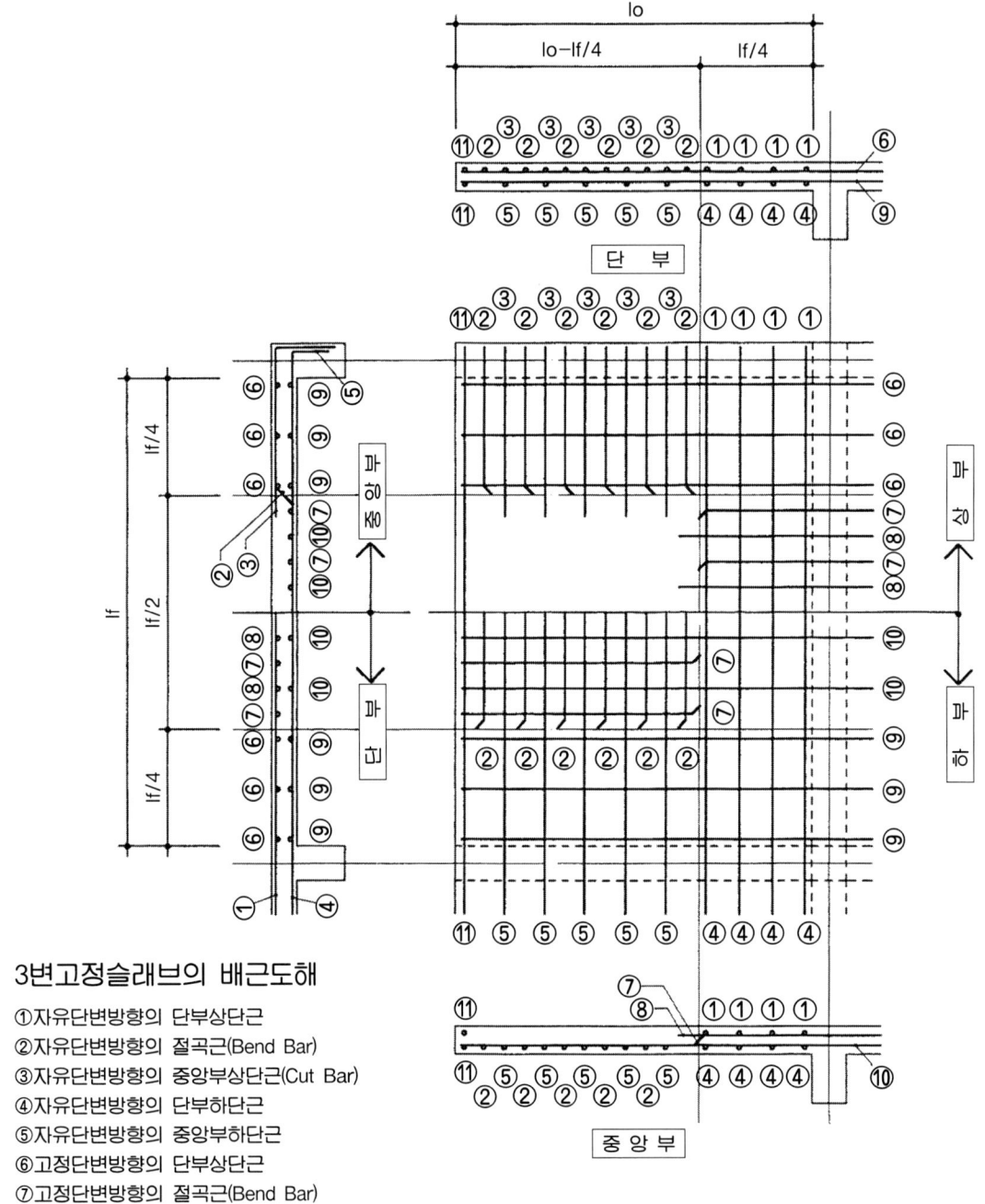

3변고정슬래브의 배근도해

① 자유단변방향의 단부상단근
② 자유단변방향의 절곡근(Bend Bar)
③ 자유단변방향의 중앙부상단근(Cut Bar)
④ 자유단변방향의 단부하단근
⑤ 자유단변방향의 중앙부하단근
⑥ 고정단변방향의 단부상단근
⑦ 고정단변방향의 절곡근(Bend Bar)
⑧ 고정단변방향의 중앙부상단근(Cut Bar)
⑨ 고정단변방향의 단부하단근
⑩ 고정단변방향의 중앙부하단근
⑪ 자유단의 선단보강근

(3) 2변고정 슬라브

1) 서로 마주보는 변이 고정일 경우(2변 고정 경사슬라브 계단도 여기에 속한다)

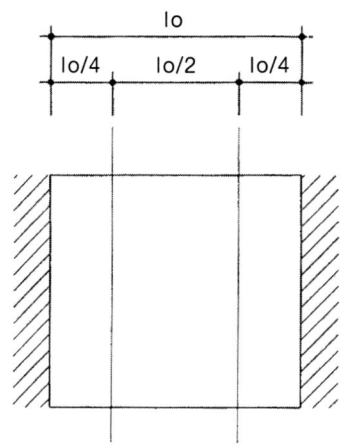

일반적으로 많지 않은 경우에 설치되어진다. 양쪽 변만 지지되어지므로 고정변 방향으로 지나는 철근이 모든 응력을 받게되므로 주근이 되고 자유단 방향의 철근은 외부응력과 무관한 배력근이므로 최소 철근을 배근하면 된다.

• 절곡근은 Span의 1/4지점에서 구부린다.

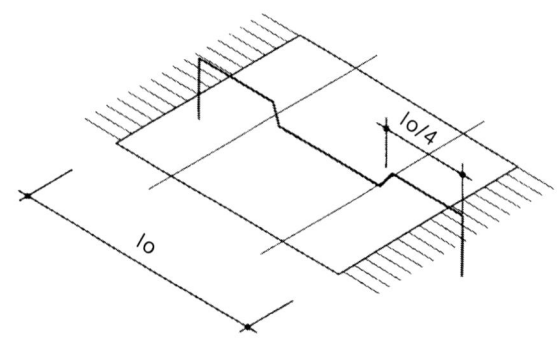

• 배근요령 - 4변 고정 슬라브의 주간대 부분만의 배근이라 생각하면 이해하기 쉽다.

2) 서로 연결되는 변이 고정일 경우

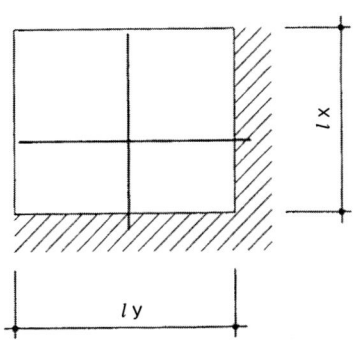

건물의 모서리 부분에 생기는 경우가 많다.
$l\,x$, $l\,y$ 방향 모두 상하단 철근을 절곡근 없이 직선배근한다.

(4) 1변고정 슬라브(Cantilever)

- 슬라브의 한 변만 고정되어진 슬라브로 보통 캔틸레버 슬라브라 부른다.
- 보통 내민 길이가 1.5m 이하가 많으며 1.5m를 넘는 경우에도 1.8m~2m를 넘는 경우는 흔치않다.
- 슬라브의 두께

  캔틸레버 슬라브의 두께는 내민길이(l)의 1/10 이상으로 한다. THK = l/10 이상

  따라서 내민길이를 보아 12cm나 15cm로 옆에 이웃한 슬라브의 두께에 맞추는 것이 보통이다.

1) 배근요령

① 슬라브의 배근은 내민길이가 1m 미만의 차양 정도에는 단배근(Single 배근)으로 하며 1m 미만이 더라도 무거운 하중을 받거나 1m 이상일 경우에는 복배근(Double 배근)으로 한다.

② 주근은 보로부터 자유단 방향으로 배근하며 보에 평행한 배력근을 최소철근량(0.2%)으로 배근한다.

③ 자유단 끝부분은 그림과 같이 선단 보강근을 배근하는게 바람직하다.

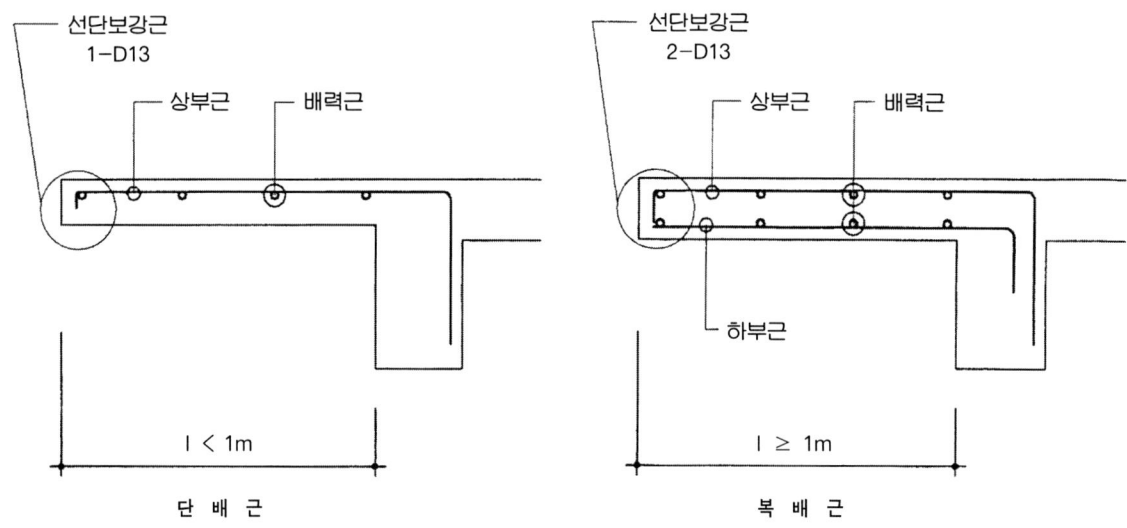

④ 돌출 모서리부 보강

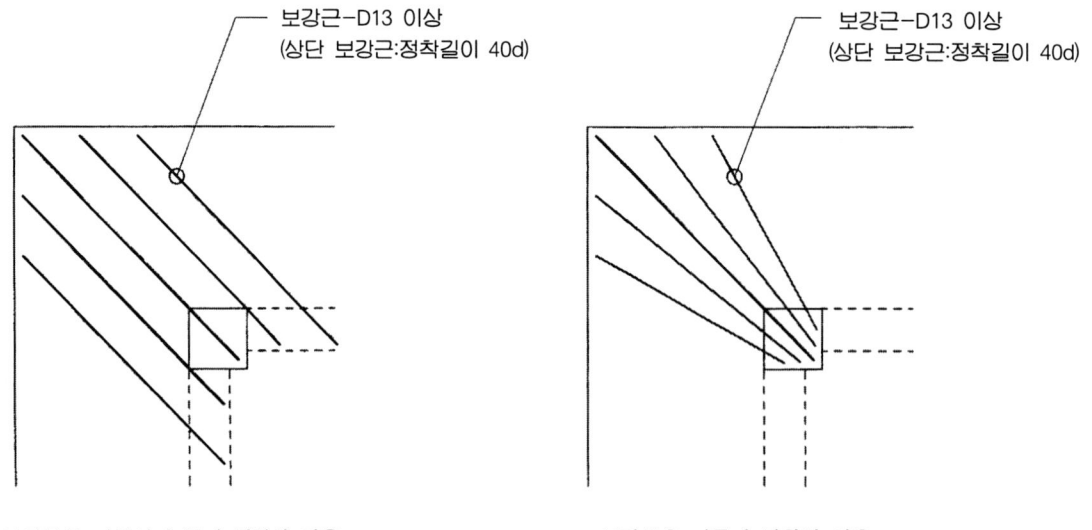

돌출 모서리부의 보강방법

⑤ 인접슬라브에 단차가 있는 경우 주근은 반드시 보에 정착시켜야 한다. 단차가 없는 경우에는 인접한 슬라브 주근과 같은 지름, 같은 간격, 같은 종류인 경우는 관통시켜 인접슬라브와 같이 배근을 해도 된다. 하지만 철근의 종류, 지름, 간격이 다를 경우에는 반드시 보에 정착시킨다.

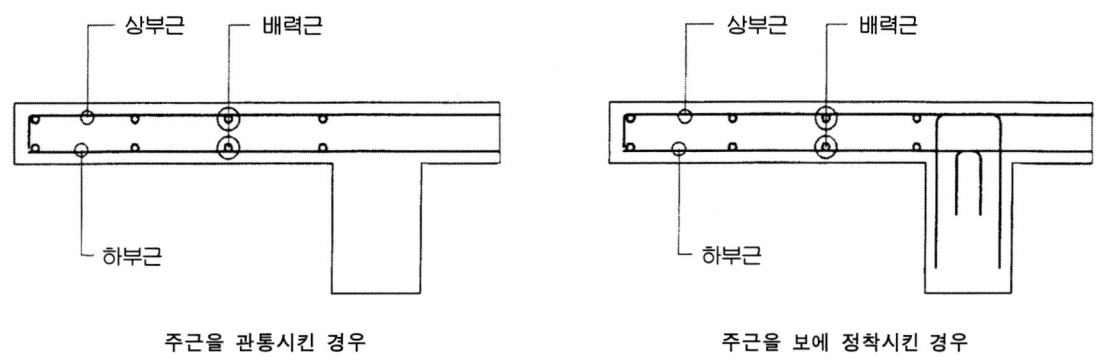

슬래브의 단차가 없는 경우의 배근

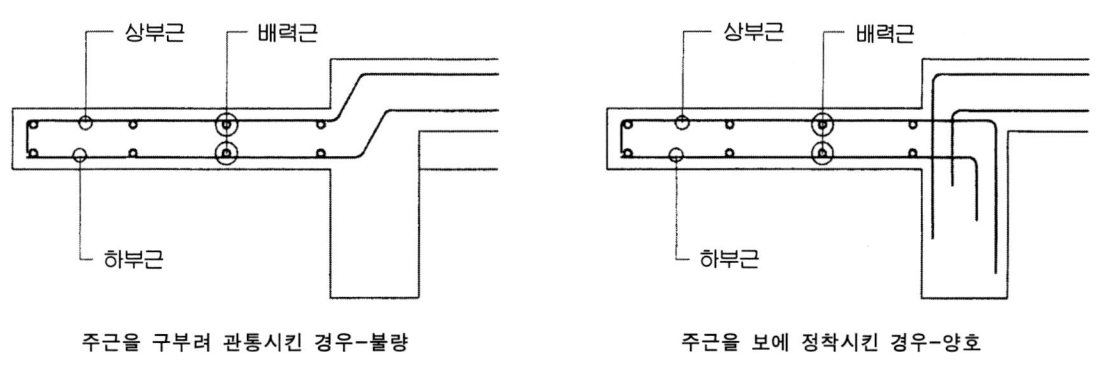

슬래브의 단차가 있는 경우의 배근

⑥ 잘못된 배근 예

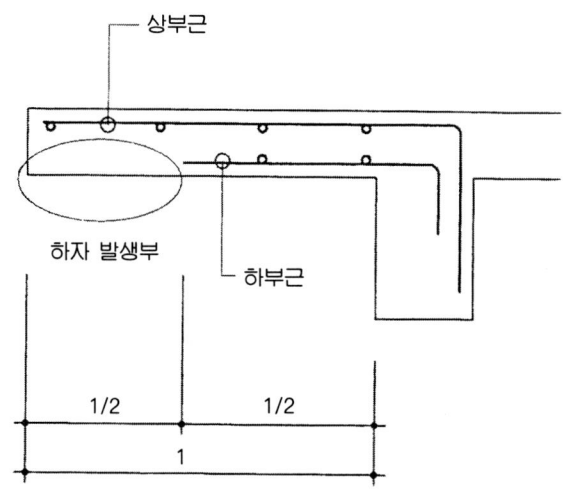

잘못된 배근 예

캔틸레버 배근에서 많이 발견되는 것으로 내민길이에 관계없이 하단근을 내민길이의 1/2 위치까지만 배근하고 있으나 슬라브의 두께가 얇아지는 경우가 아니면 이것은 좋지 않다. 응력에 의한 철근 배근으로만은 문제가 없으나 내민길이가 길 경우 슬라브 두께가 두꺼워지므로 하부철근이 없으면 피복두께가 두꺼워져 하부균열이 발생하기 쉽고 박리현상이 일어나는 원인이 된다. 따라서 복배근일 경우 자유단 끝까지 배근하고, 선단보강근을 배근하여 주는 것이 바람직하다.

(5) 개구부의 보강

1) 작은 개구부

100~200mm 정도의 작은 개구부는 철근이 걸릴경우 그림과 같이 철근을 휘어서 배근한다.

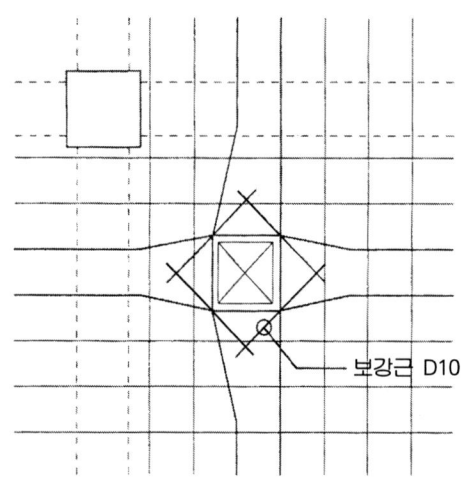

개구부의 장변이 200~300mm인 경우에는 경사 보강근(빗철근)을 우물 정(井)자 모양으로 넣어 보강한다.

개구부가 작은 경우의 보강법

2) 큰 개구부

개구부가 커지면 철근을 휘어서 배근하지 못하므로 걸리는 철근은 절단하고 그림과 같이 개구부에 면하여 철근을 넣고 경사보강근(빗철근)을 배근해준다. 보강근의 정착은 40d 이상으로 하나 보통 60cm정도 정착한다.

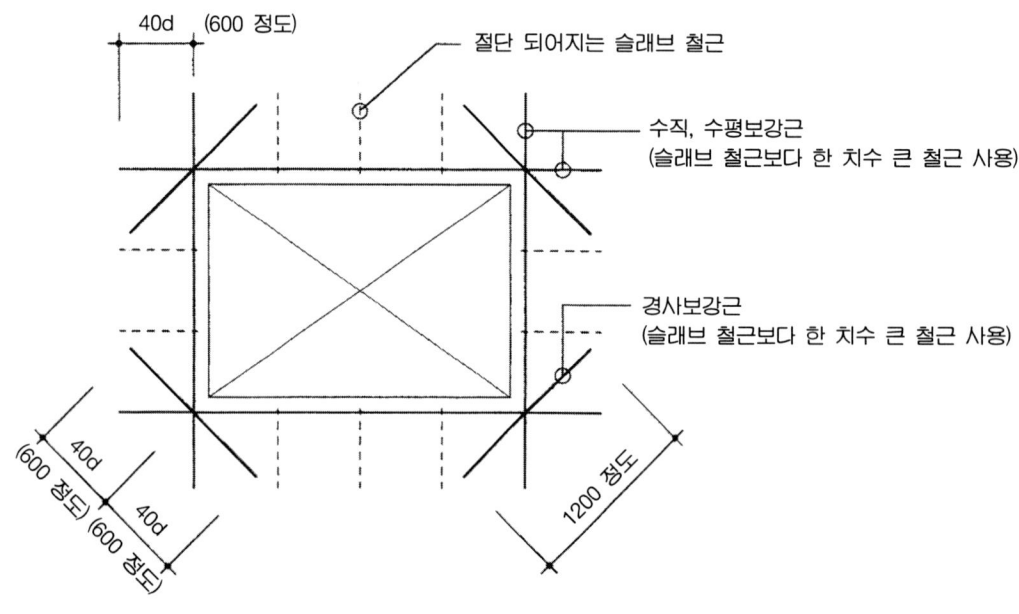

개구부가 큰 경우의 보강법

7. 계단

(1) 슬라브형식 계단
계단 경사방향의 상하부에 주근을 배치하고 절곡근을 사용하며 그 말단을 보나 옹벽에 정착시키는 2변 고정슬라브 형식이다.

1) 배근요령
① 배근에 있어서의 요점은 절곡근(Bend Bar) 배근과 평슬라브와 경사슬라브의 연결부분 이음과 정착을 바르게 하는 것이다.
② 절곡근의 위치는 2변 고정슬라브와 같이 스판(l)의 1/4 지점으로 한다. 1/4지점이 경사슬라브에 이르지 못하고 평슬라브 부분일 경우 경사슬라브 부분으로 들어와 절곡한다.
③ 주근의 직각방향 철근은 배력근으로 최소 철근으로 배근한다.

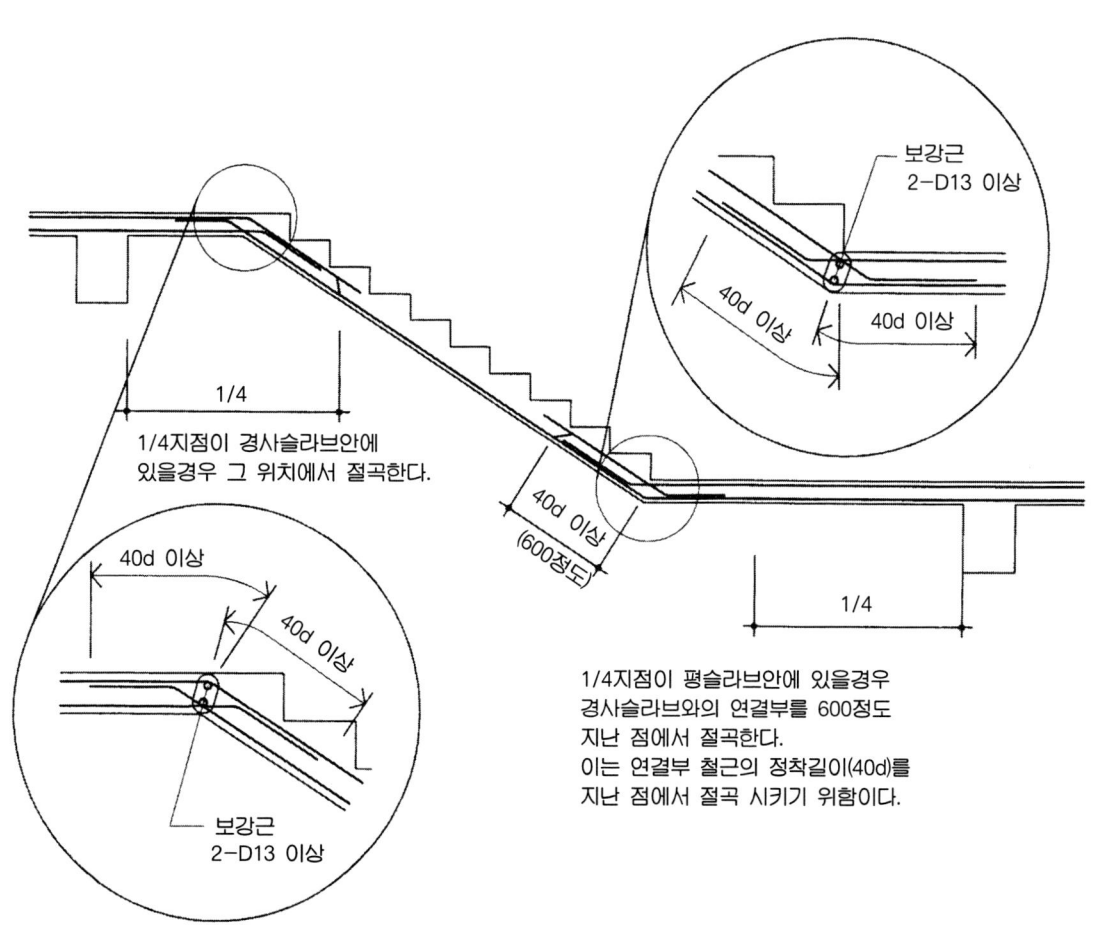

〈슬라브형식 계단 배근법〉

(2) 캔틸레버 보 형식 계단

각각의 단너비 만큼의 보폭을 가진 캔틸레버 보가 벽에서 돌출되어진 것으로 보고 배근하는 형식이다.

1) 배근요령
① 주근은 계단의 경사방향이 아닌 그의 직각방향으로 배근되어지며 옹벽에 정착한다.
② Z자형 보조근과 하단 보조근, 연결근을 넣어서 구조상 안전한 배근을 한다.
③ 주근이 옹벽에 정착되어지므로 옹벽부분의 보강근(세로보강근, 받이근)도 꼭 필요하다.

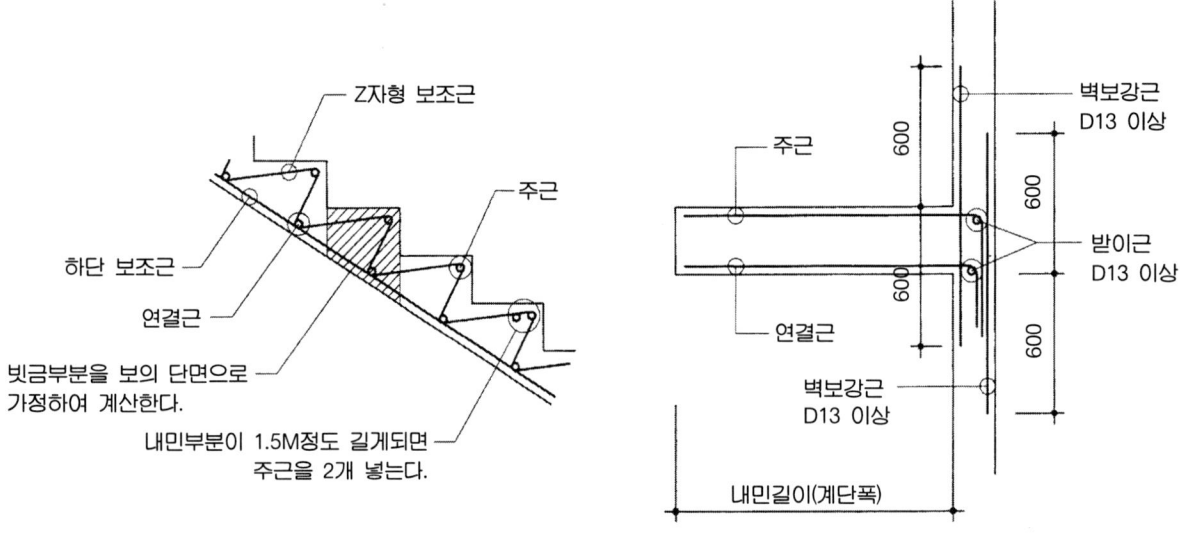

<보 형식 계단 배근법>

8. 벽

벽은 직압 및 수평력에 저항하여 건물 전체의 강도를 높이고 내성을 갖는데 효과를 준다. 따라서 직압에 대한 저항과 수평력에 의한 비틀림 저항을 가질 수 있게 하여야 하므로 단배근 보다는 복배근을 하여 저항성을 높이는 것이 바람직하다.
벽은 얇은 판으로 되어 슬라브와 같으나 판이 세워져 있으므로 시공상의 문제점도 고려하여 두께를 정한다.

<벽두께와 배근과의 관계>

벽두께	벽배근 평면도	철근의 배근	비 고
100	─·─·─·─	D10 @250	마감을 위한 상하부턱에 사용
120	〃	D10 @200	일반 난간벽이나 파라펫에 사용
150	〃	D10 @150	〃
150	═·═·═·═	D10 @250	두께가 얇으므로 수직철근을 엇갈리게 배치한다.
180	═·═·═·═	D10 @200	
200	〃	D10 @200	

- 복배근일 경우 가로, 세로 1m 이내마다 폭 고정근(D10)을 설치
- 단배근일 경우에도 콘크리트 치기를 고려하여 벽두께는 12cm 이상이 좋다.

(1) 배근요령

① 수평, 수직근의 일정간격을 유지시키며 보와 기둥의 정착부에 대한 고려를 한다.
② 벽과 벽의 연결부에 보강근을 넣는다.
③ 개구부가 포함되는 경우가 많으므로 개구부에 대한 보강을 필히 해 주어야 한다.
   (주근보다 한치수 위 철근을 사용)- 슬라브 개구부 보강 참조.
④ 주근의 정착은 내력벽일 경우 40d, 비내력벽일 경우 25d로 한다.

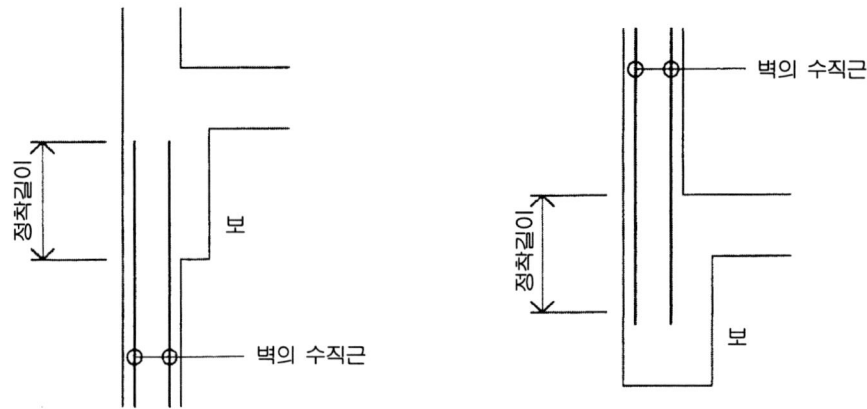

수직근의 정착

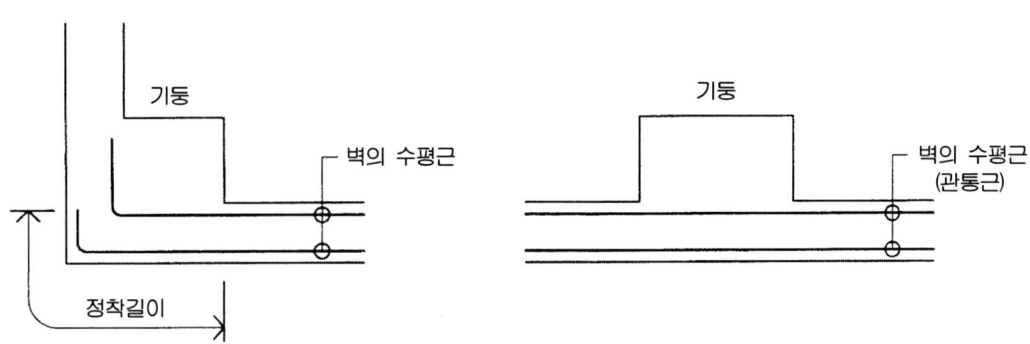

수평근의 정착

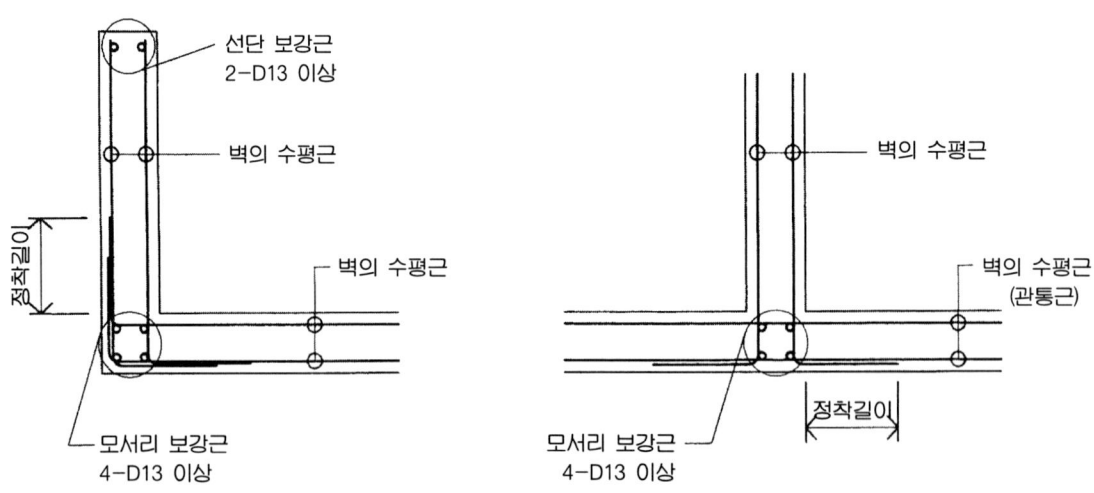

벽과 벽의 연결부위 정착

4장

철골조(트러스) 일반사항

철골 트러스의 이해를 위하여 기본적인 사항을 설명하였다.

1장	건축제도의 기초
2장	상세도
3장	철근배근법
4장	**철골조(트러스) 일반사항**
5장	상세설계 예
6장	Freehand drawing 연습
7장	건축도면 실습
8장	실시설계 예

1. 철골조(트러스) 일반사항

철골지붕틀은 보통 소형 부재의 트러스 구조나 단일 형강의 "ㅅ"자 보 형태로 되어지는 경우가 많으며 여기에서는 트러스 구조의 지붕틀에 대하여 설명한다.

트러스는 경량이나 소형부재(C형강, L형강)의 조립으로 이루어지며 각 부재의 접합은 용접과 리벳, 볼트 접합으로 이루어진다.

(1) 트러스의 구성재
① 상현재 - 트러스의 상부에 있는 현재
② 하현재 - 트러스의 하부에 있는 현재
③ 복 재 - 상현재와 하현재 내의 연결재
   ㄱ. 수직재 : 수직으로 설치된 재
   ㄴ. 경사재 : 경사지게 설치된 재
④ 가세트 플레이트(Gusset Plate) - 각 현재를 이어주기 위하여 사용되어지는 철판이다. 6, 9, 12mm의 철판이 많이 사용되어지며 판의 크기는 볼트의 크기와 수, 피치, 연단거리 등에 의해 정해진다.

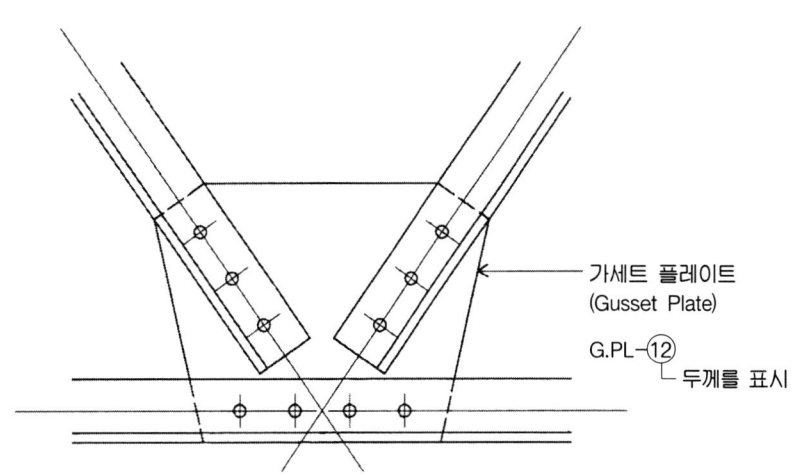

⑤ 낄판(filler)
각 부재의 길이가 크기에 비해 길어질 경우 좌굴을 방지하기 위하여 두 조립재 사이에 끼워 넣는 철판이다. 별도의 설치 길이가 구조계산 등에서 나와 있지 않은 경우라도 각 부재의 변의 길이에 9~10배 정도 간격으로 설치해 주는 것이 좋다.

〈낄판의 간격〉

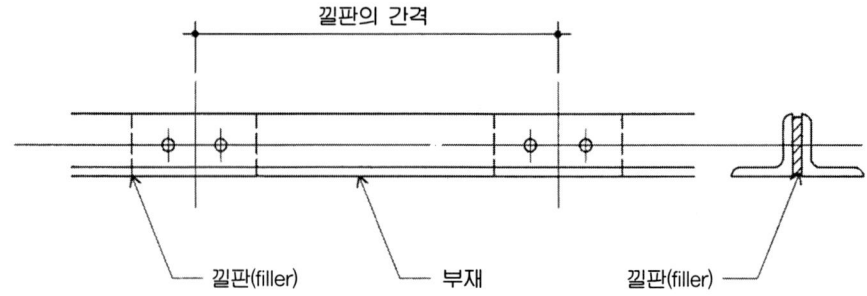

(단위 mm)

구 분	규격 및 간격						
L형강	50	60	65	75	90	100	120
간 격	450	590	620	720	860	960	1180

(2) 접합부

① 접합부는 접합되어지는 부재의 존재응력을 완전히 전달하도록 설계한다. 부재의 응력이 작다 하더라도 볼트의 경우는 2개 이상 배치하고 용접의 경우는 3ton 이상의 내력을 갖도록 한다.

② 트러스는 축방향력을 받는 부재가 접합되어 이루어지는 구조이므로 각 부재의 중심축이 한 점에서 만나도록 설계한다.(한점에서 만나지 않을 경우 각 부재에는 축력뿐아니라 전단력과 휨 모멘트가 존재하므로 편심에 대한 고려를 해야 한다.

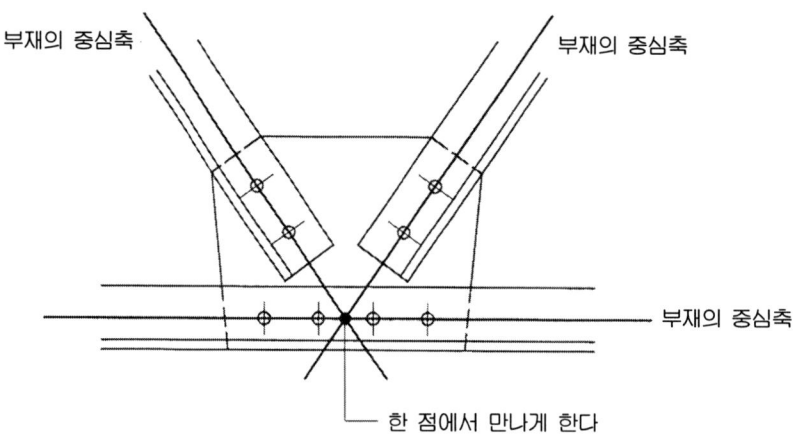

(3) 접합재의 사용

용접 이외에는 리벳, 볼트 및 고력볼트를 사용할 수 있으나 리벳은 사용의 불편함 때문에 잘 사용되어지지 않으며, 볼트는 처마높이 9m를 초과하고 스팬이 13m 초과하는 건축물에 사용하지 못하는 제한과 진동, 충격 또는 반복응력을 받는 접합부에는 사용할 수 없는 제한 등 사용에 제한이 많아 구조적인 곳에는 사용되어 지지 않는다. 고력볼트(High Tension Bolt)는 강도가 큰 볼트로 죄어 접합재 사이의 마찰력에 의해 응력을 전달하는 것으로 접합부의 강성이 높으며 현장 시공설비가 간단하고 노동력 절약 및 공기단축 등의 장점을 갖고 있어 구조적인 부분에는 거의 고력볼트(H.T.B)를 사용한다.

① 고력볼트의 종류

高力볼트의 종류	볼트 호칭 지름(mm)	볼트 축 지름(mm)	볼트 구멍 지름(mm)	볼트 축 단면적(㎠)	볼트 유효 단면적(㎠)	설계볼트 장력(t)
F 8 T (1종)	M16	16	17.0	2.01	1.57	8.52
	M20	20	21.5	3.14	2.45	13.3
	M22	22	23.5	3.80	3.03	16.5
	M24	24	25.5	4.52	3.53	19.2
F 10 T (2종)	M16	16	17.0	2.01	1.57	10.6
	M20	20	21.5	3.14	2.45	16.5
	M22	22	23.5	3.80	3.03	20.5
	M24	24	25.5	4.52	3.53	23.8
F 11 T (3종)	M16	16	17.0	2.01	1.57	11.2
	M20	20	21.5	3.14	2.45	17.4
	M22	22	23.5	3.80	3.03	21.6
	M24	24	25.5	4.52	3.53	25.1

※ 3종은 되도록 사용하지 않는다.

② 구멍의 크기(지름)

(단위 mm)

종 류	구 멍 지 름	공칭축직경(d)
고력볼트	d + 1.0	d < 20
리 벳	d + 1.5	d ≥ 20
볼 트 앵커볼트	d + 0.5	-

③ 피 치(Pitch)

리벳, 볼트 및 고력볼트 구멍 중심간의 거리. 공칭축지름의 2.5배 이상이며 보통 사용하는 표준피치는 약 4.0d(공칭축지름의 4배)로 한다.

〈피 치〉

P : 피 치

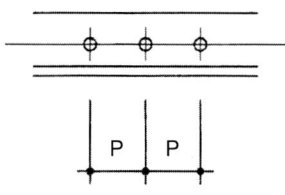 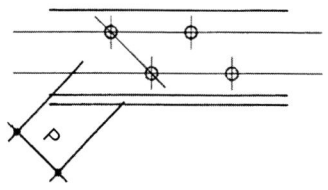

(단위 mm)

축지름	d	10	12	16	20	22	24	28
피치p	표 준	40	50	60	70	80	90	100
	최 소	25	30	40	50	55	60	70

〈엇모配置와 피치〉

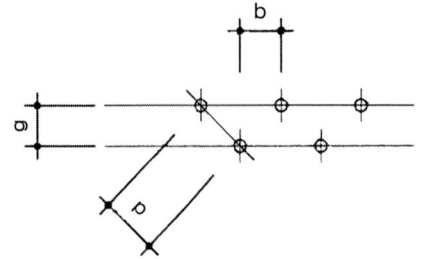

P : 피치
g : 게이지
b : 엇갈림 길이

(단위 mm)

g	b 축 지 름		
	16	20	22
	p = 48	p = 60	p = 66
35	33	49	56
40	27	45	53
45	17	40	48
50		33	43
55		25	37
60			26
65			12

〈L형강에 대한 엇모배치〉

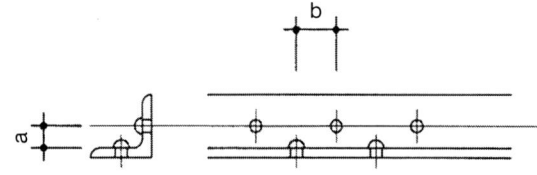

b : 엇갈림 길이
a : 클리어런스
 (볼트와 수직재와의 거리)

(단위 mm)

a	b 축 지 름			a	b 축 지 름		
	16	20	22		16	20	22
21	25	30	36	32	8	19	26
22	25	30	35	33		17	25
23	24	29	35	34		15	24
24	23	28	34	35		12	22
25	22	27	33	36		9	21
26	20	26	32	37			19
27	19	25	32	38			17
28	17	24	31	39			14
29	16	23	30	40			11
30	14	22	29	41			6
31	11	20	28	42			

④ 게이지(Gauge)

게이지라인과 게이지라인과의 거리를 말하며 게이지라인(Gauge line)이란 볼트의 중심축을 연결하는 선을 말한다.

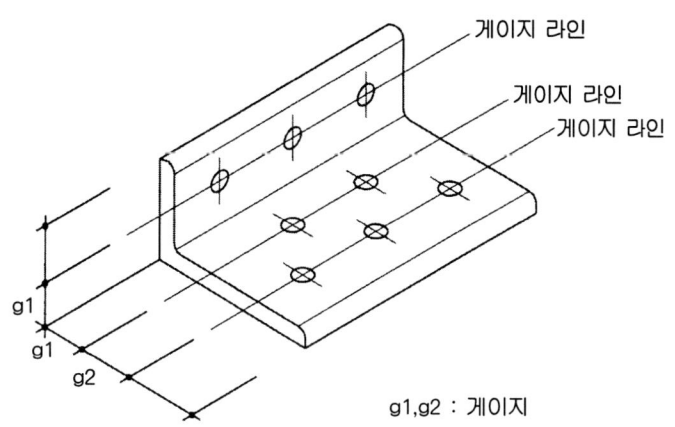

〈형강의 게이지〉   (단위 mm)

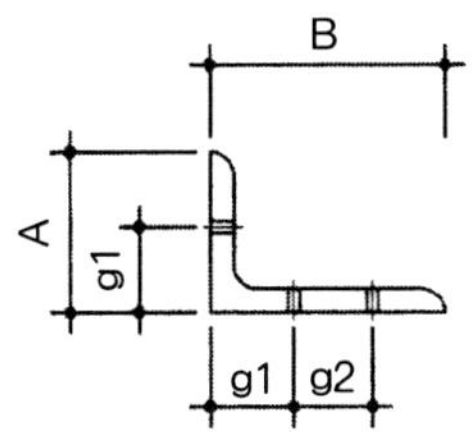

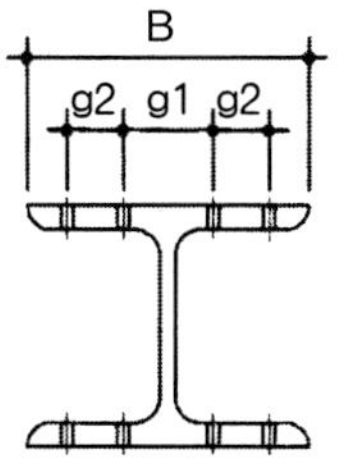

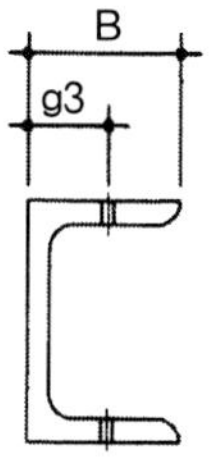

A혹은 B	g₁	g₂	최대축지름	B	g₁	g₂	최대축지름	B	g₃	최대축지름
40	22		10	100☆☆	60		16	40	24	10
45	25		12	125	75		16	50	30	12
50☆☆	30		16	150	90		22	65	35	20
60	35		16	175	105		22	70	40	20
65	35		20	200	120		24	75	40	22
70	40		20	250	150		24	80	45	22
75	40		22	300☆	150	40	24	90	50	24
80	45		22	350	140	70	24	100	55	24
90	50		24	400	140	90	24	100	55	24
100	55		24							
125	50	35	24							
130	50	40	24							
150	55	55	24							
175	60	70	24							
200	60	90	24							

☆ B=300은 엇모배치로 함.
☆☆ 표의 단위 g및 최대 볼트지름의 값은 강도상 지장이 없을 때는 최소연단거리의 규정에 관계없이 쓸 수 있다.

⑤ 연단거리

볼트 구멍중심에서 재 끝단까지의 거리로 너무 작으면 연단부가 파괴 또는 큰 변형이 생겨 응력을 안전하게 전달할 수가 없고 너무 크면 연단부의 변형이나 녹이 슬기 쉬우므로 최소 연단거리, 최대 연단거리 및 응력방향의 연단거리 등의 제한을 둔다.

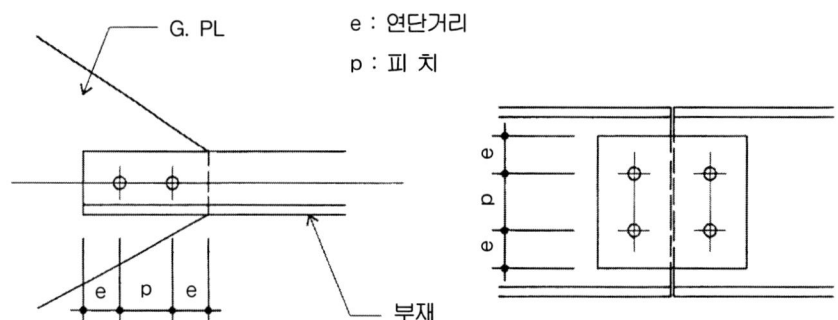

ㄱ. 최소 연단거리

(단위 mm)

지 름 (mm)	연단의 종류	
	전단연(剪斷緣), 수동가스절단연	압축연단(壓縮緣斷), 자동 가스 절단연, 톱 절단연, 기계 마무리연
10	18	16
12	22	18
16	28	22
20	34	26
22	38	28
24	44	32
28	50	38
30	54	40

ㄴ. 응력방향의 연단거리

인장재의 접합부에서 전단을 받는 리벳, 볼트 또는 고력볼트가 응력 방향으로 3개 이상 배치되지 않을 때는 단부 리벳, 볼트 또는 고력볼트 구멍 중심에서 응력방향의 접합부재 연단까지의 거리는 리벳, 볼트의 공칭축 지름의 2.5배 이상으로 한다.

ㄷ. 최대 연단거리

리벳, 볼트 또는 고력볼트 구멍 중심에서 리벳, 볼트 또는 고력볼트의 두부(머리) 또는 너트가 직접 접하는 강재의 연단까지의 최대거리는 그 강재두께의 12배 또한 15cm로 한다. 단, 최소 연단거리와 응력방향의 연단거리에서 정한 연단거리가 될 때에는 그러하지 아니하다.

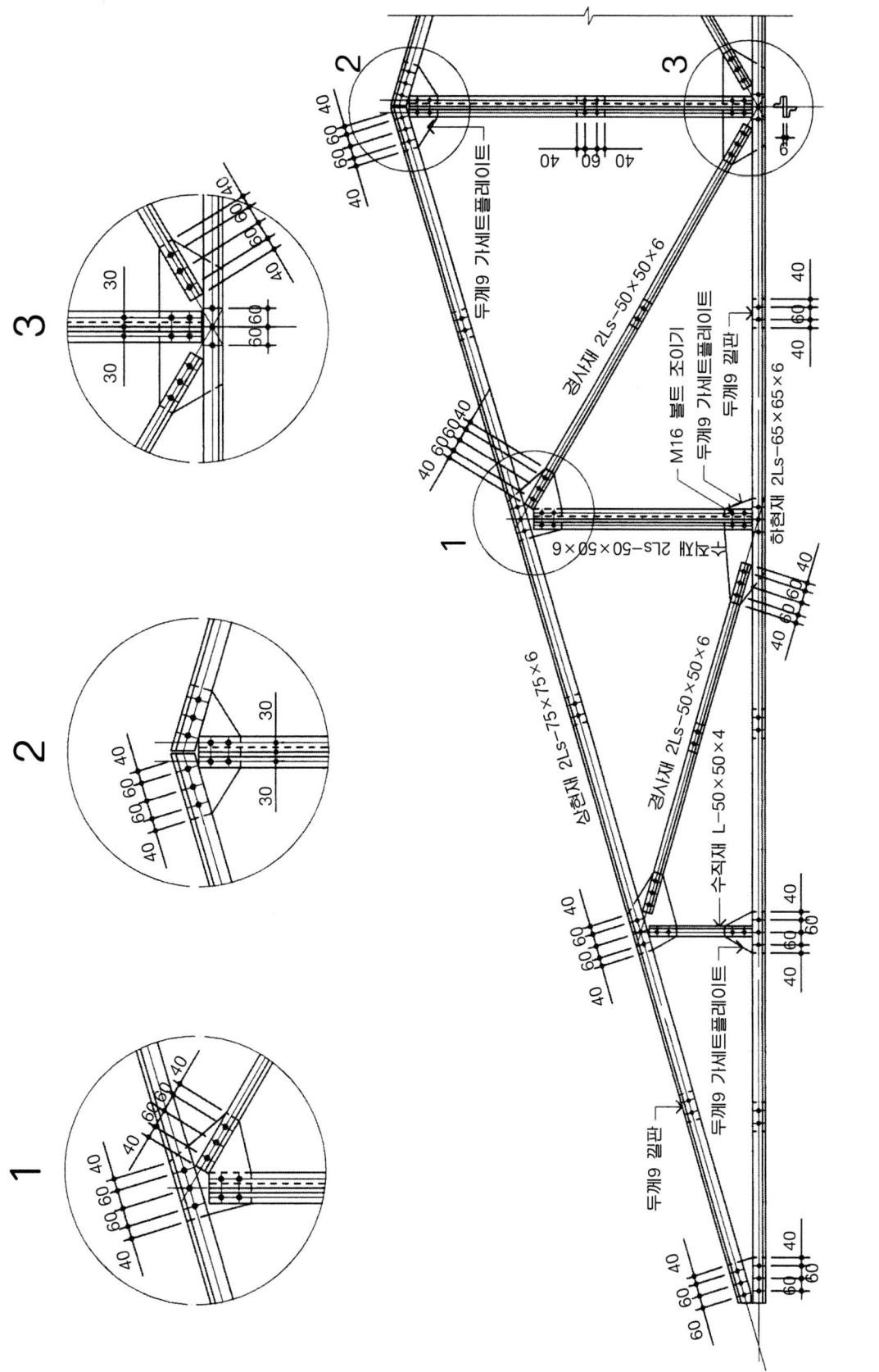

철골조 지붕 트러스 상세도

5장

상세설계 예

실시설계에서의 핵심부분과 자격시험에
출제되었던 것을 간추려 실었다.

1장   건축제도의 기초

2장   상세도

3장   철근배근법

4장   철골조(트러스) 일반사항

5장   상세설계 예

6장   Freehand drawing 연습

7장   건축도면 실습

8장   실시설계 예

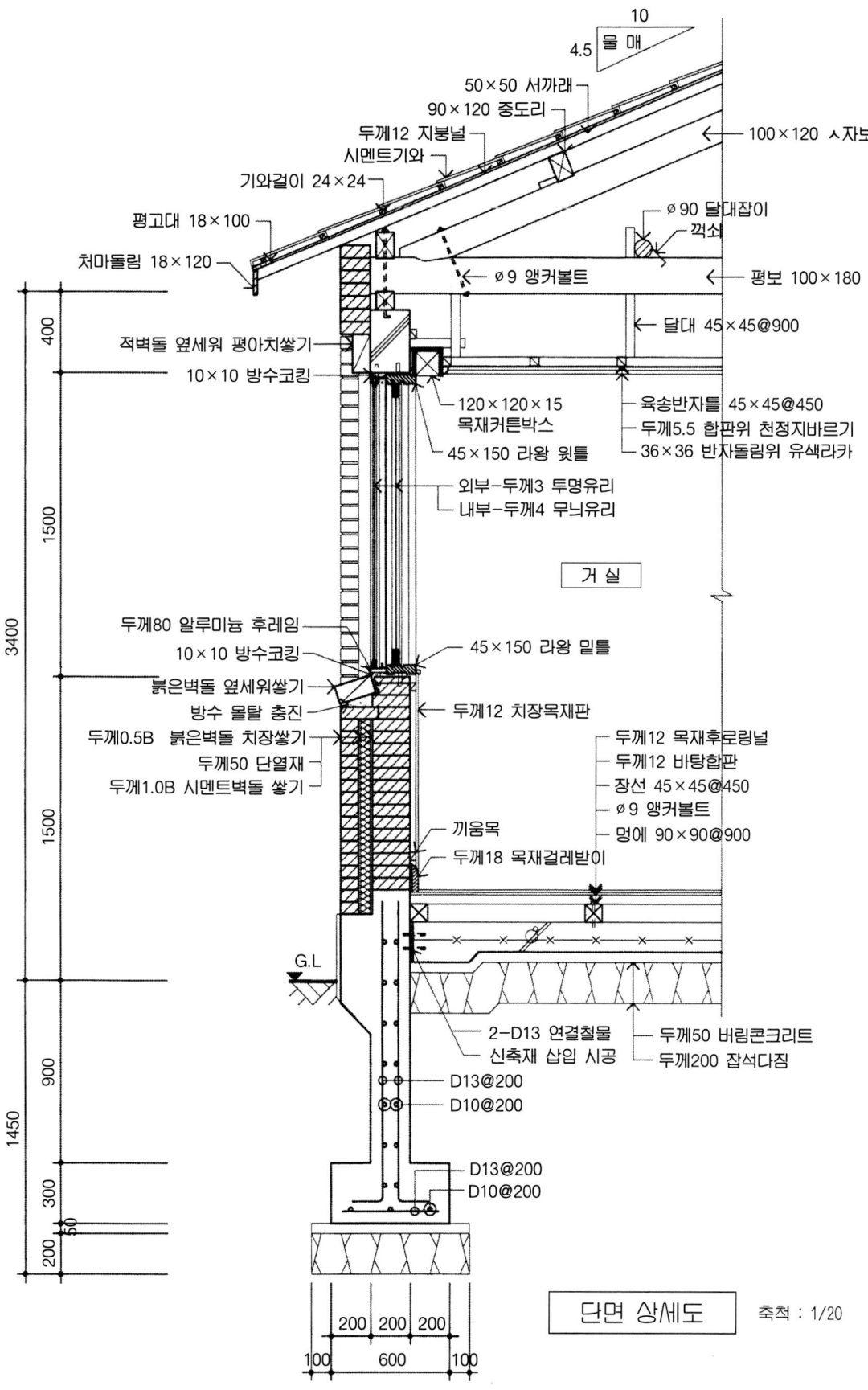

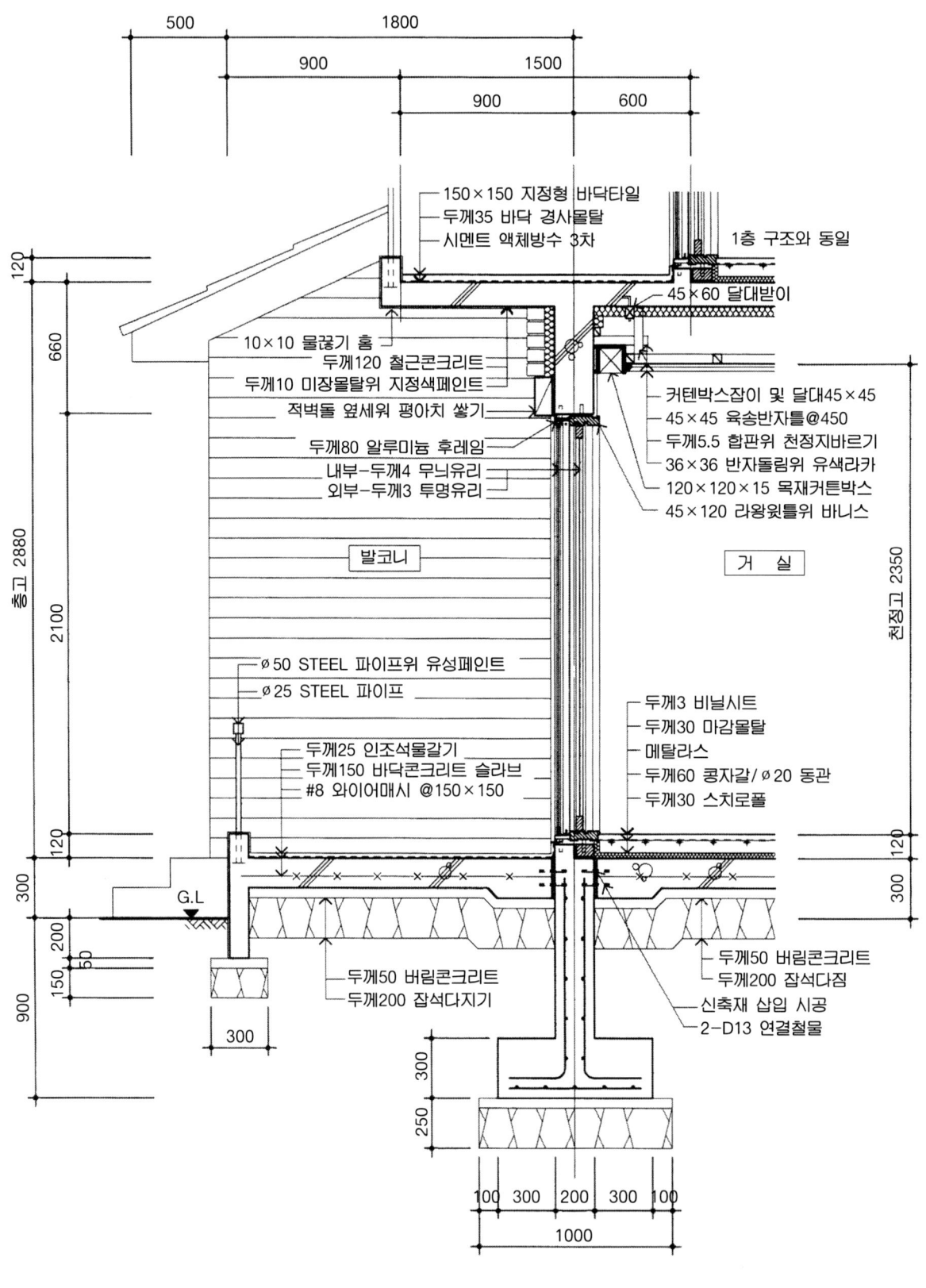

단면 상세도 축척 : 1/30

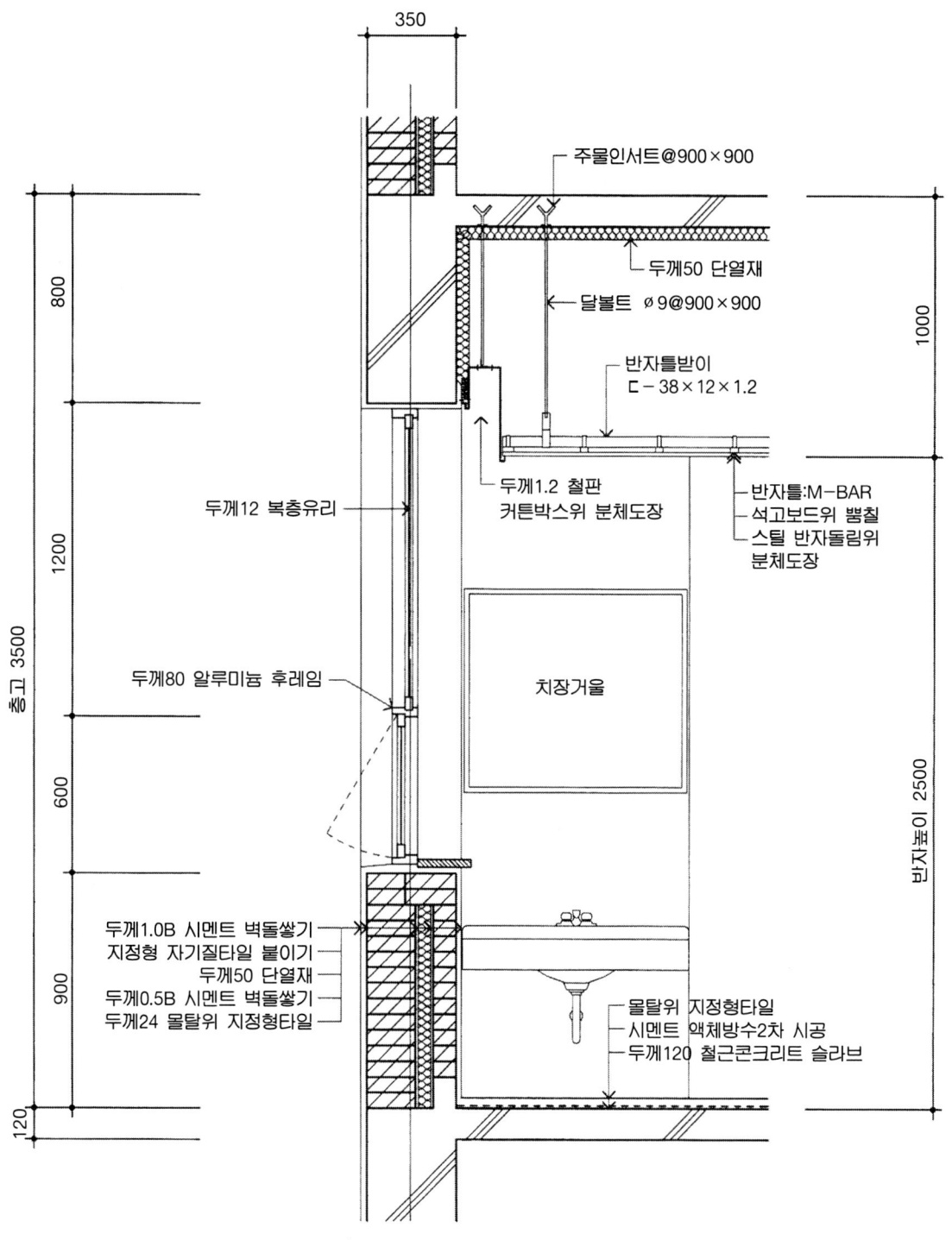

부분 단면 상세도 축척 : 1/10

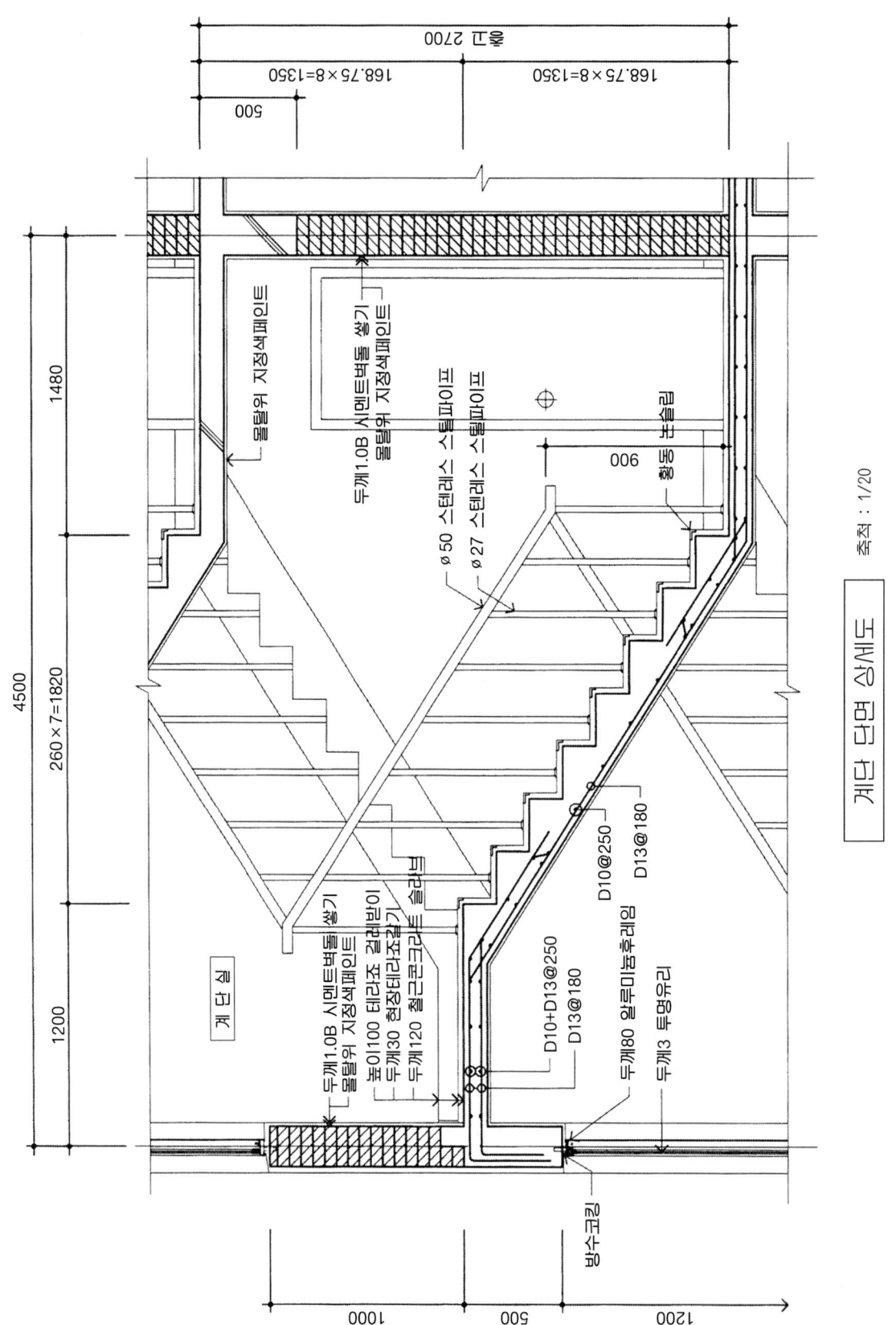

계단 단면 상세도 축척 : 1/20

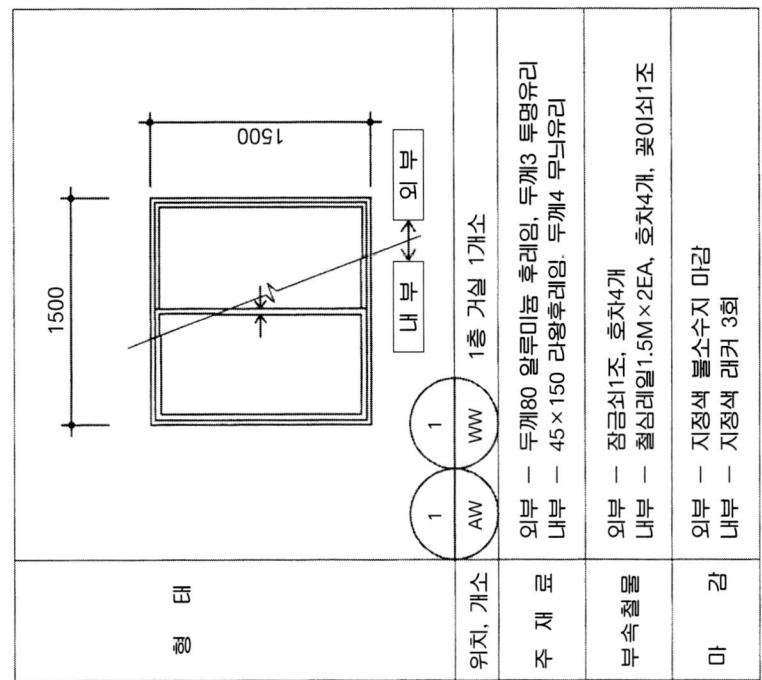

창 호 도   축적 : 1/50

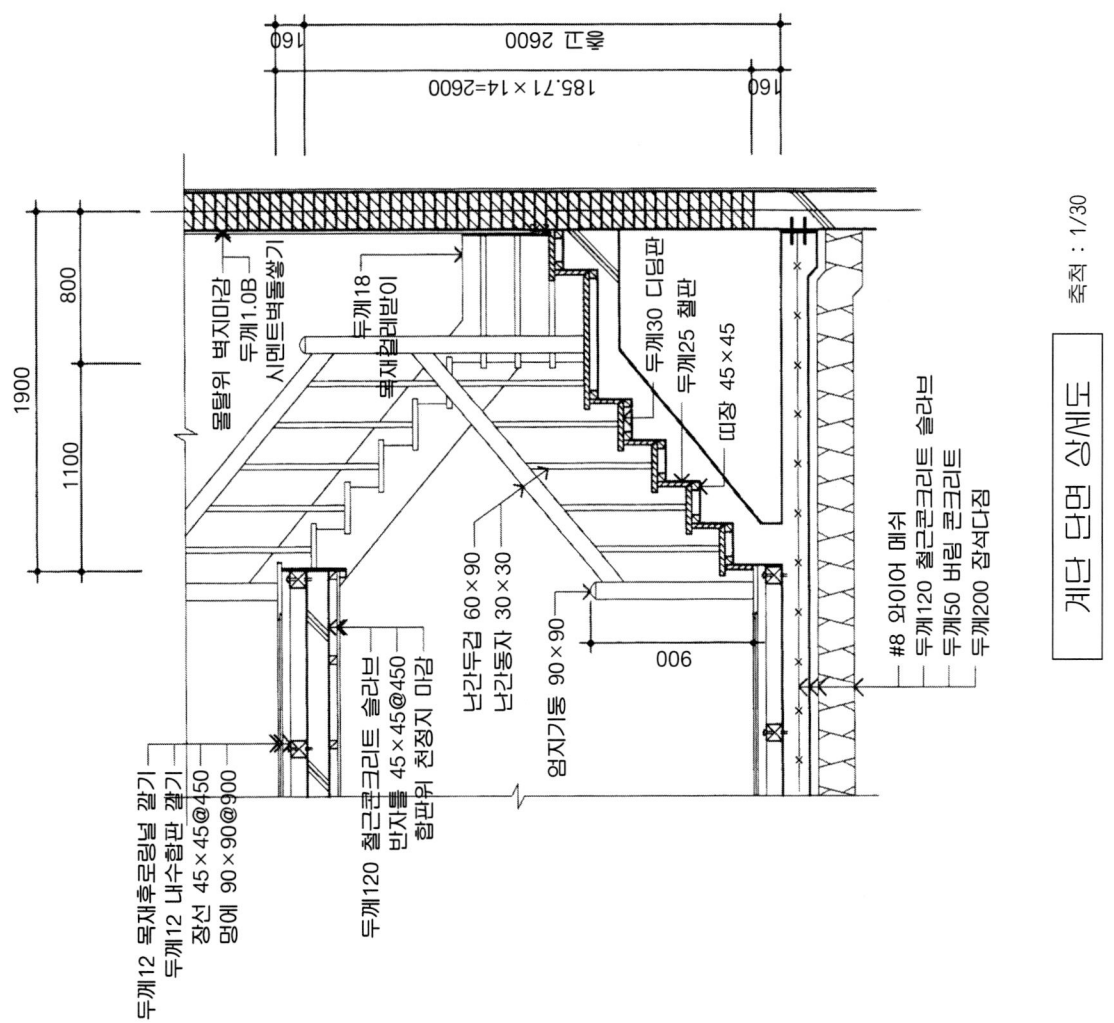

계단 단면 상세도   축적 : 1/30

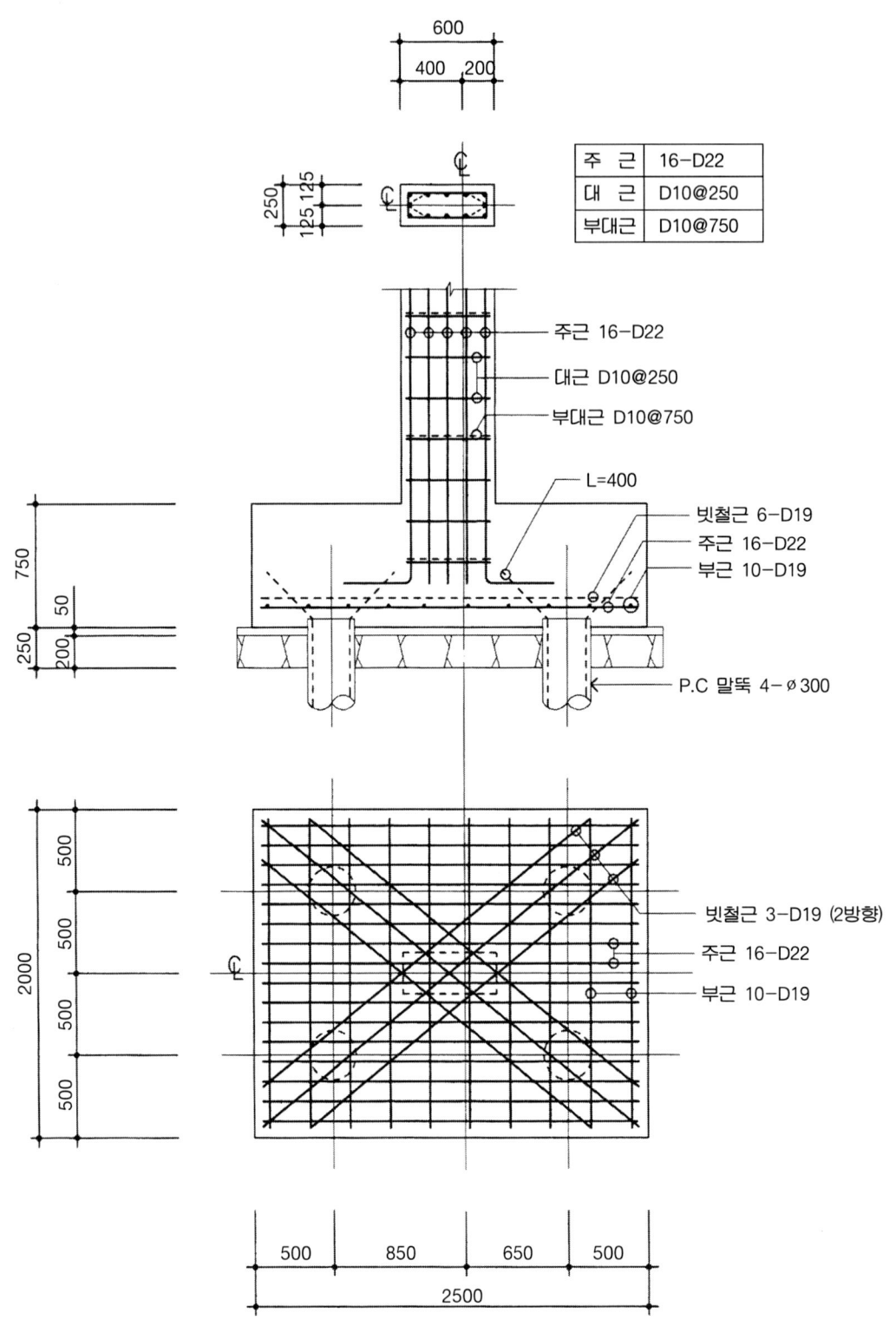

독립 기초 배근도 축척 : 1/20

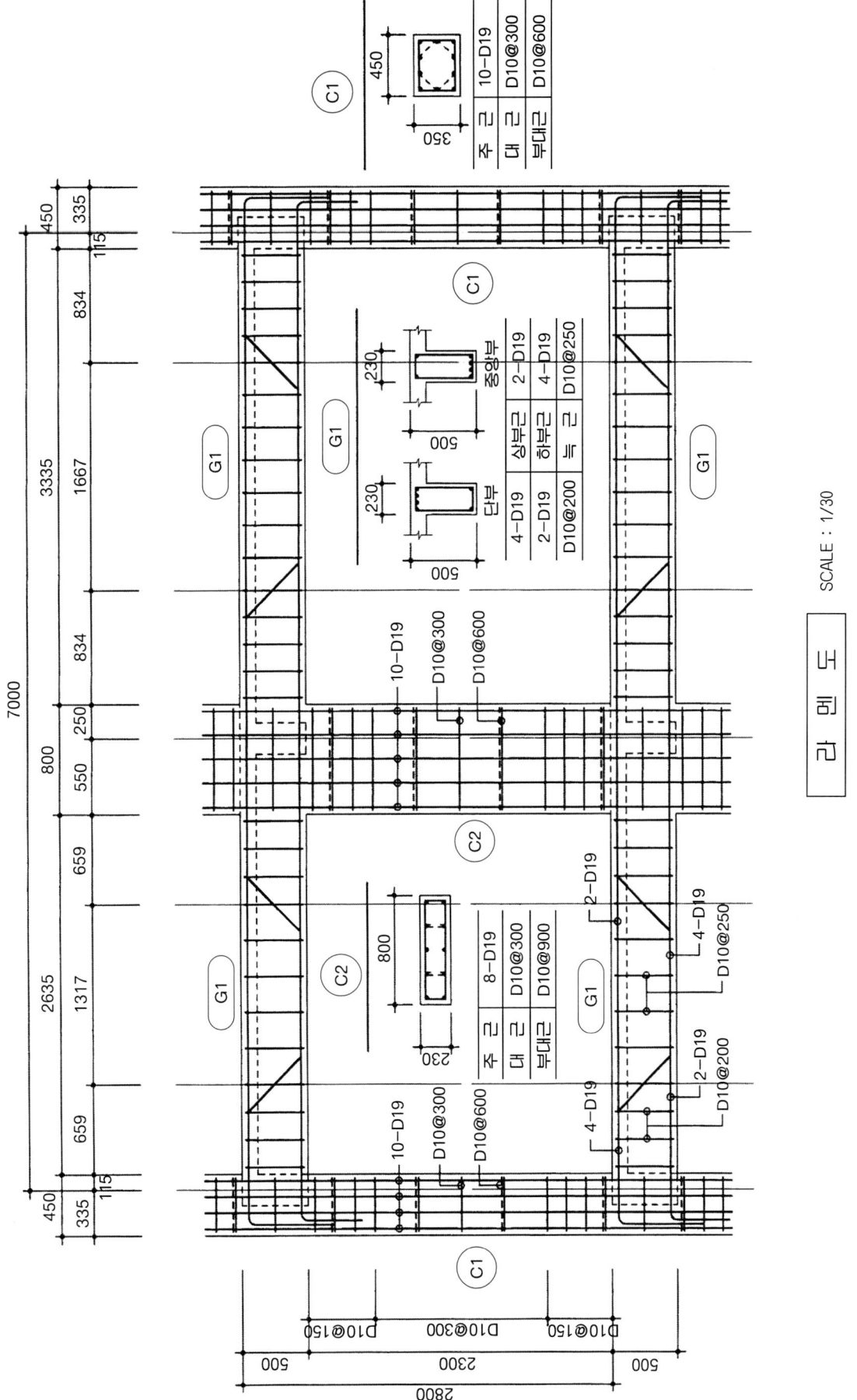

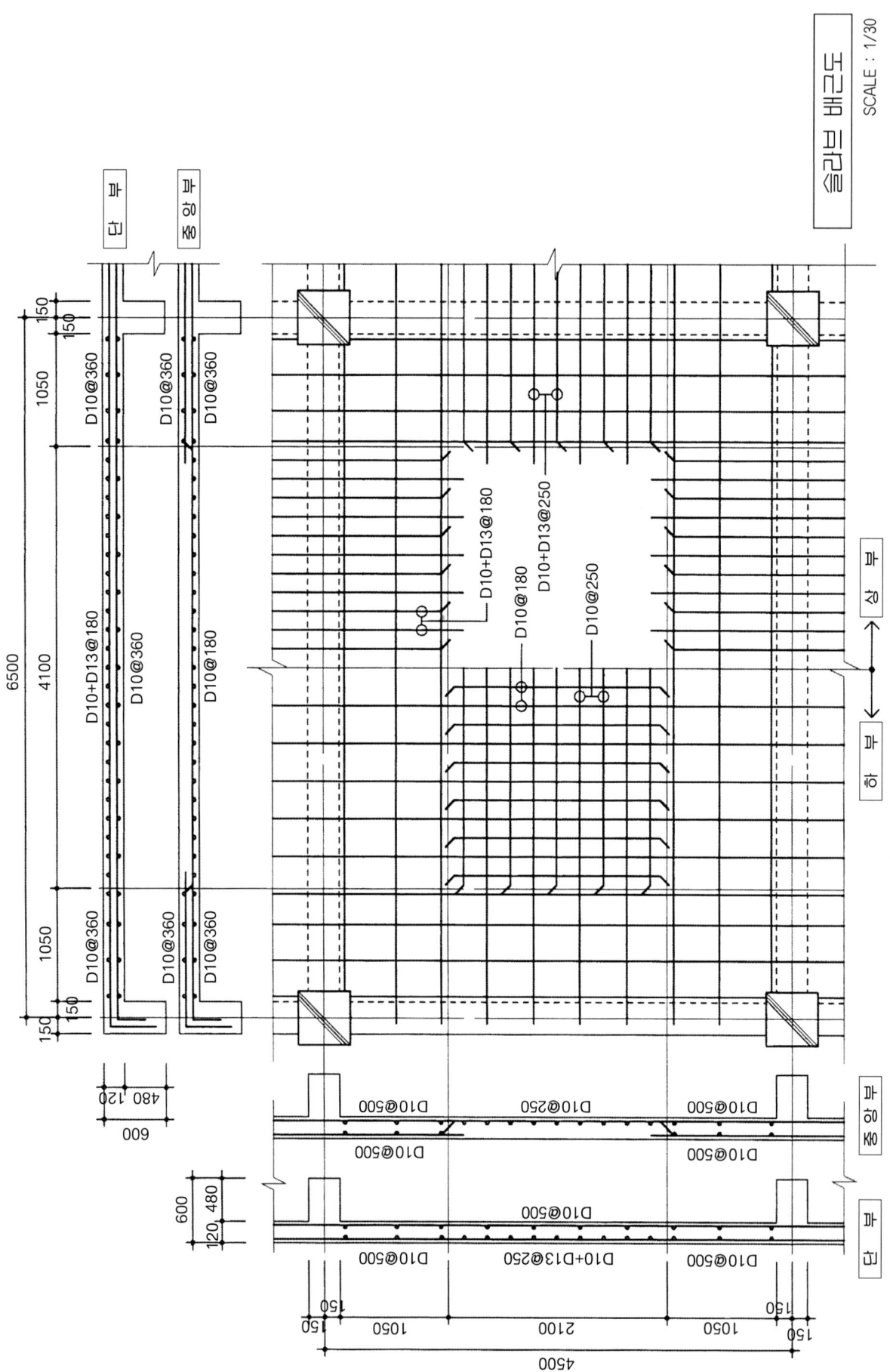

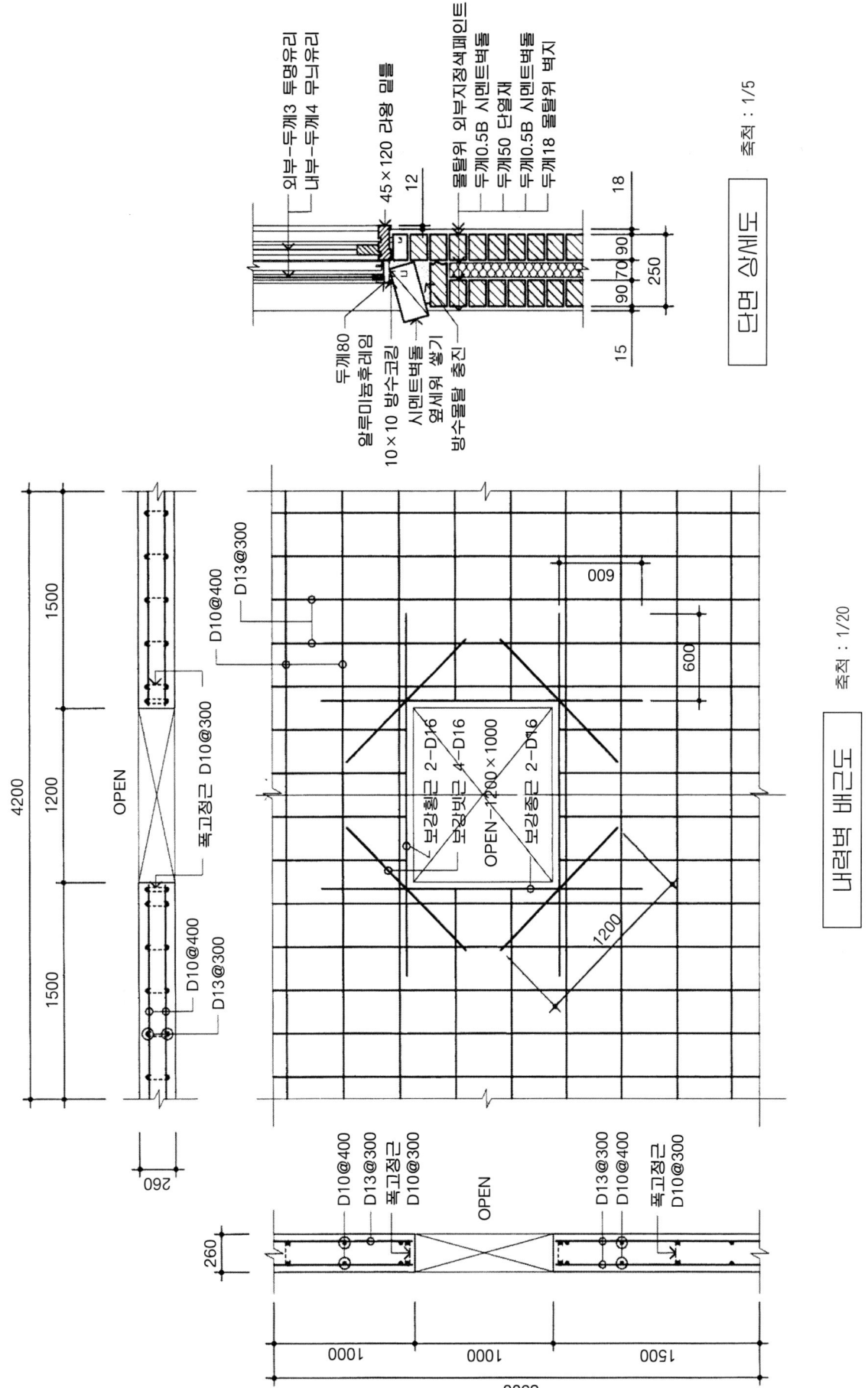

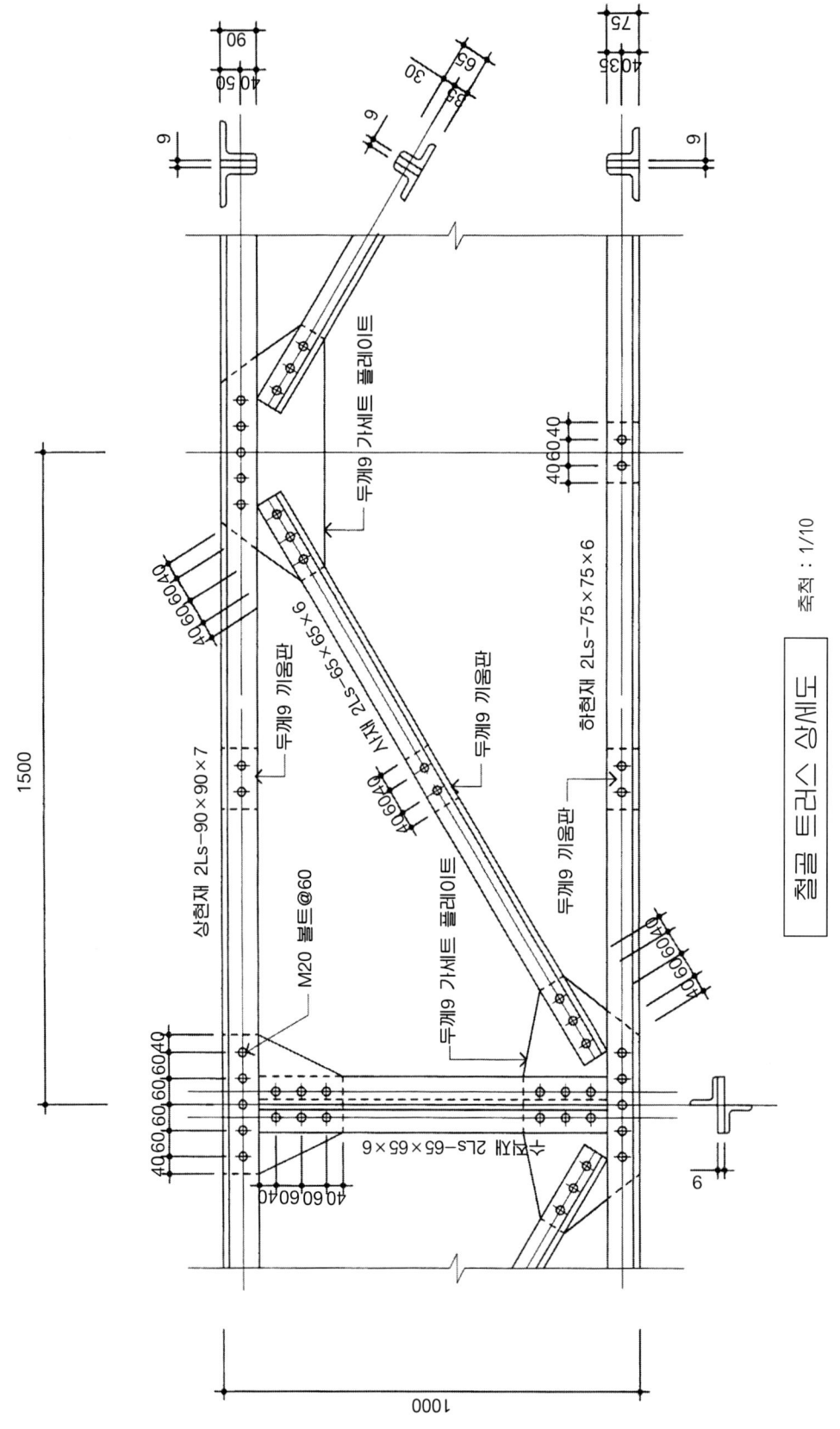

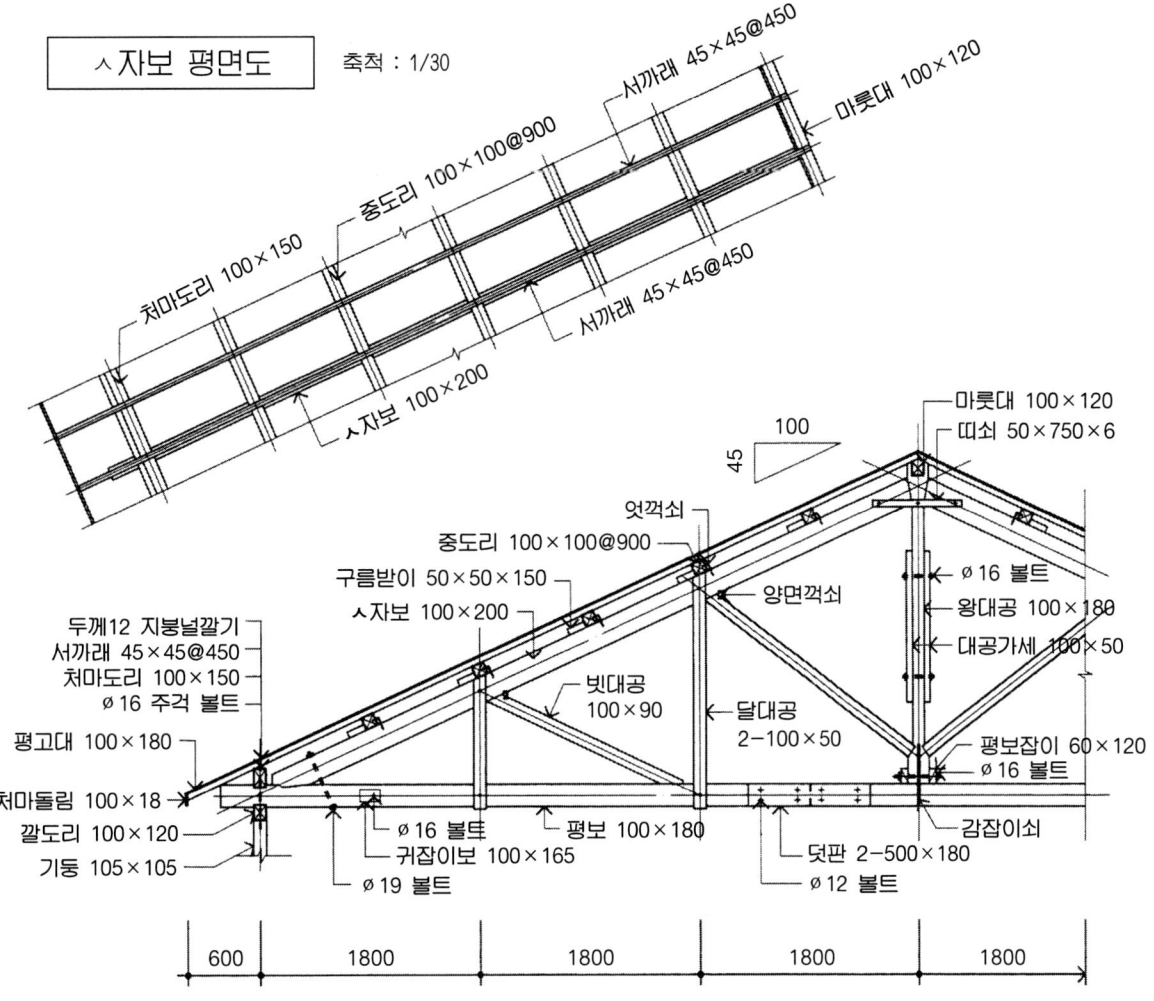

왕대공 지붕틀 상세도 축척 : 1/30

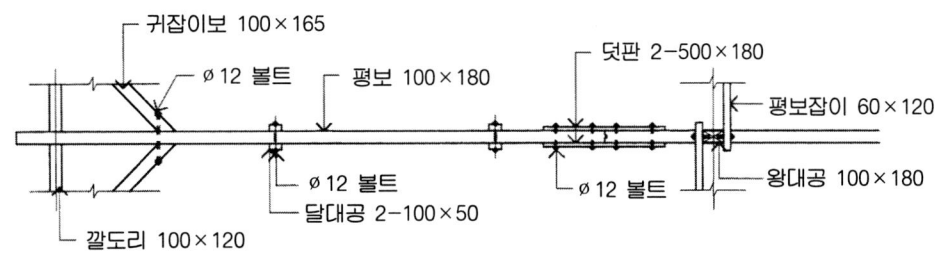

평보 평면도 축척 : 1/30

6장

Freehand drawing 연습

Freehand drawing를 위한 기초 이해 및 기본연습이 가능하도록 하였다.

1장	건축제도의 기초
2장	상세도
3장	철근배근법
4장	철골조(트러스) 일반사항
5장	상세설계 예
6장	**Freehand drawing 연습**
7장	건축도면 실습
8장	실시설계 예

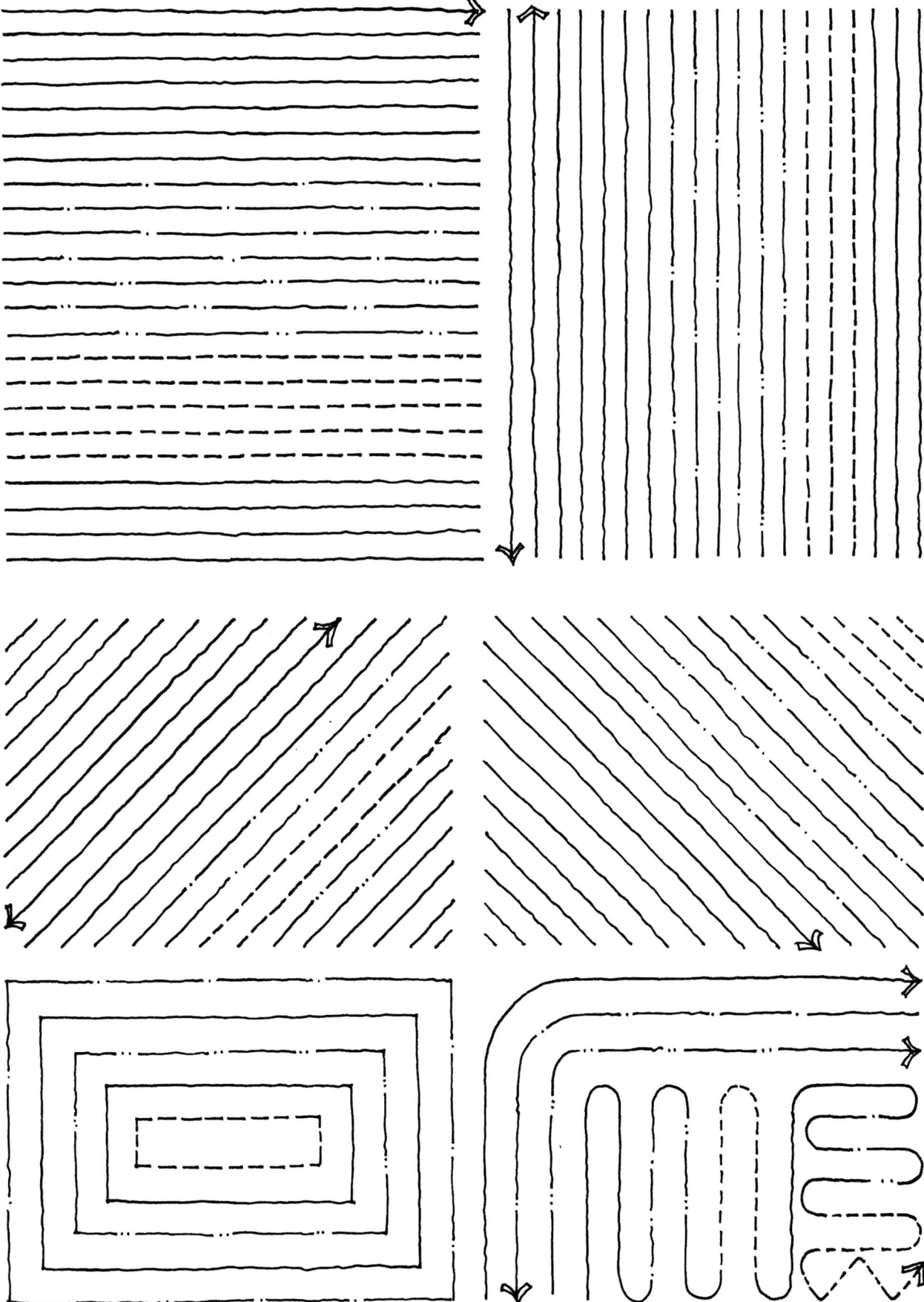

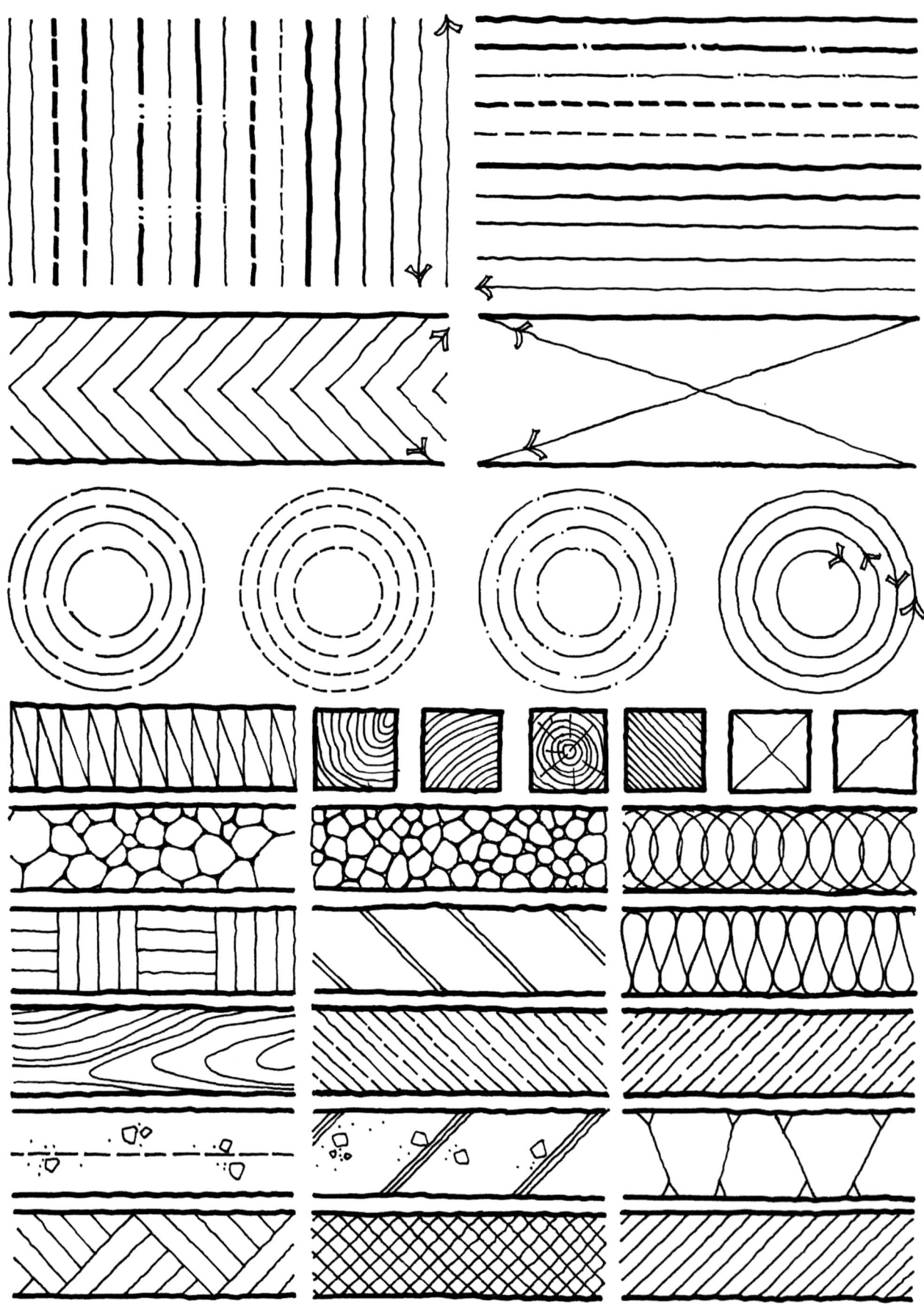

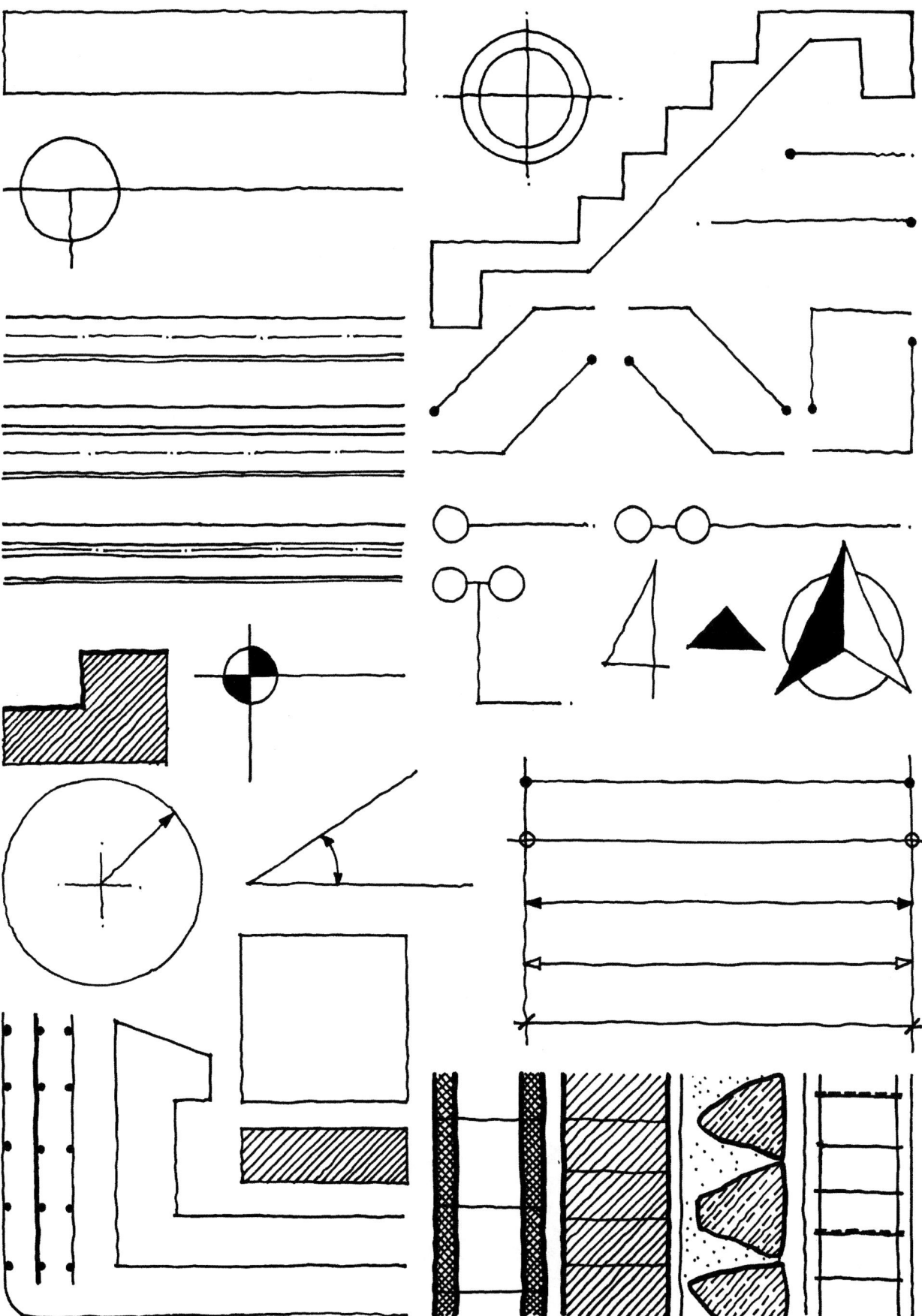

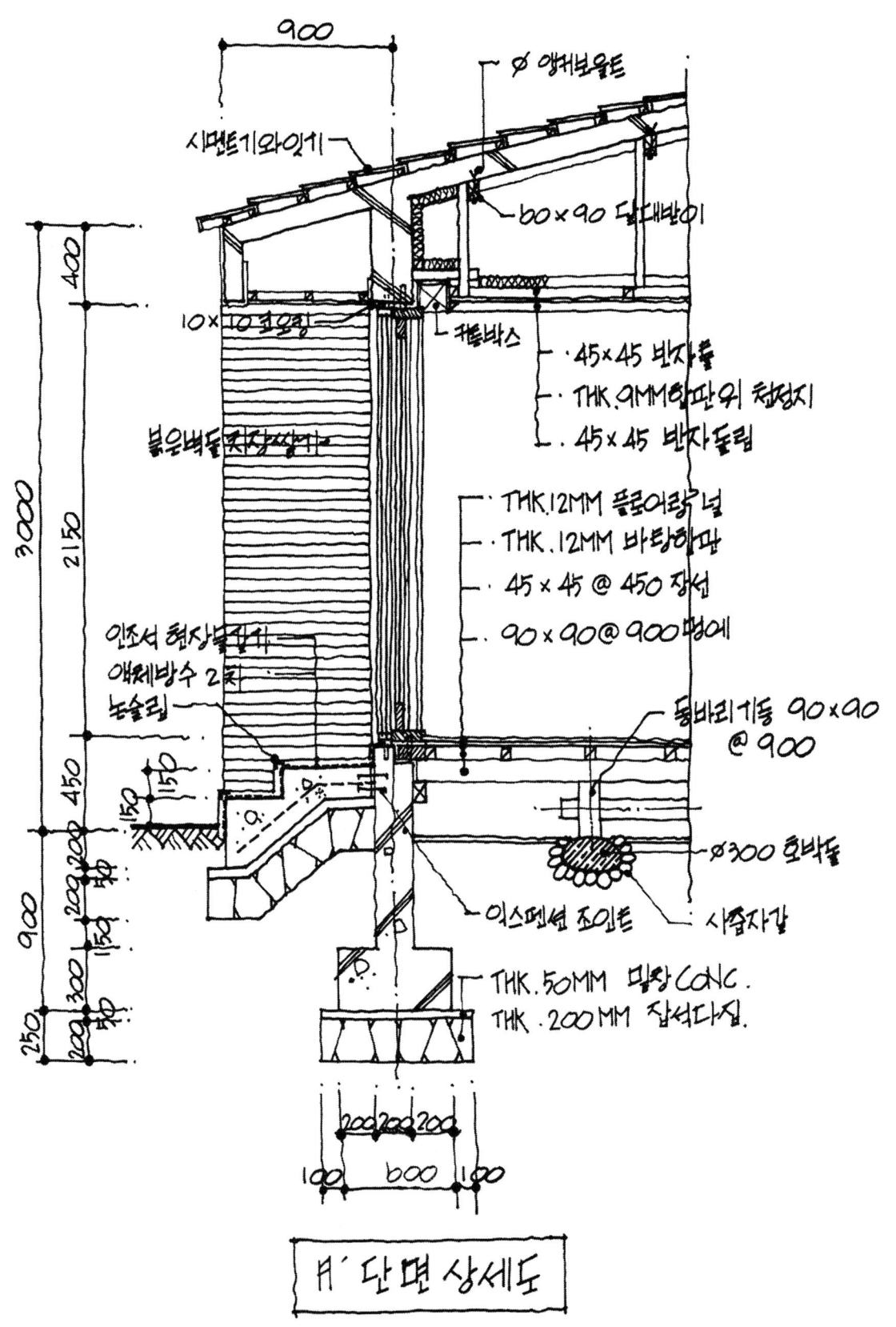

치수 및 지시사항:
- 전체 폭: 3,400 (2,400 + 1,000)
- 전체 높이: 2,600 (500 + 1,200 + 900)
- 발코니 높이: 900

주요 표기:
- 지정 세라믹 타일 마감
- 달대받이 60×60 @900
- 달대 45×45 @900
- 반자틀 45×45 @450
- 발라이트 위 내수도장
- P.V.C MOULDING 45×45
- 노출 CONC
- 위 V.P FIN.
- THK. AL. FRAME 80MM
- THK. 3MM CLEAR GLASS
- 발코니
- 물탁위 지정색 V.P FIN.
- TILE FIN.
- 시멘트 액체 방수 2차
- 기성욕조
- 누름몰탈위 지정타일 마감
- 시멘트 액체방수 2차
- THK. 120 철근 CONC. SLAB

H 단면상세도

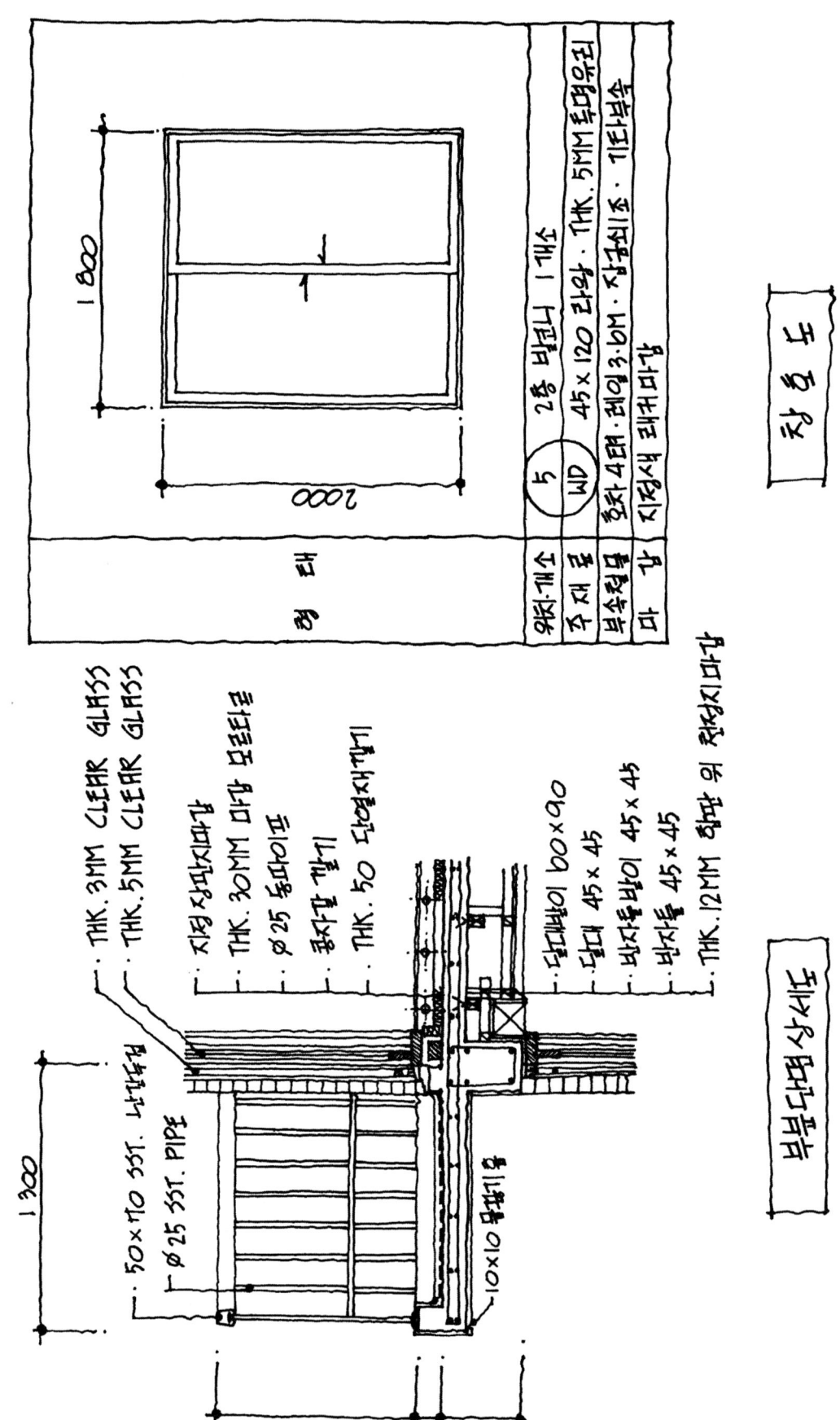

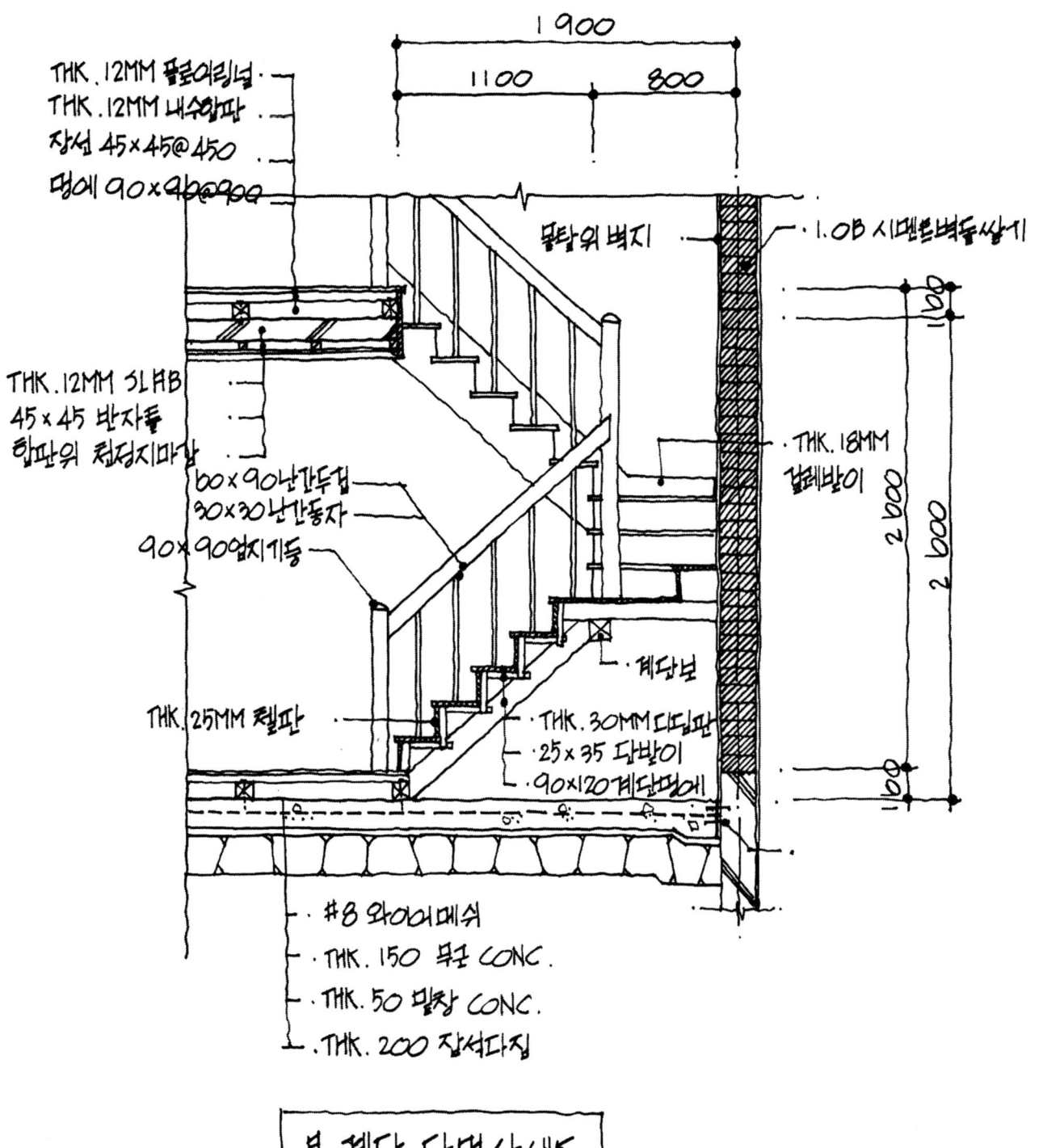

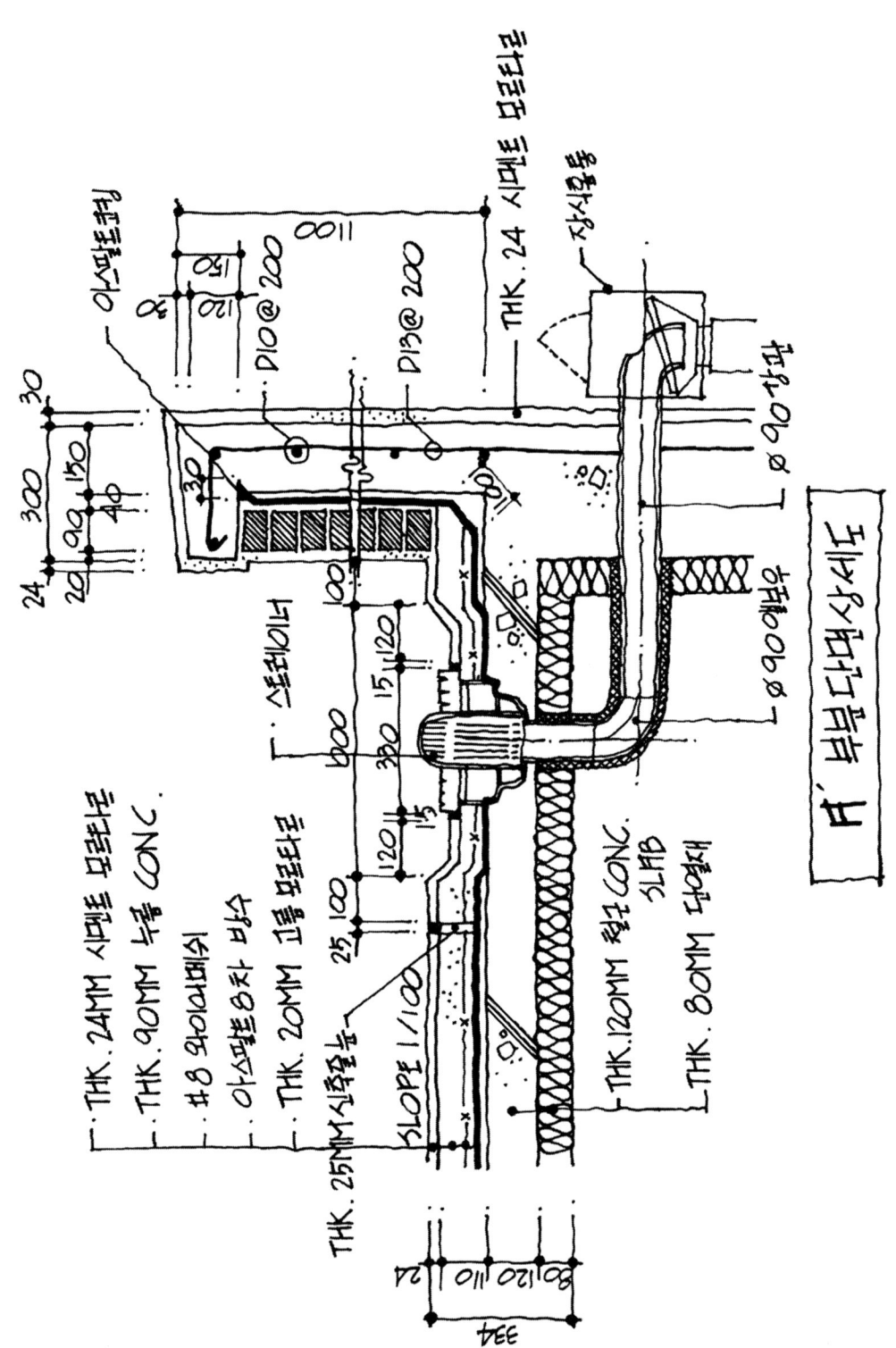

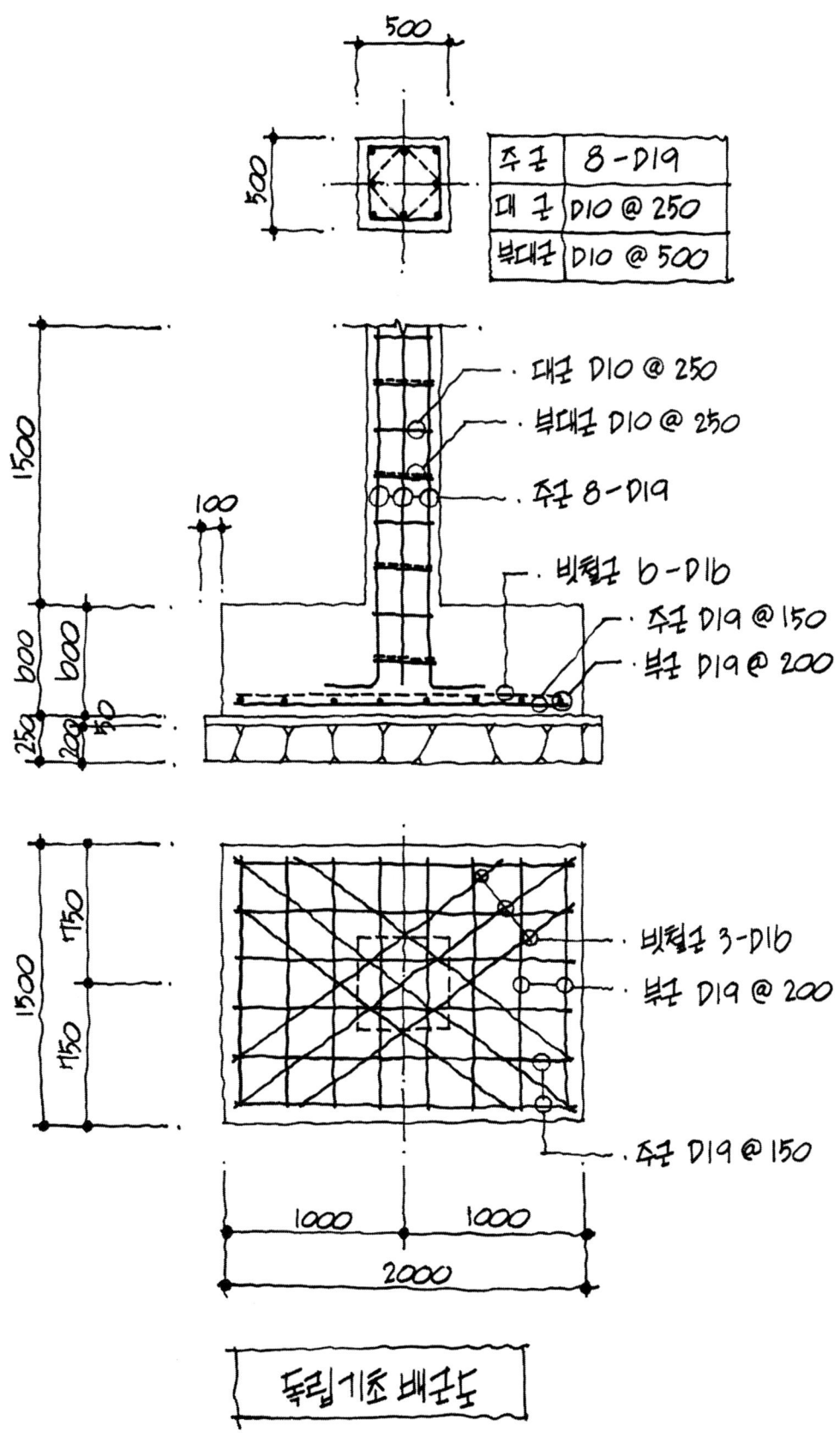

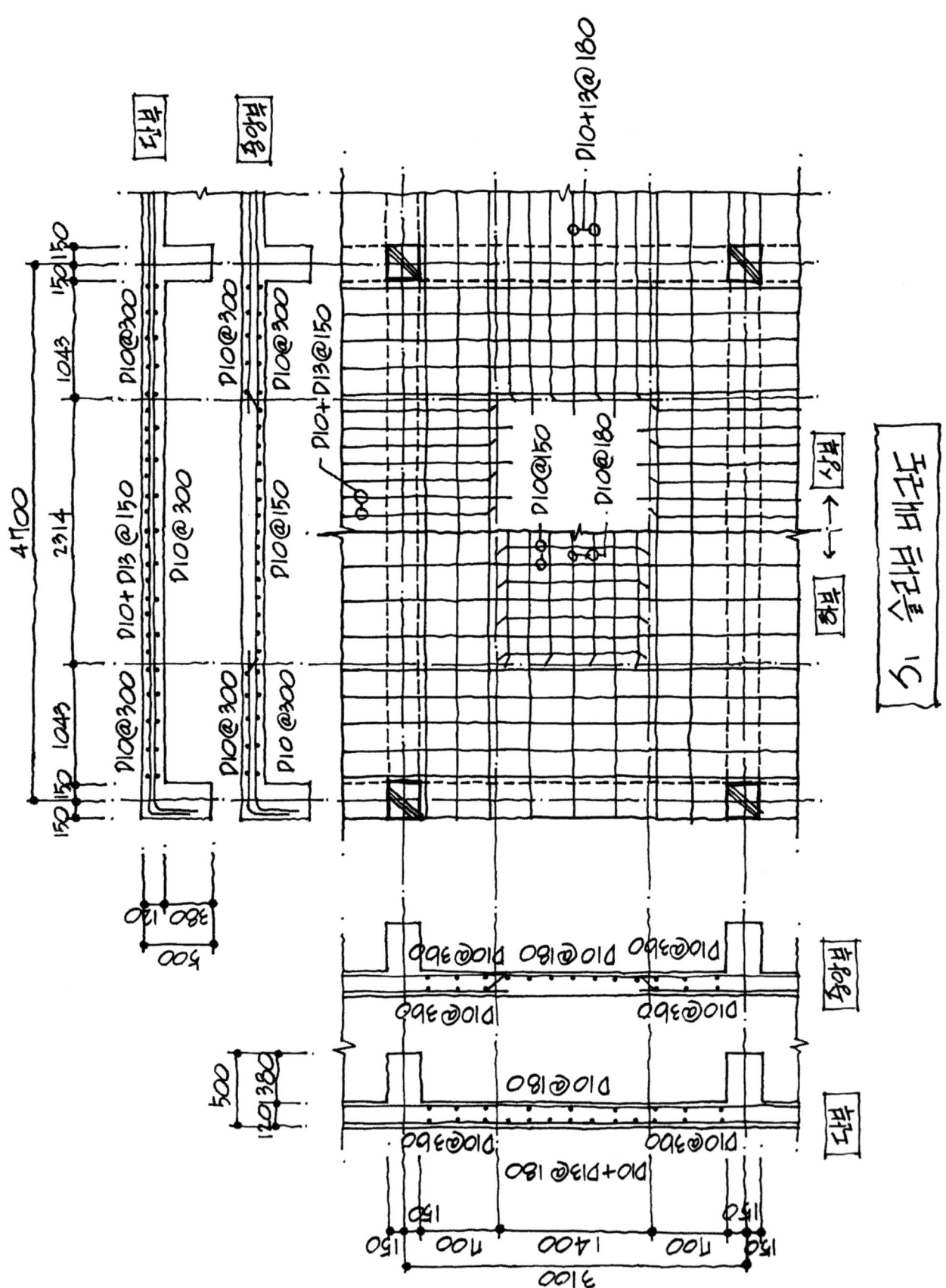

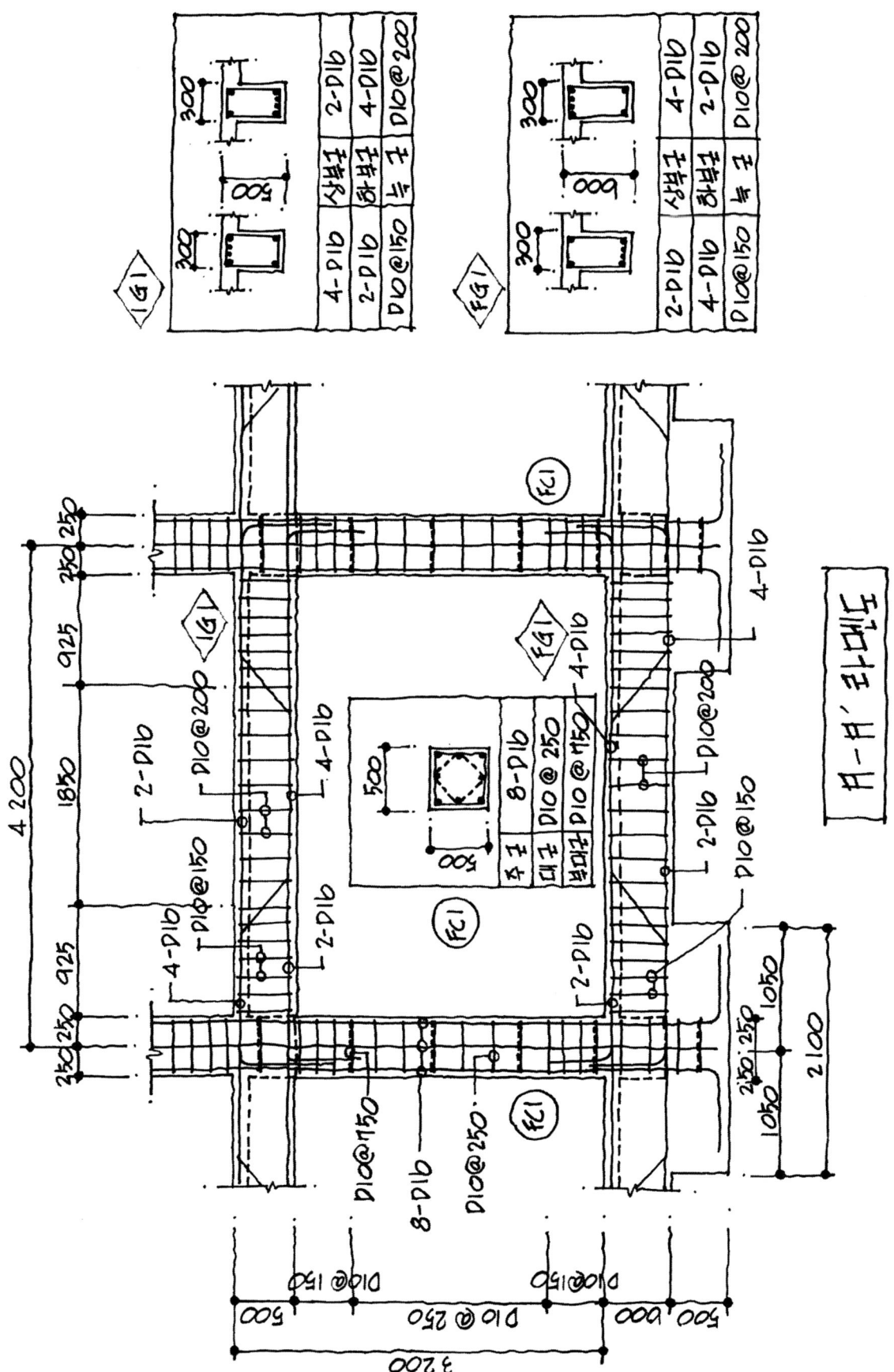

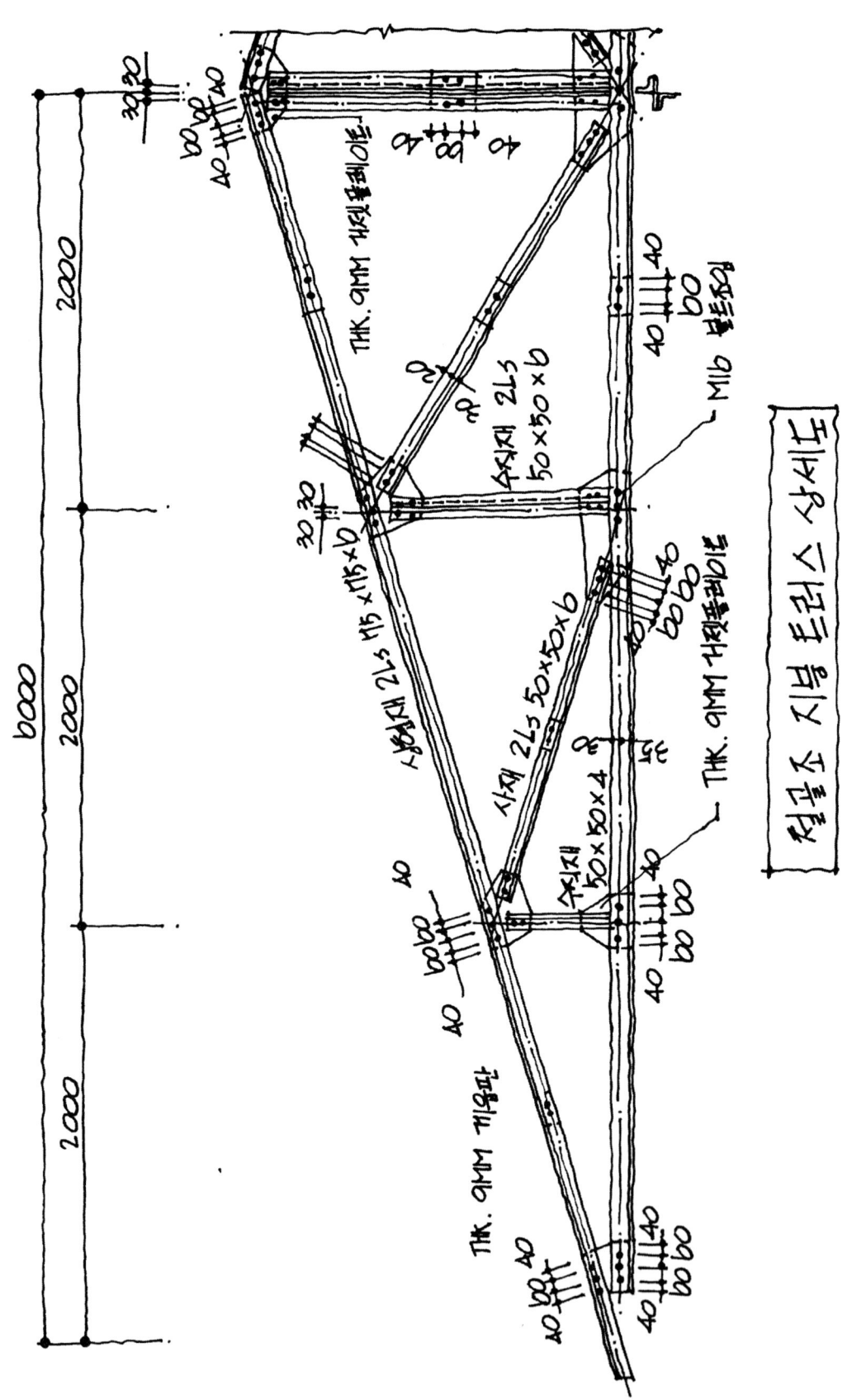

7장

건축도면 실습

건축 구조별로 건축도면에 대한 예를 표현하였다.

1장   건축제도의 기초

2장   상세도

3장   철근배근법

4장   철골조(트러스) 일반사항

5장   상세설계 예

6장   Freehand drawing 연습

7장   건축도면 실습

8장   실시설계 예

실습과제 1

〈요구사항〉
지급된 트레이싱지에 주어진 도면(아파트)을 보고 아래와 같은 조건에 따라 다음 도면을 작도하시오.

〈조 건〉
- 건물구조 : 벽돌조 저층아파트
- 외벽구조 : 시멘트벽돌 공간쌓기, 벽두께(0.5+5cm+1.0B)로 한다.
- 내벽구조 : 두께 1.0B 시멘트벽돌로 하되 세대간의 경계벽은 (0.5B+5cm+0.5B)로 한다.
- 난   방 : 침실은 온수파이프 온돌난방으로 하고, 거실은 방열기를 설치한다.
- 외부마감 : 시멘트 모르타르 위 수성페인트 마감
- 실내마감 : 각 실의 기능에 알맞도록 한다.
- 층   고 : 2,800mm
- 창   호 : 목재창호로 하되 외부에 면한 창은 알루미늄 새시로 한다(단, 다용도실에 면한 침실과 부엌의 창은 2중창 모두 목재로 한다)
- 기타 주어지지 않은 조건은 일반적인 시공수준으로 한다.

【문제 1】 평면도를 축척 1/50로 작도하시오.

1. 축척 1/50 도면에 표기될 수 있는 사항이 빠짐없이 상세하게 작도되어야 한다.

【문제 2】 A부분 단면상세도를 축척 1/30로 작도하시오.

(기준층 계단 단면상세도)

【문제 3】 B부분 단면상세도를 축척 1/30로 작도하시오.

1. 작도 범위는 거실 바닥에서 상하로 각각 1,000mm정도로 한다.
2. 창호 상부에는 커튼박스를 설치한다.

【문제 4】 도면에서 침실의 ($\frac{1}{WW}$) 창호에 대한 단면상세도와 평면상세도를 축척 1/10로 작도하시오.

1. 2중창 모두 목재창으로 한다.
2. 각 부분의 구조 및 치수 등이 누락됨이 없이 상세하게 작도되어야 한다.

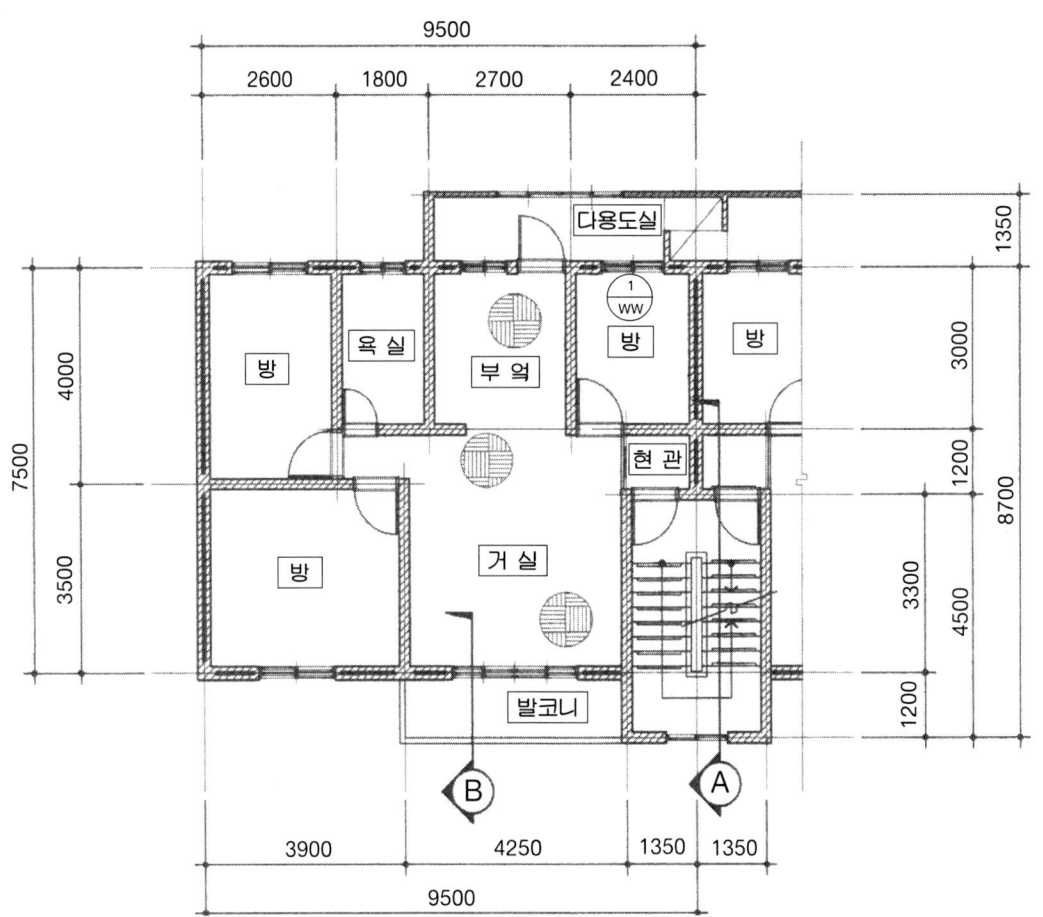

평 면 도

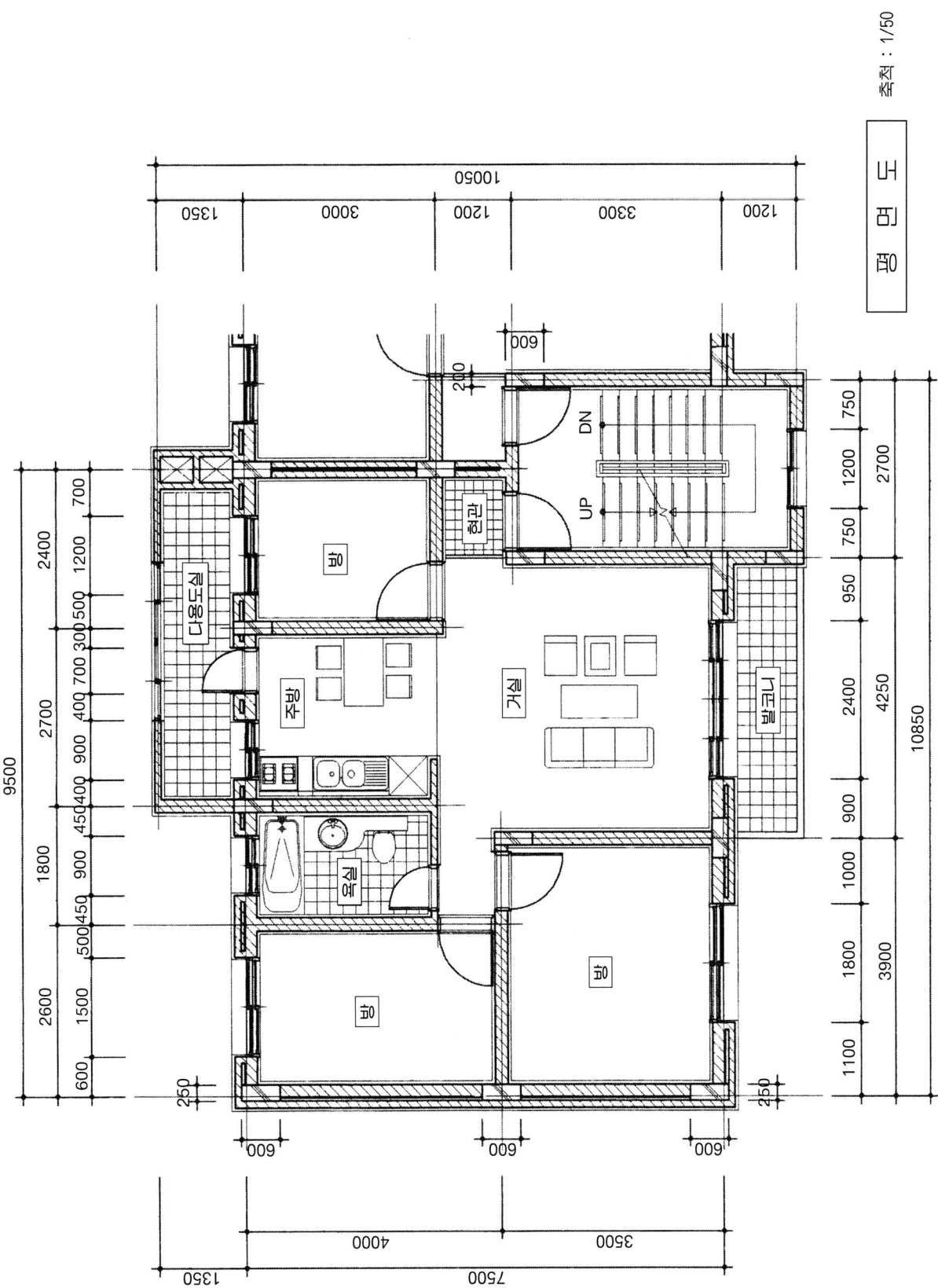

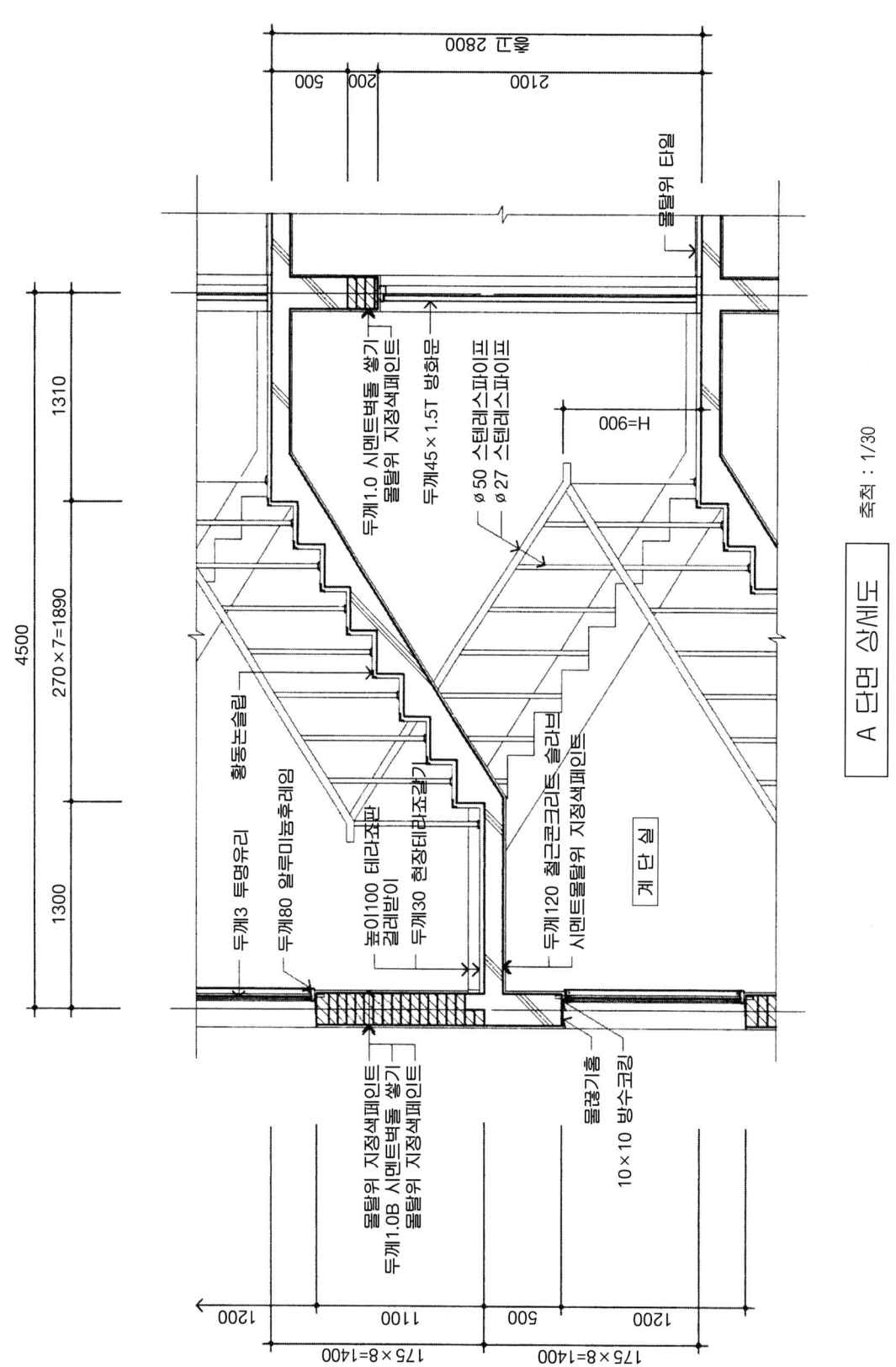

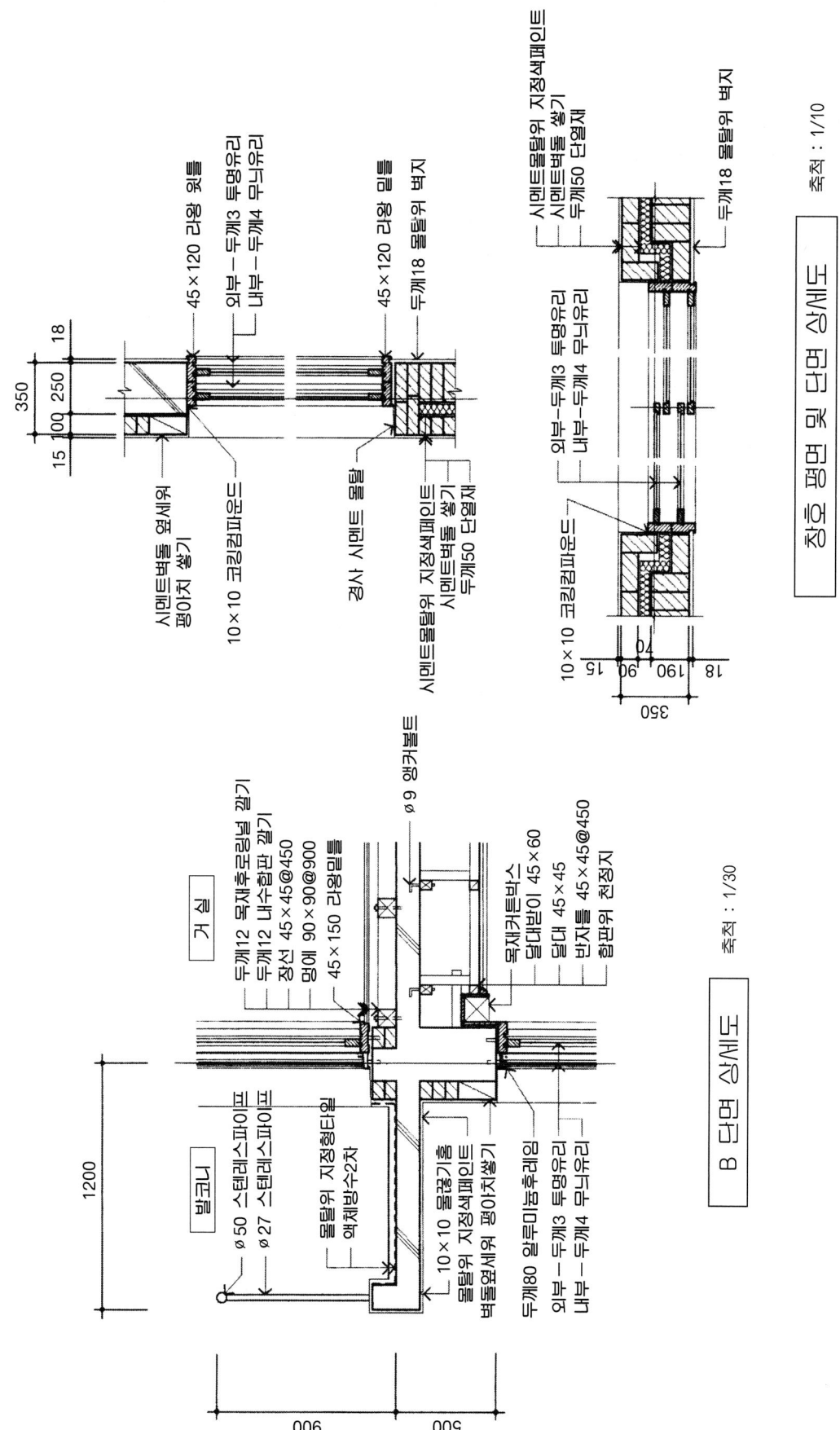

실습과제 2

〈요구사항〉
지급된 트레이싱지에 주어진 도면(사무실)을 보고 아래와 같은 조건에 따라 다음 도면을 작도하시오.

〈조 건〉
- 건물규모 : 지상3층, 지하1층의 철근콘크리트 라멘구조
- 층   고 : 3,500mm
- 외벽구조 : 철근콘크리트로 하되 단열구조로 한다.
- 바닥마감 : 사무실-아스타일
- 천장구조 : 경량 철골 반자틀 구조에 석고보드 마감으로 하고, 커튼박스 설치한다.
- 창   호 : 알루미늄 새시창으로 한다. 창선반(창대)를 설치하되 재료는 인조석판으로 한다.
- 기타 주어지지 않은 조건은 일반적인 시공 수준으로 한다.

【문제 1】 A부분 단면상세도를 축척 1/30로 작도하시오.

1. 작도 범위는 1개 층의 단면상세도가 전부 나타나도록 한다.

【문제 2】 S_1 부분의 슬라브배근도를 축척 1/30로 작도하시오.

1. 기둥 및 보의 단면 치수는 단면일람표상의 2층을 기준으로 한다.
2. 단변 및 장변방향의 단부, 중앙부 배근단면도와 배근평면도를 작도한다.
   - ■ 배근설계
     - 단변단부   D10, D13 교대 @150mm
     - 단변중앙부 D10 @150mm
     - 장변단부   D10, D13 교대 @200mm
     - 장변중앙부 D10 @200mm

【문제 3】 철근콘크리트 라멘조의 배근도를 축척 1/30로 작도하시오.

1. Y_2 기준선상의 철근 배근상태를 작도한다.
2. 작도 범위는 2층 중간부분부터 3층까지로 한다.
3. 기둥과 보의 단면·배근 상태 함께 작도

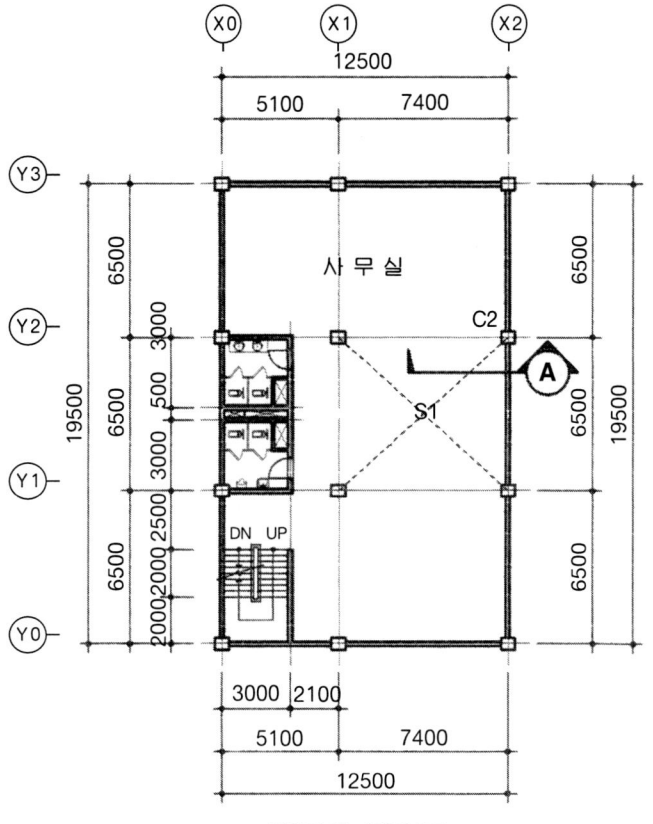

기준층 평면도

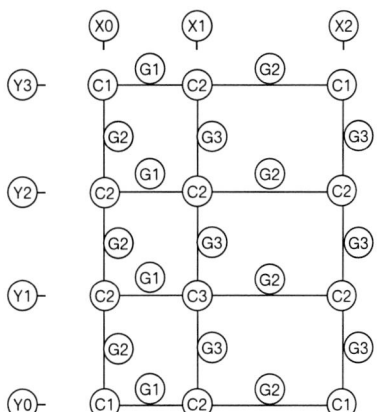

기준층 바닥 구조 평면도

기둥 및 보 단면 일람표

기 둥				보				
기호 부분	2C2	2C3	3C2 3C3	기호 부분	2G1 || 3G1 || 2G2	3G2
					단 부	중앙부	단 부	중앙부
단면 치수	500×600	550×600	500×600	단 면	300×600	300×600	300×600	300×600
주 근	14-D22	14-D22	14-D19	상부근	4-D22	2-D22	6-D22	2-D22
대 근	D10@300	D10@300	D10@300	하부근	2-D22	4-D22	2-D22	6-D22
보조 대근	D10@900	D10@900	D10@900	늑 근	D10@200	D10@300	D10@200	D10@300

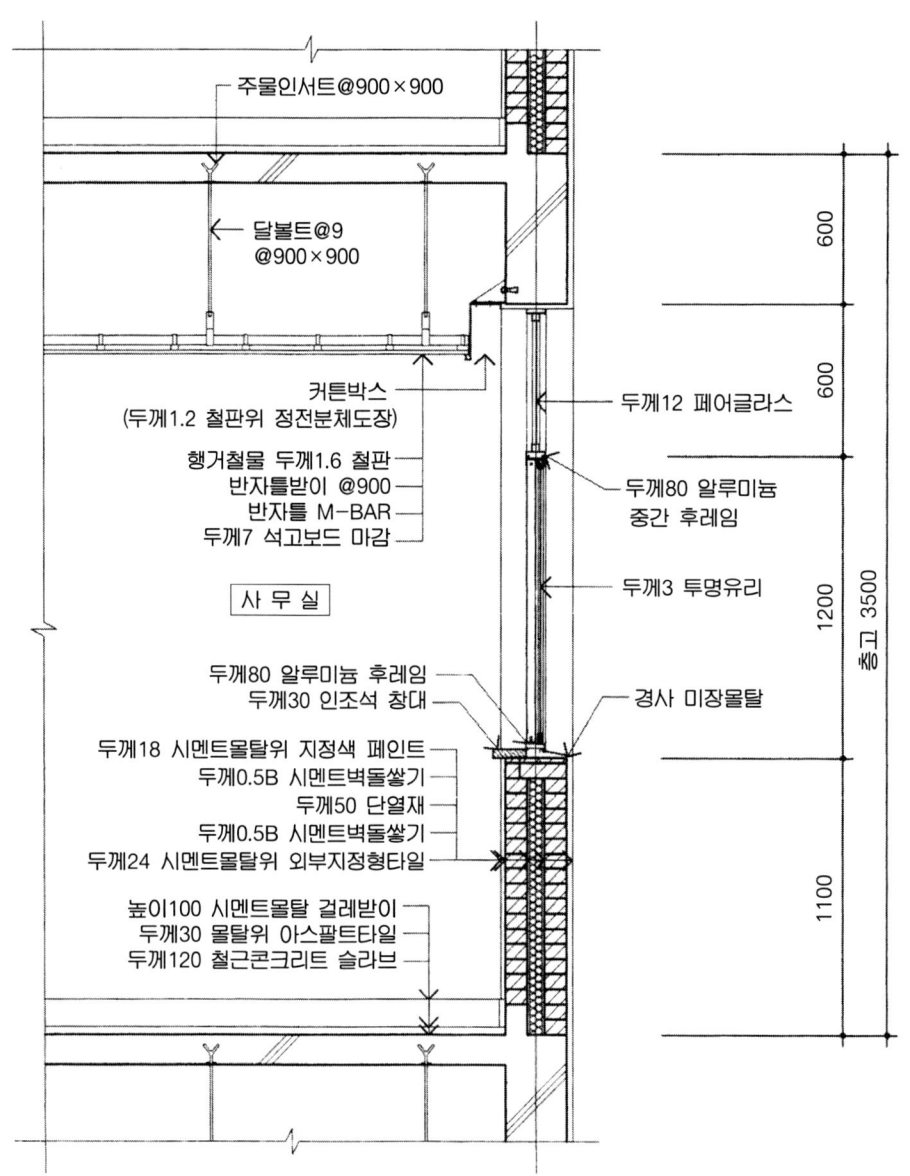

A-A 단면 상세도 축척 : 1/30

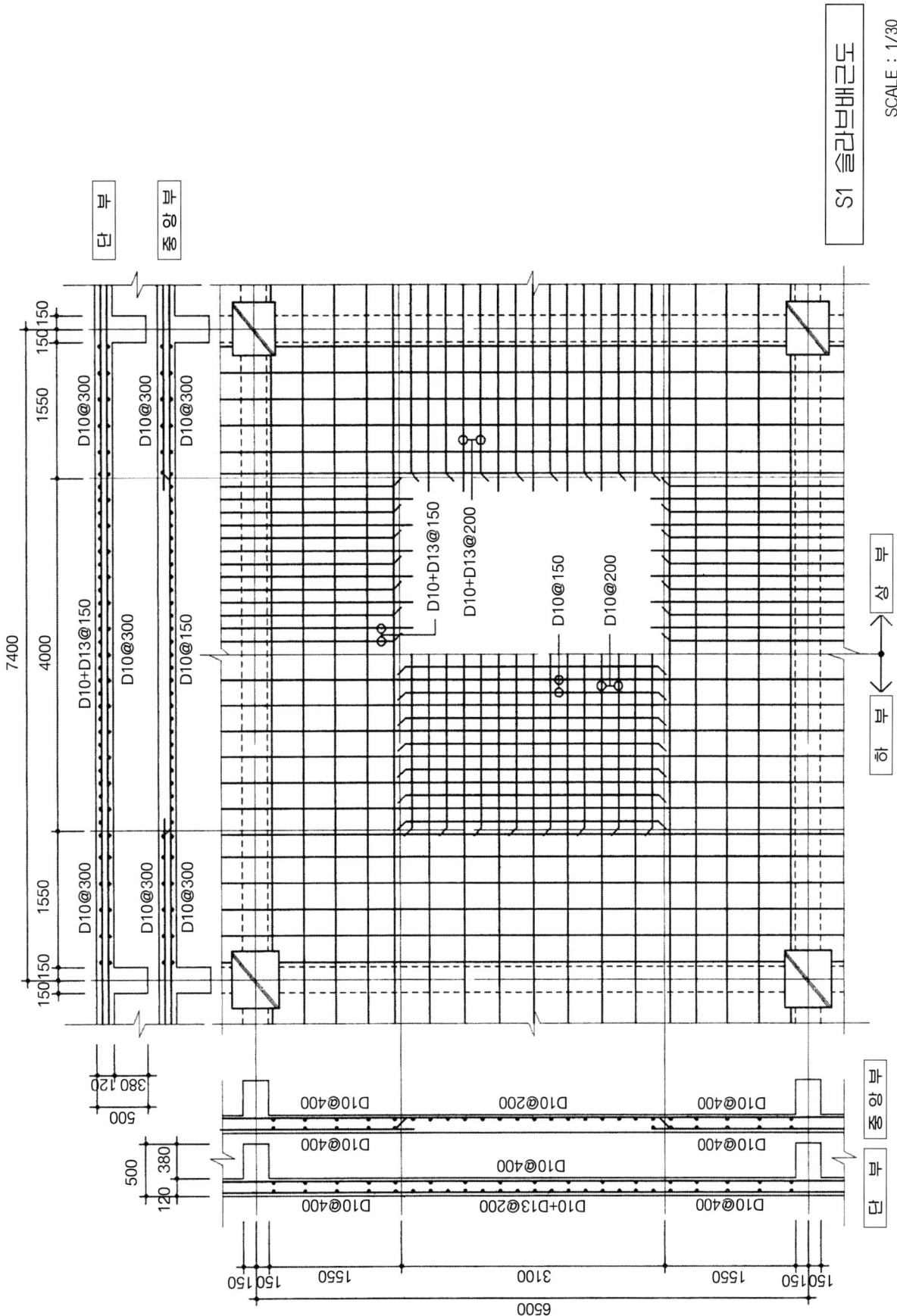

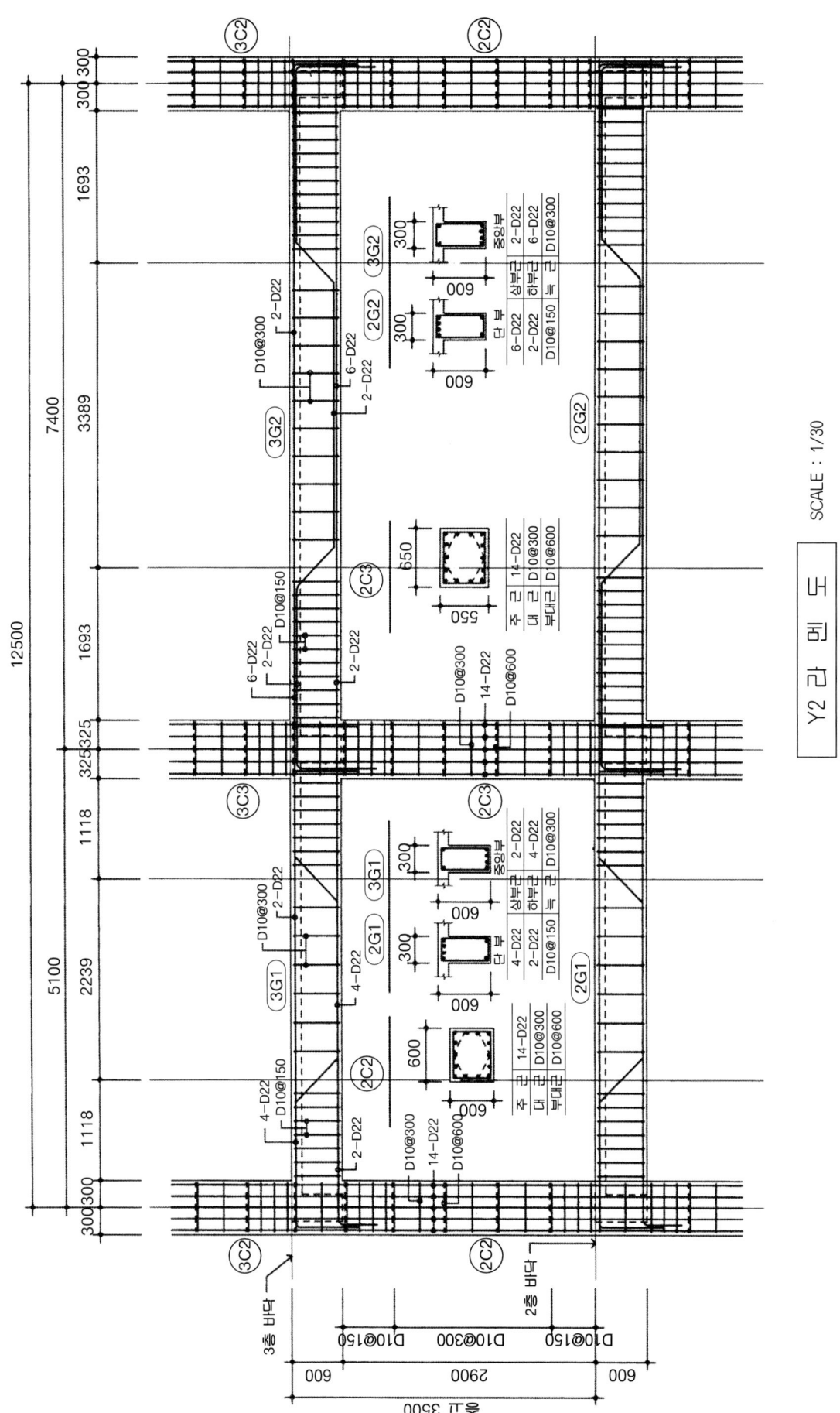

실습과제 3

⟨요구사항⟩
지급된 트레이싱지에 주어진 도면(사무실)을 보고 아래와 같은 조건에 따라 다음 도면을 작도하시오.

⟨조 건⟩
- 1층의 층고는 4m, 반자높이는 3.1m로 한다.
- 2층의 층고는 3.2m, 반자높이는 2.4m로 한다.
- 벽체는 벽돌조 2중벽으로 한다.
- 외벽은 자기질타일 마감으로 하고, 내부는 건식구조로 한다.
- 바닥은 아스타일 마감으로 한다.
- 칸막이는 건식구조로 한다.
- 창호 설치는 내부는 목재, 외부는 알루미늄창 설치
- 걸레받이, 커텐박스 설치

【문제 1】A부분 단면 라멘도를 축척 1/30로 작도하시오.

1. 작도 범위는 2층 바닥에서 파라펫 상단까지 작도
2. 기둥 - 주근 8-D19, 대근 D10-@200, 보조대근 D10-@600   보 - 주근 6-D19, 늑근 D10-@200
3. 단면의 크기
   기둥 : 400×400, 보 : 400×600

【문제 2】S_1의 슬라브배근도를 축척 1/30로 작도하시오.

- 배근설계
  - 단변단부   D10, D13 교대 @150mm
  - 단변중앙부 D10 @150mm
  - 장변단부   D10, D13 교대 @200mm
  - 장변중앙부 D10 @200mm

【문제 3】B부분 단면상세도를 축척 1/20로 작도하시오.

1. 작도 범위는 2층 바닥에서 옥상층 바닥까지로 한다.
2. 벽체부분을 1.0B 공간쌓기로 한다.

【문제 4】$(\frac{1}{WW} \cdot \frac{1}{AW})$의 창호도를 축척 1/30로 작도한다.

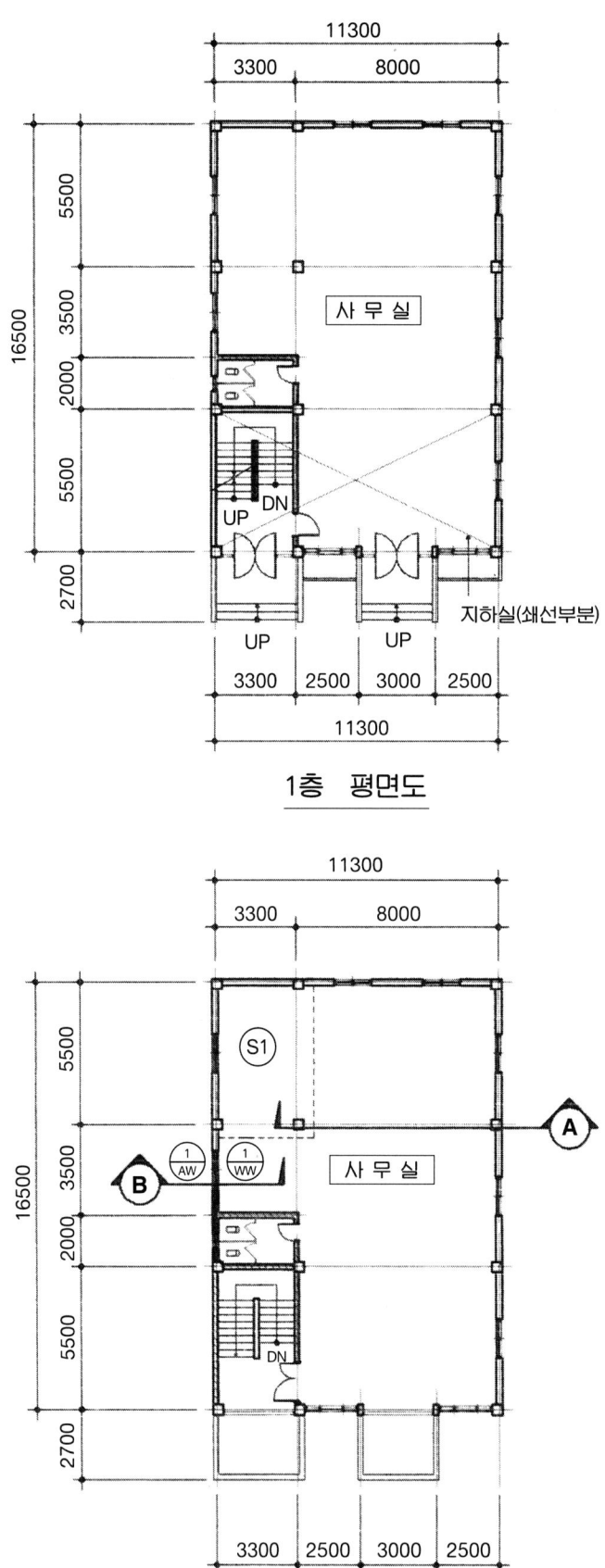

1층 평면도

2층 평면도

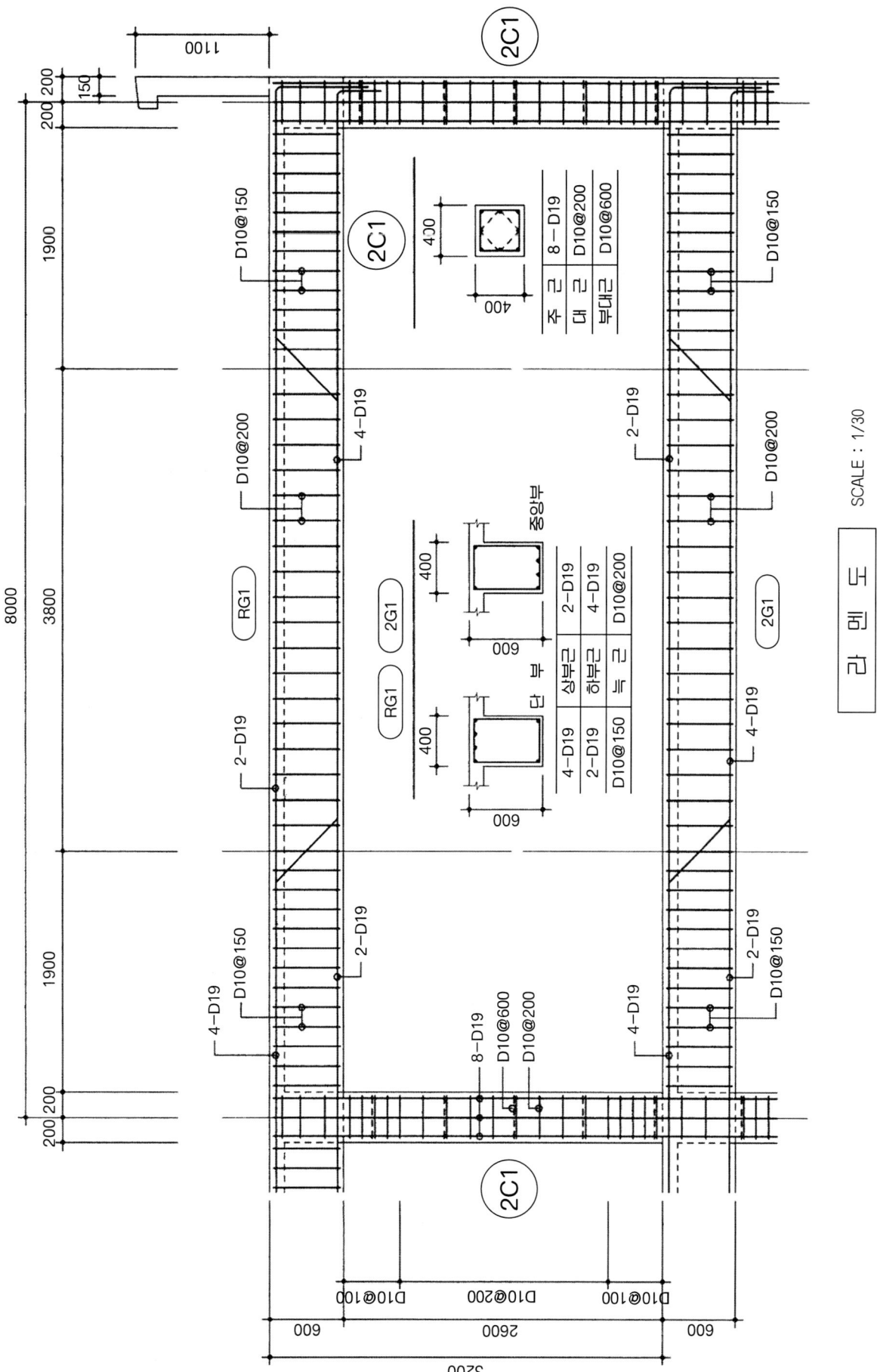

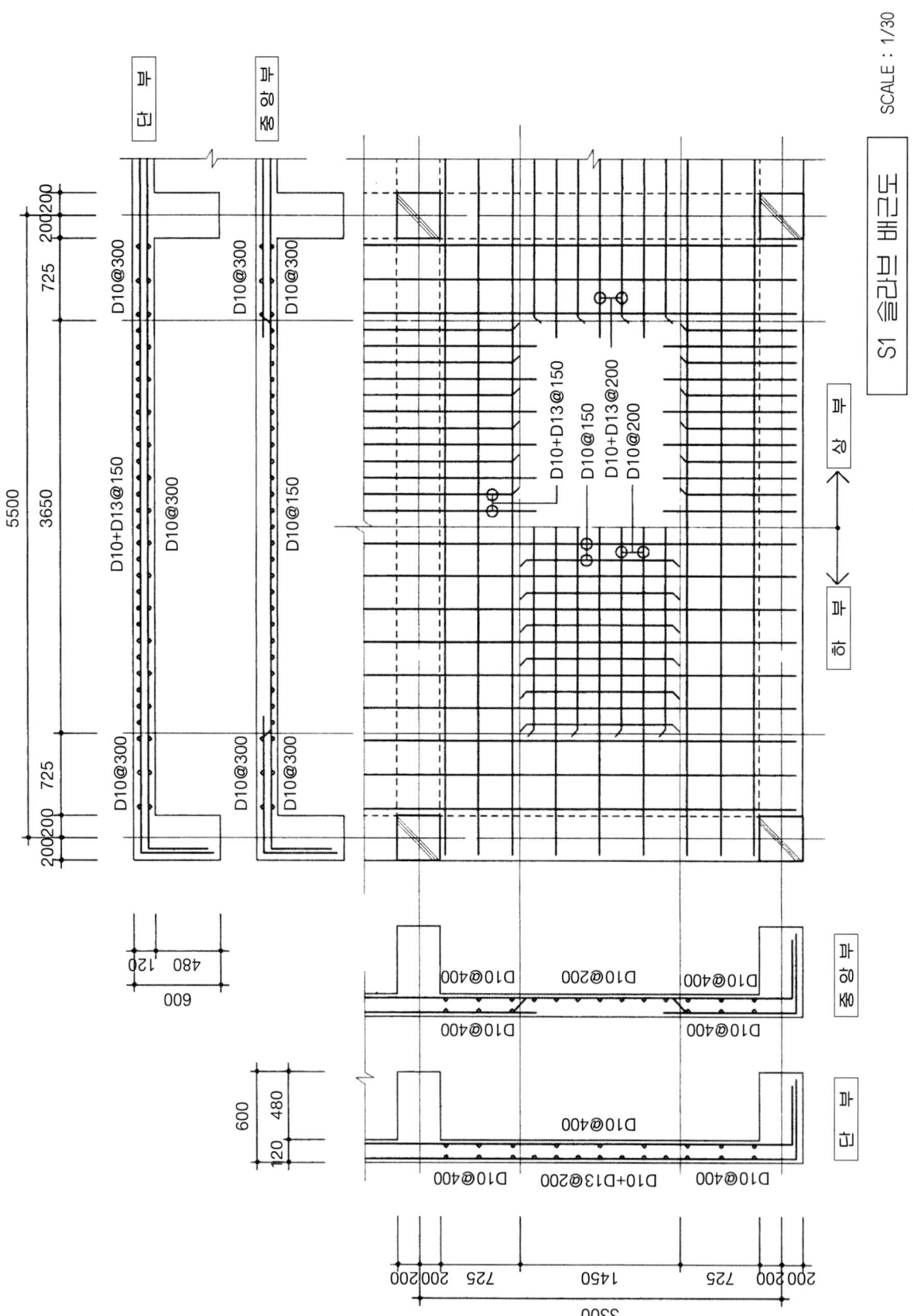

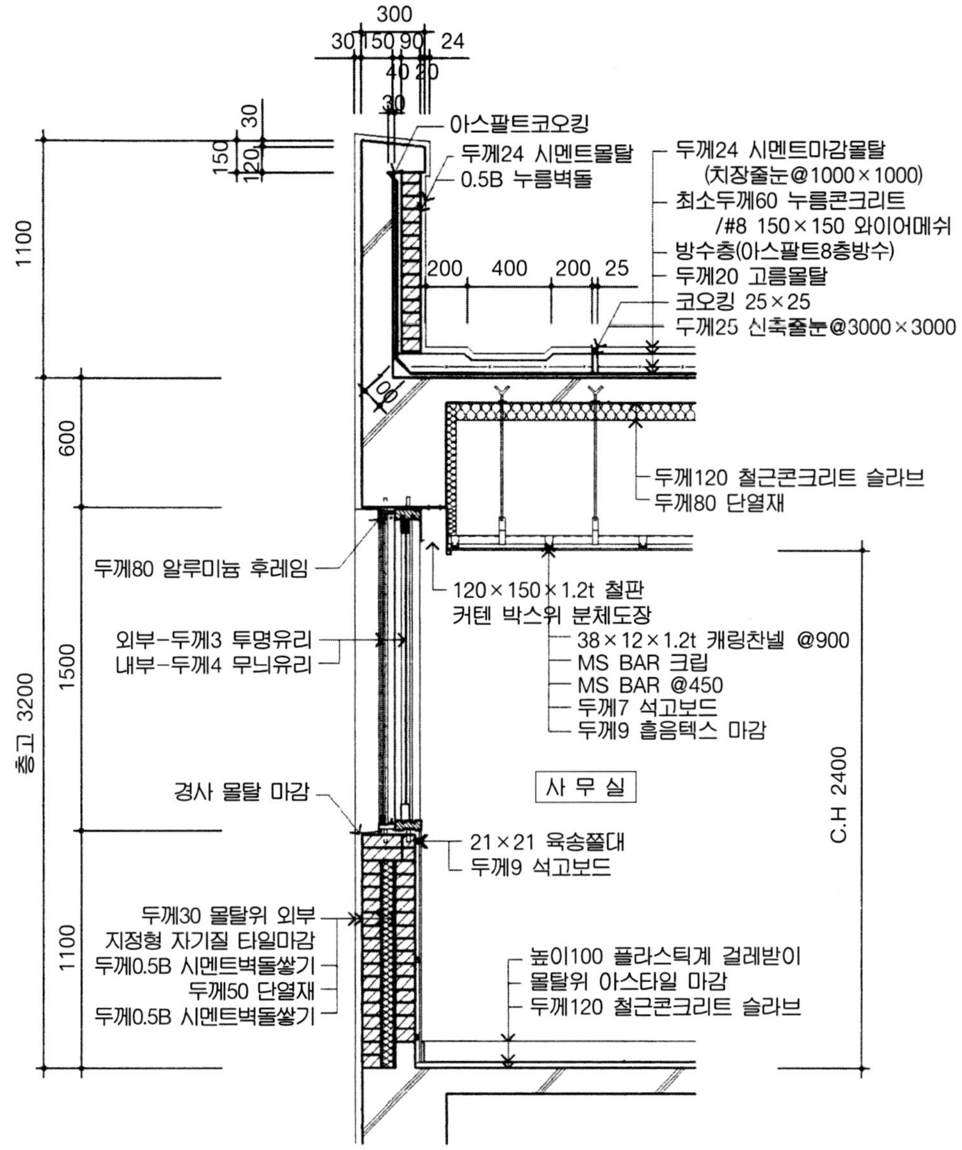

B 부분 단면 상세도
축척 : 1/20

주요 치수 및 기재사항:
- 300 (30, 150, 90, 24 / 40, 20 / 30)
- 150, 120 / 1100
- 200, 400, 200, 25
- 층고 3200 (600, 1500, 1100)
- C.H 2400

지시선 내용(상부→하부):
- 아스팔트코오킹
- 두께24 시멘트몰탈
- 0.5B 누름벽돌
- 두께24 시멘트마감몰탈 (치장줄눈@1000×1000)
- 최소두께60 누름콘크리트 /#8 150×150 와이어메쉬
- 방수층(아스팔트8층방수)
- 두께20 고름몰탈
- 코오킹 25×25
- 두께25 신축줄눈@3000×3000
- 두께120 철근콘크리트 슬라브
- 두께80 단열재
- 두께80 알루미늄 후레임
- 외부-두께3 투명유리
- 내부-두께4 무늬유리
- 120×150×1.2t 철판 커텐 박스위 분체도장
- 38×12×1.2t 캐링찬넬 @900
- MS BAR 크립
- MS BAR @450
- 두께7 석고보드
- 두께9 흡음텍스 마감
- 사 무 실
- 경사 몰탈 마감
- 21×21 육송쫄대
- 두께9 석고보드
- 두께30 몰탈위 외부 지정형 자기질 타일마감
- 두께0.5B 시멘트벽돌쌓기
- 두께50 단열재
- 두께0.5B 시멘트벽돌쌓기
- 높이100 플라스틱계 걸레받이
- 몰탈위 아스타일 마감
- 두께120 철근콘크리트 슬라브

창호도
축척 : 1/50

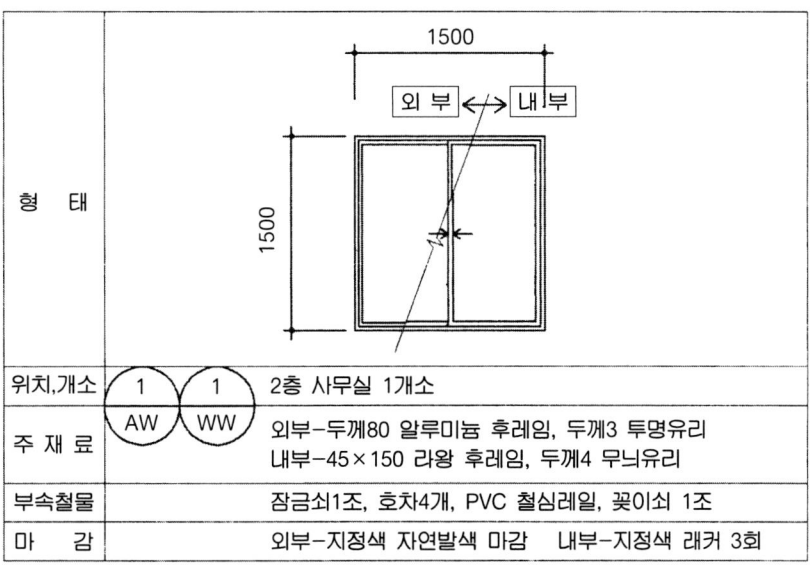

형 태	1500 × 1500 (외부 ↔ 내부)
위치,개소	①AW ①WW 2층 사무실 1개소
주 재 료	외부-두께80 알루미늄 후레임, 두께3 투명유리 내부-45×150 라왕 후레임, 두께4 무늬유리
부속철물	잠금쇠1조, 호차4개, PVC 철심레일, 꽂이쇠 1조
마 감	외부-지정색 자연발색 마감 내부-지정색 래커 3회

실습과제 4

〈요구사항〉
지급된 트레이싱지에 주어진 사무소 건축물의 기준층 평면도를 보고 아래 조건에 따라 다음 도면을 작도하시오.

〈조　　건〉
- 층수 및 구조 : 지하1층, 지상6층의 철근콘크리트 라멘조　층고 : 3.5m
- 벽체
  - 외　　벽 : 시멘트 벽돌조 2층벽으로 하되 마감은 외부는 자기질타일, 내부는 실의 용도에 맞게 한다.
  - 칸막이벽 : 시멘트 벽돌조로 하고 마감은 실의 용도에 맞게 한다.
- 바닥, 천장 : 실의 용도에 맞게 마감하되 천장은 경량철골 반자틀 구조에 석고보드로 반자를 설치한다.
- 창호 : 알루미늄 새시에 복층유리를 사용하는 고정창으로 하되 하부부분은 개폐할 수 있도록 한다.

【문제 1】 A-A′ 주단면 상세도를 축척 1/30로 작도하시오.

1. 작도 범위는 기준층 2개 층이 표현되도록 한다.

【문제 2】 B-B′ 계단부분 단면상세도를 축척 1/30로 작도하시오.

1. 작도 범위는 1개 층이 완전히 표현되도록 한다.
2. 계단 형식은 경사 슬래브식 계단으로 한다.
3. 단나비, 단높이 등 각부 치수를 기입한다.

【문제 3】 C부분 단면상세도를 축척 1/10로 작도하시오.

1. 작도 범위는 1개 층이 표현되도록 한다.

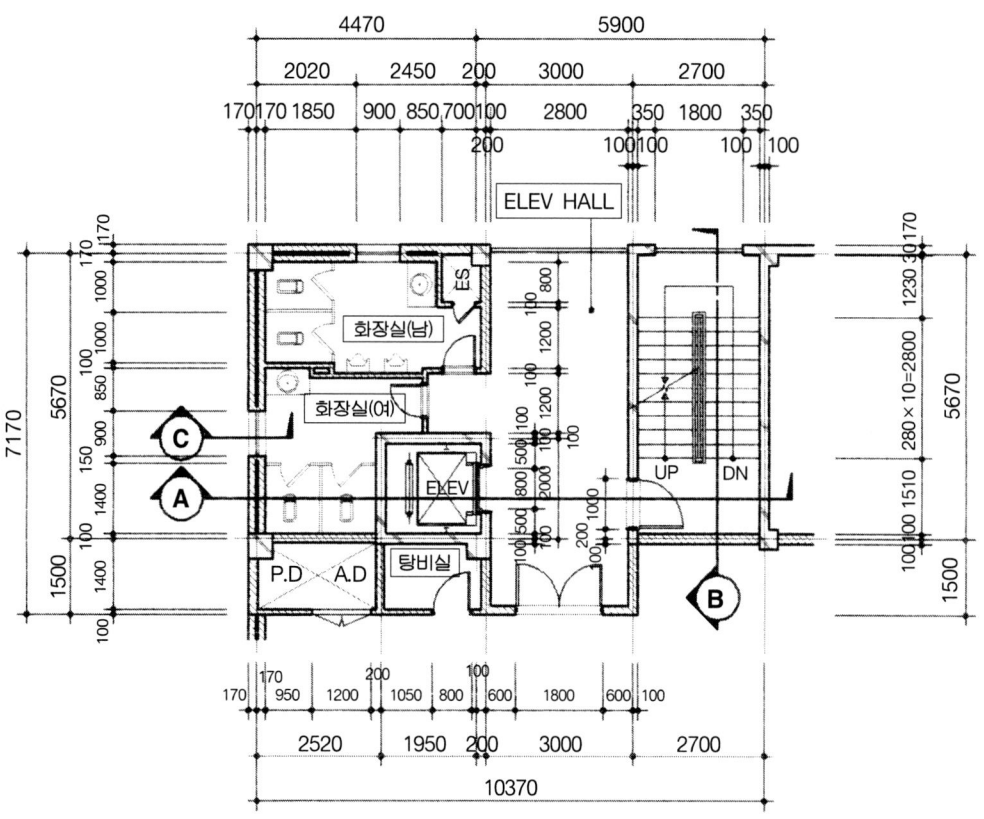

기준층 코아 평면 상세도

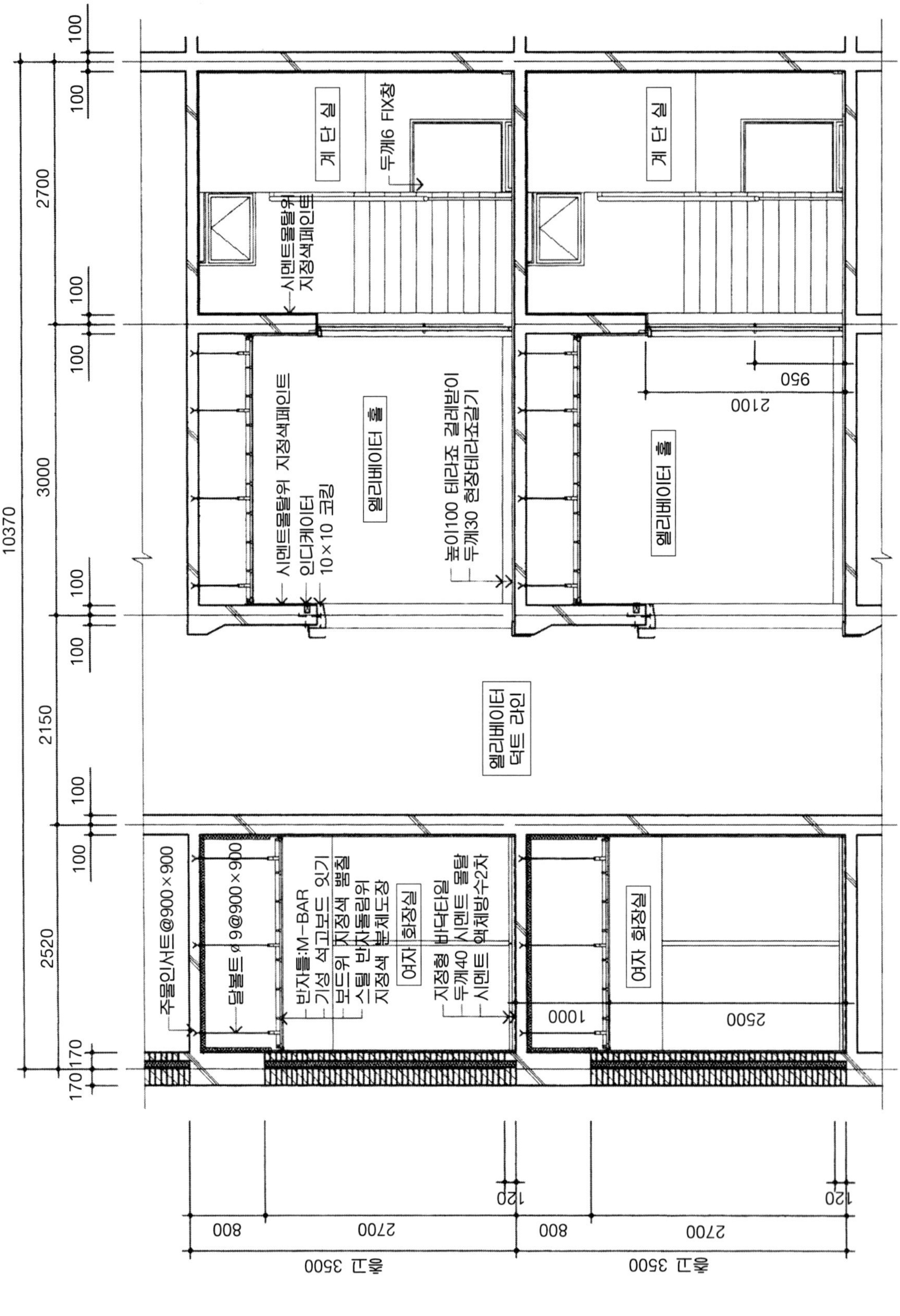

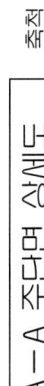

A-A 주단면 상세도 축척 : 1/20

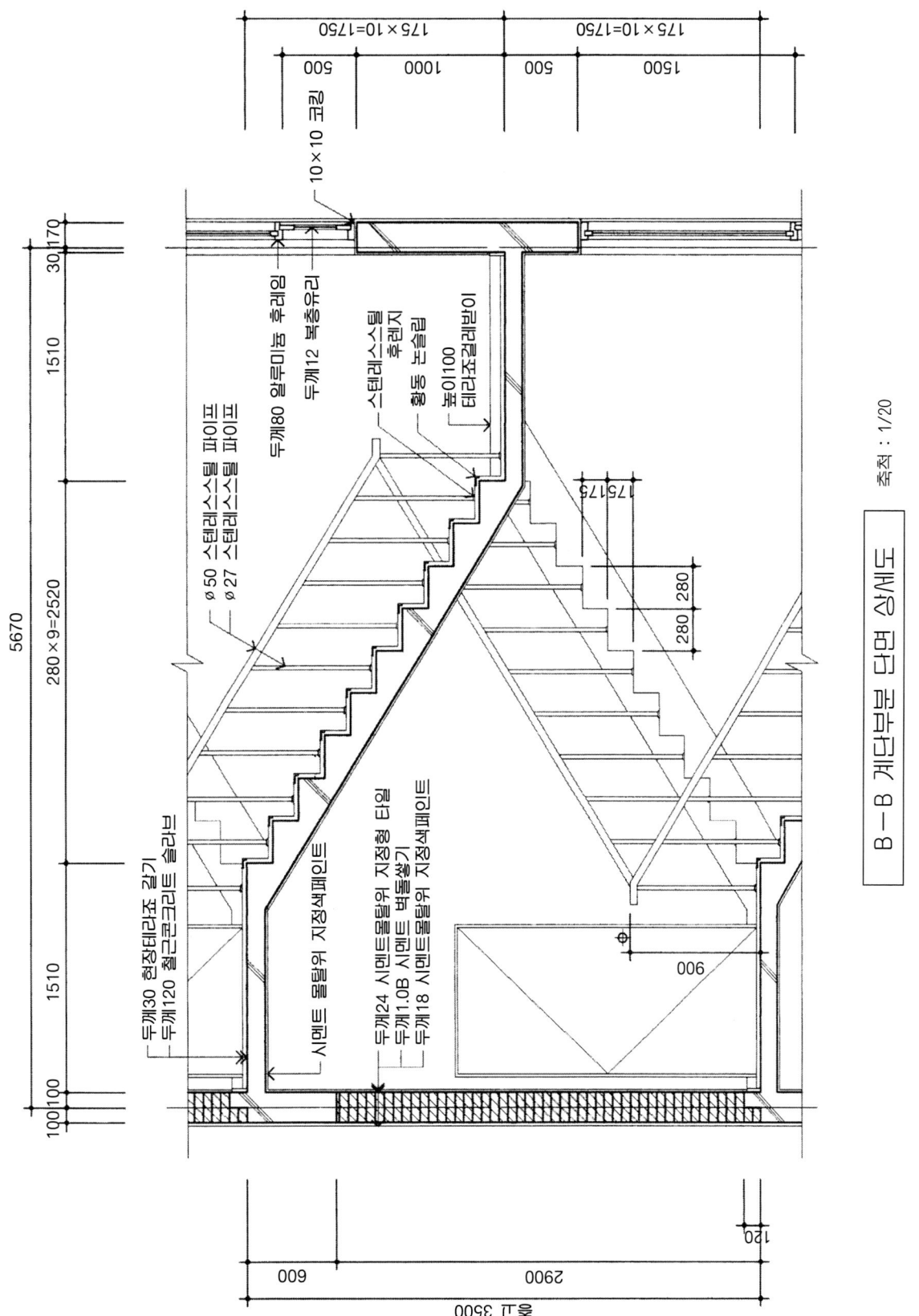

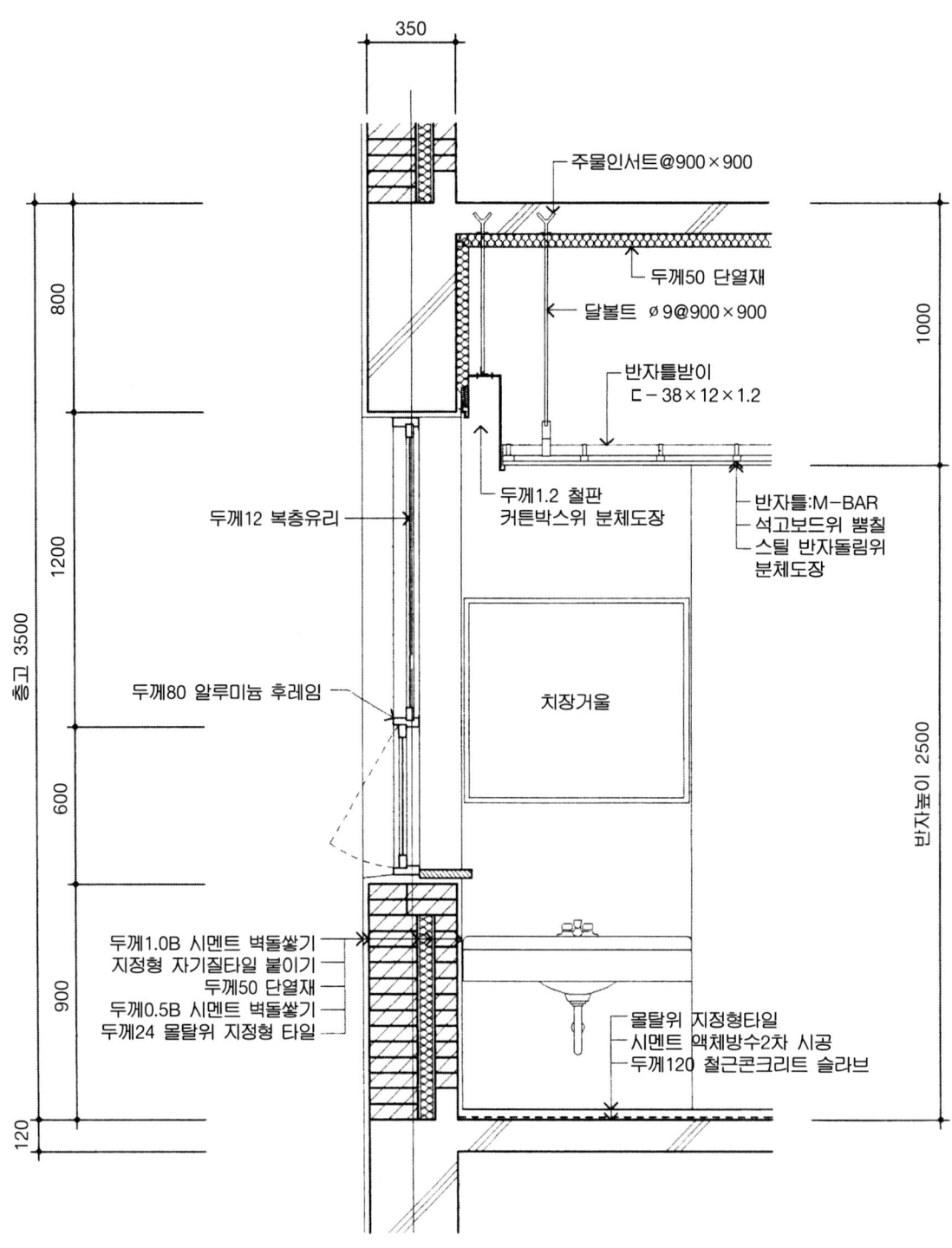

실습과제 5

〈요구사항〉
지급된 트레이싱지에 주어진 1층 평면도를 보고 아래와 같은 조건에 따라 다음 도면을 작도하시오.

〈조　건〉
- 구　　조 : 지하1층, 지상3층의 철근콘크리트 라멘조
- 외벽구조 : 벽돌조 2중벽으로 단열시공
- 바　　닥 : 콘크리트 바탕 위 나왕 플로링 마감으로 한다.
- 천　　장 : 경량철골 반자틀 구조에 석고보드 마감으로 한다.
- 계　　단 : 철근콘크리트 계단에 목재널 마감으로 한다.
- 창　　호 : 알루미늄 새시로 한다.
- 층　　고 : 지상층 3,000mm, 지하층 2,700mm
- 기타 주어지지 않은 조건은 일반적인 구조 및 시공수준으로 한다.

【문제 1】A-A′ 단면상세도를 축척 1/30로 작도하시오.

1. 작도 범위는 기초에서 1층 반자틀 구조가 표현되도록 한다.
2. 커튼박스, 걸레받이 등 일체의 모든 것이 생략됨이 없이 작도되어야 한다.

【문제 2】S_1 부분 슬라브배근도의 도면을 축척 1/30로 작도하시오.

1. 배근단면도와 평면도가 작도되어야 한다.
    - ■배근설계
        - 단변단부　　D10, D13 교대 @150mm
        - 단변중앙부　D10 @150mm
        - 장변단부　　D10 @200mm
        - 장변중앙부　D10 @200mm

【문제 3】B부분(계단) 단면상세도를 축척 1/20로 작도하시오.

1. 작도 범위는 1개 층이 전부 표현되도록 한다.
2. 단나비, 단높이 나누기를 정확히 하고, 각 부분의 치수를 정확히 기재한다.

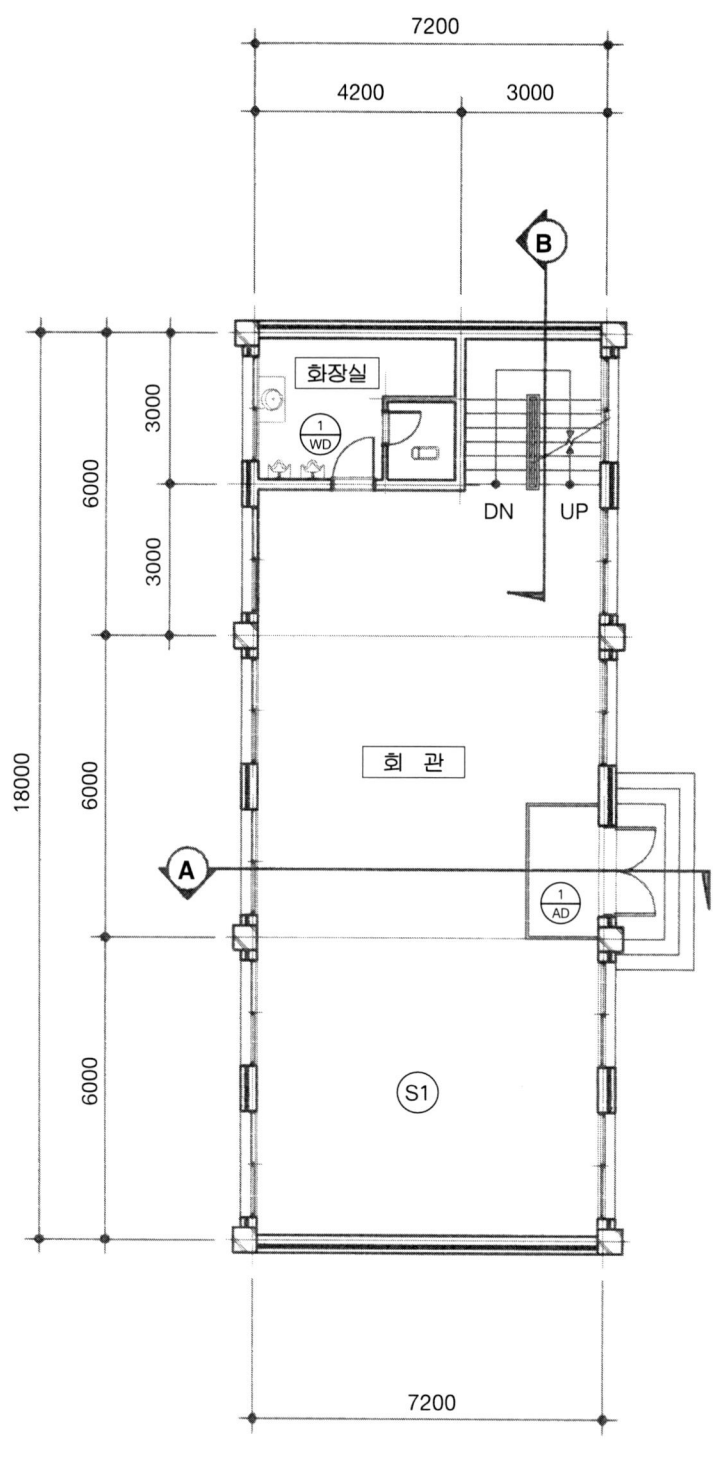

1 층 평 면 도

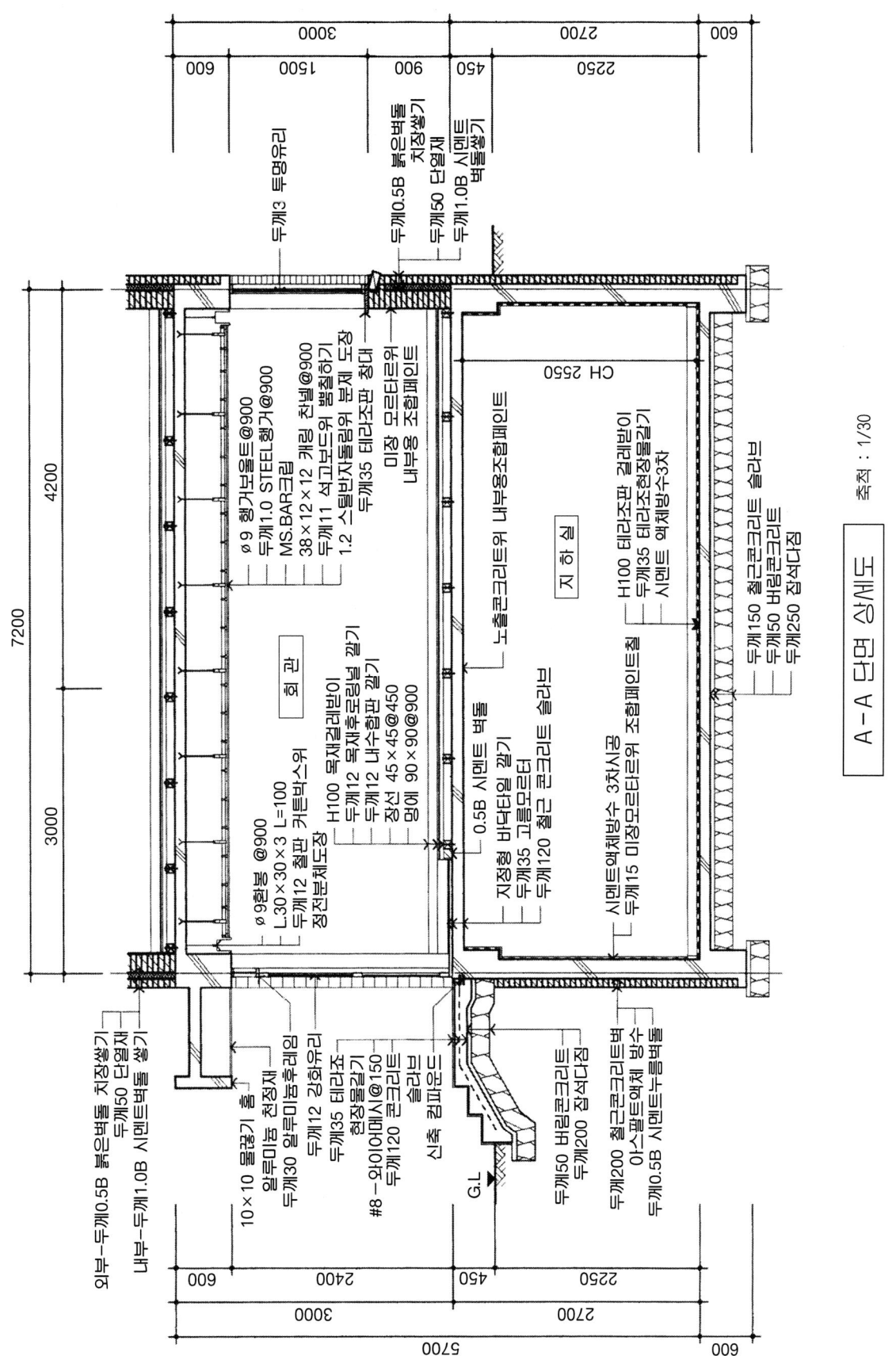

174 | 7장 · 건축도면 실습

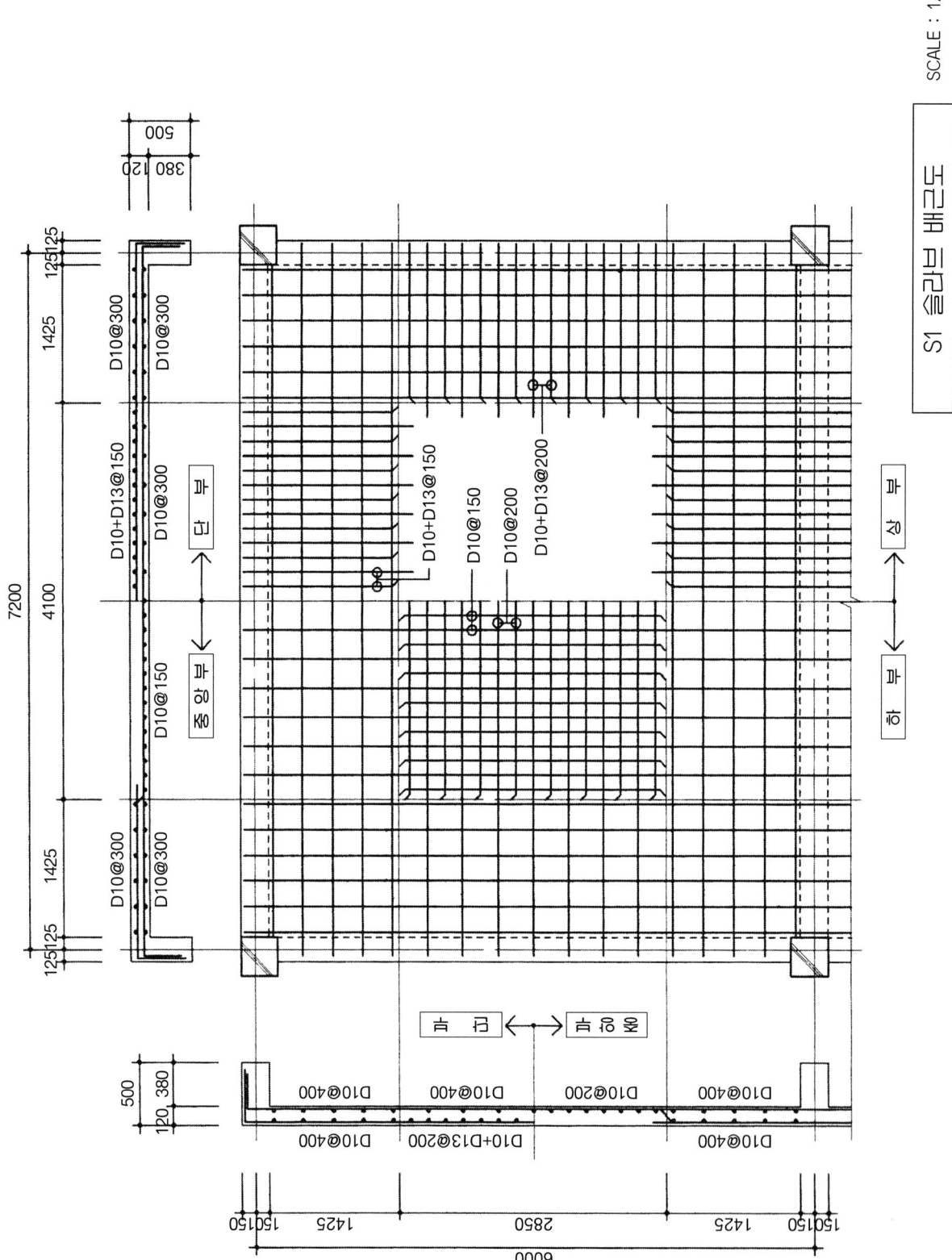

S1 슬래브 배근도
SCALE : 1/30

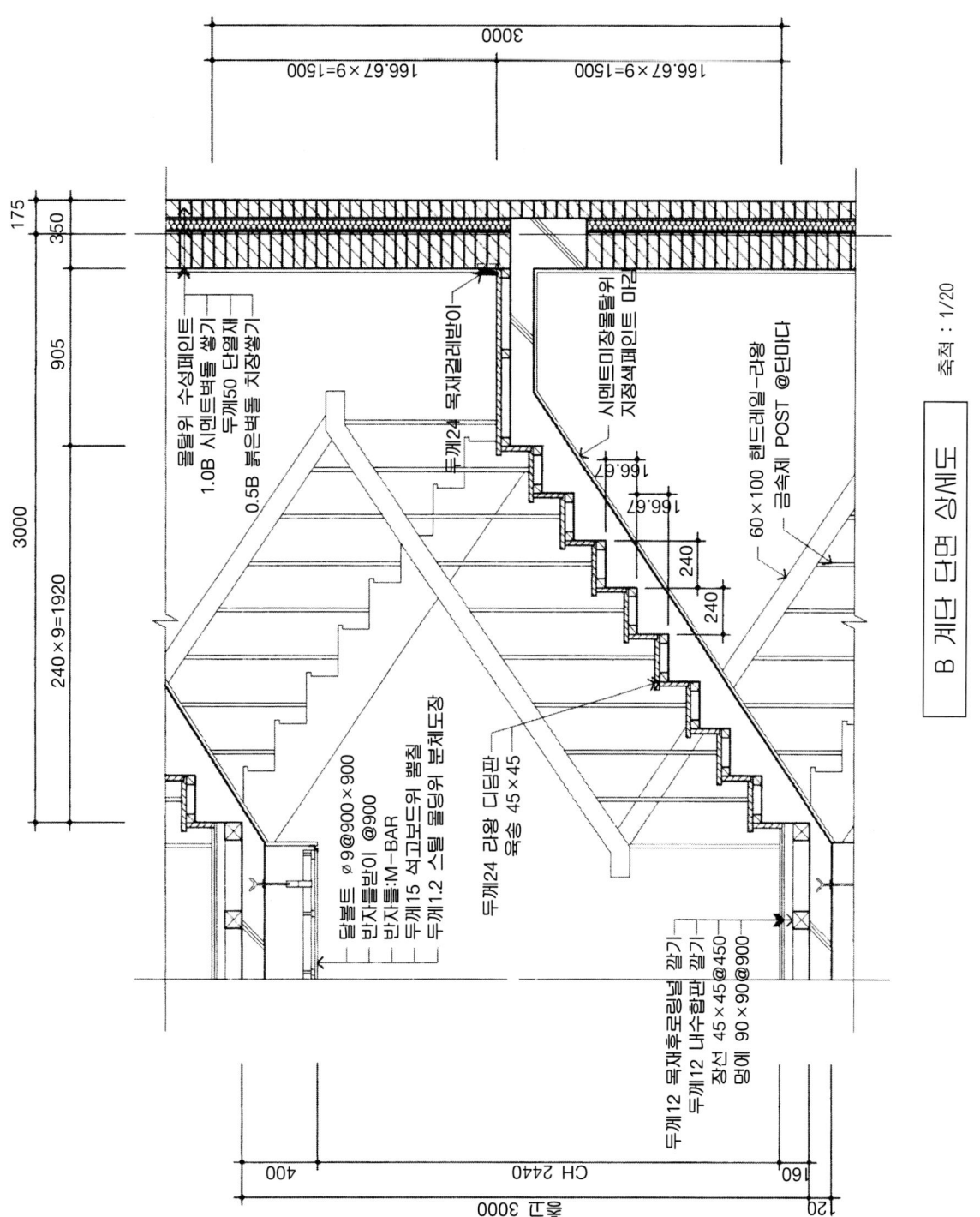

실습과제 6

〈요구사항〉
지급된 트레이싱지에 주어진 기준층 평면도를 보고 아래와 같은 조건에 따라 다음 도면을 작도하시오.

〈조 건〉
- 구 조 : 지하1층, 지상3층의 철근콘크리트 라멘조
- 외벽구조 : 벽돌조 2중벽으로 단열시공한다.
- 사무실바닥 : 콘크리트 바탕 위 아스팔트타일 마감으로 한다.
- 천 장 : 경량철골 반자틀 구조에 석고보드 마감으로 한다.
- 외부창호 : 알루미늄 새시 창틀에 복층유리(페어글래스)를 사용한다.
- 층 고 : 지상층 3,200mm, 지하층 2,700mm
- 기타 주어지지 않은 조건은 일반적인 구조 및 시공 수준으로 한다.

【문제 1】 A-A' 단면상세도를 축척 1/30로 작도하시오.

1. 작도 범위는 1개 층이 완전히 표현되도록 한다.
2. 커튼박스 및 걸레받이 등 일체의 모든 것이 생략됨이 없이 작도되어야 한다.

【문제 2】 S_1 및 S_2 부분 슬라브배근도를 축척 1/30로 작도하시오.

1. 배근단면도와 평면도가 작도되어야 한다.
    - ■ 배근설계
        - S_1 슬래브
          단변단부   D10, D13 교대 @150mm
          단변중앙부 D10 @150mm
          장변단부   D10, D13 교대 @200mm
          장변중앙부 D10 @200mm
        - S_2 슬래브
          단변단부   D10, D13 교대 @180mm
          단변중앙부 D10 @180mm
          장변단부   D10 @220mm
          장변중앙부 D10 @220mm

【문제 3】 B부분(계단) 단면상세도를 축척 1/20로 작도하시오.

1. 작도 범위는 1개 층이 완전히 표현되도록 한다.
2. 단높이, 단나비 나누기를 정확히 하고, 각 부분의 치수를 정확히 기재한다.

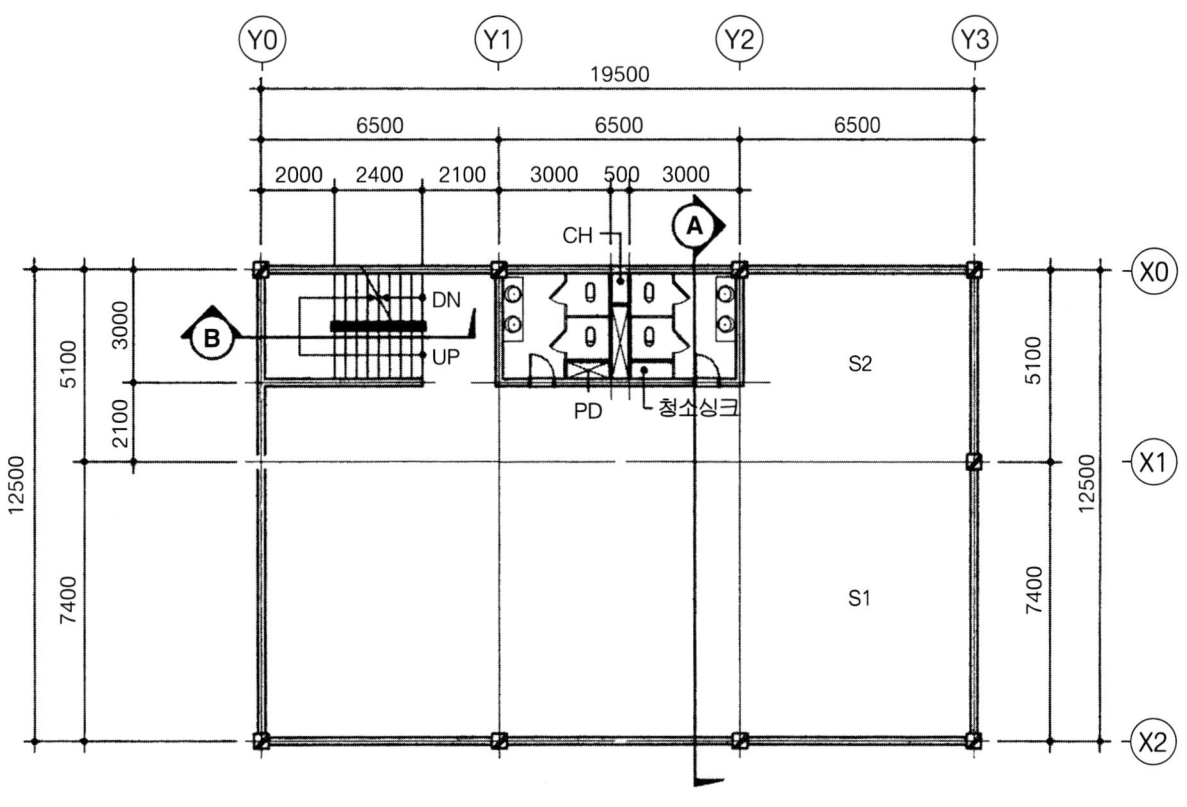

기 준 층 평 면 도

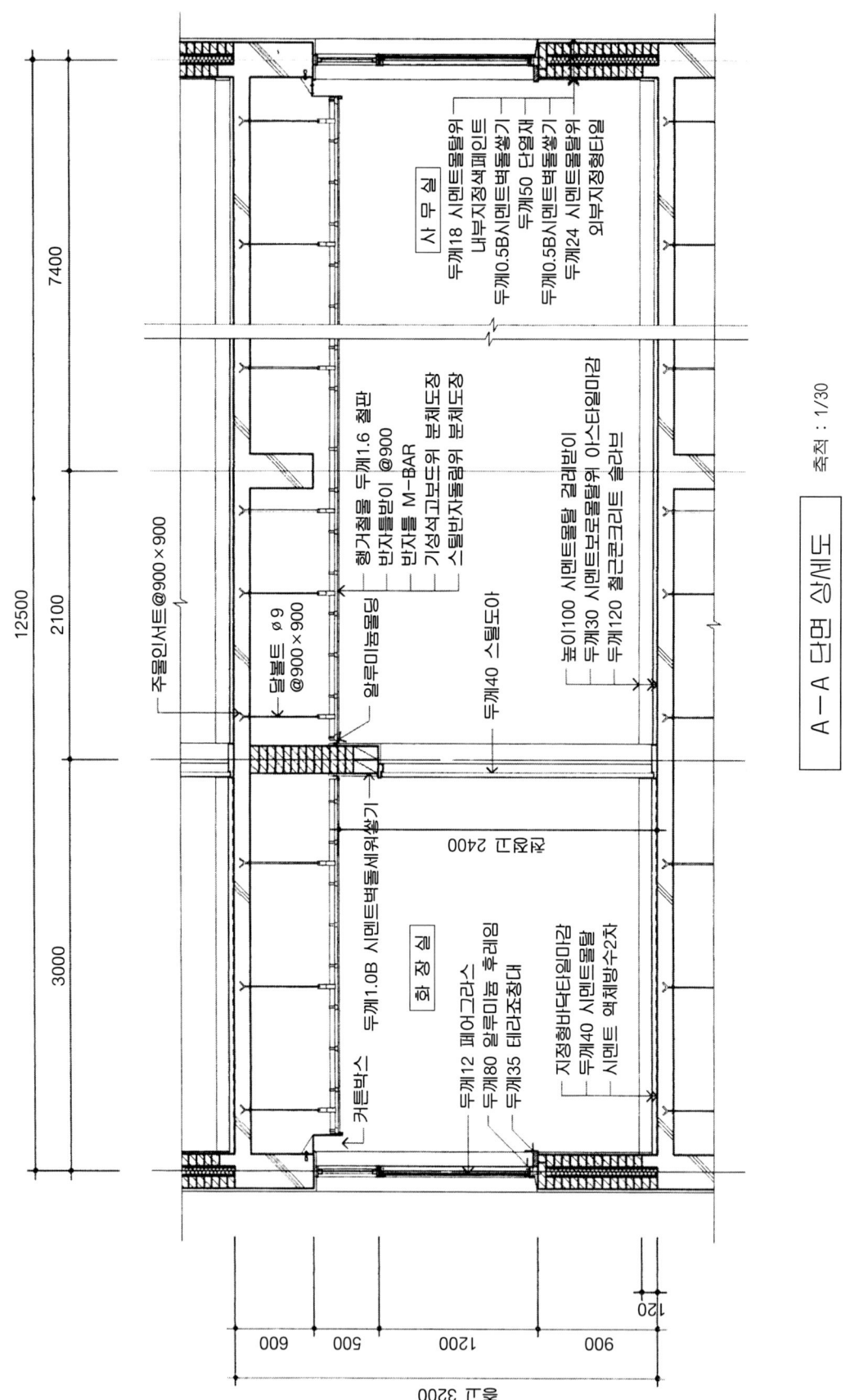

A-A 단면 상세도   축척 : 1/30

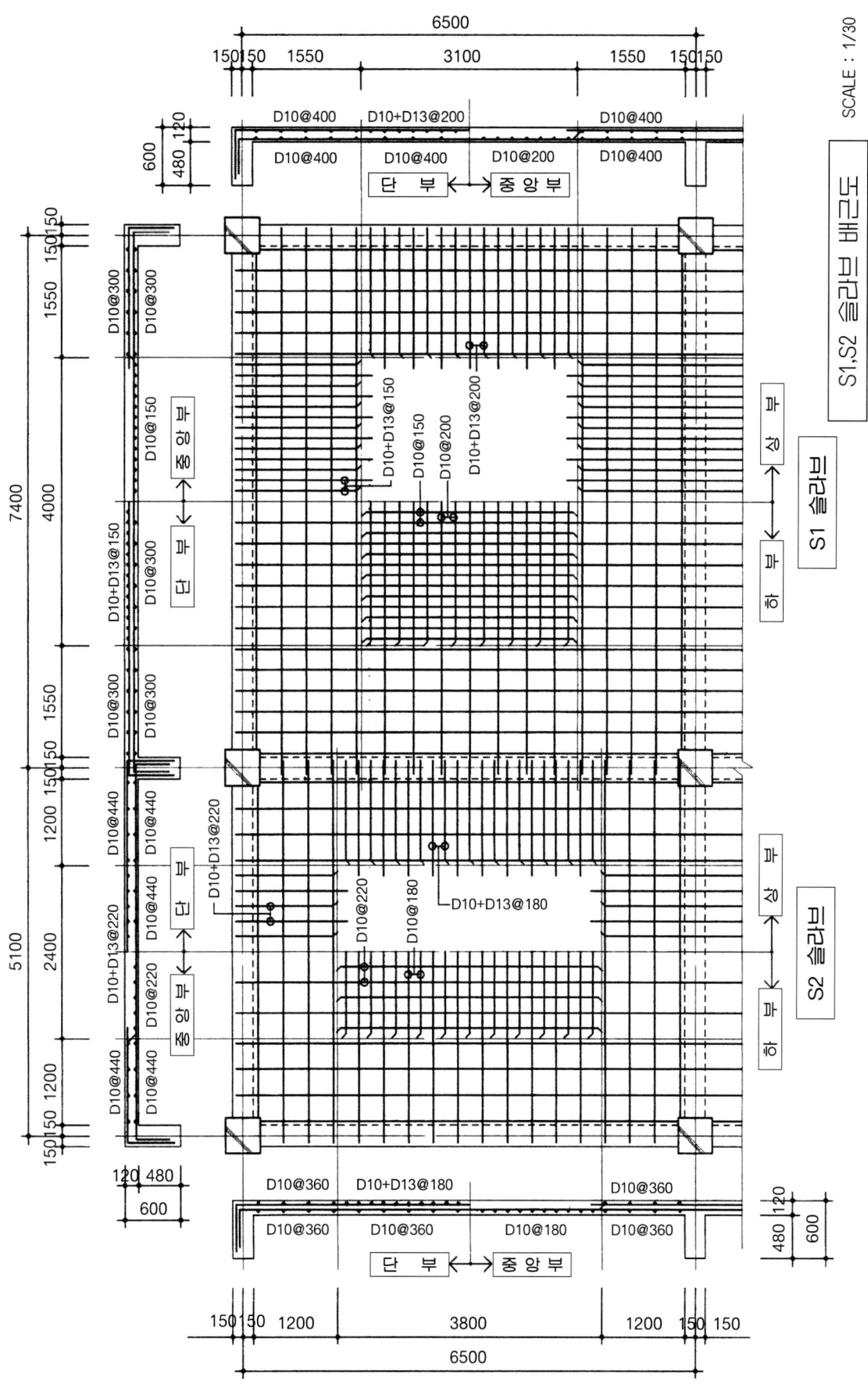

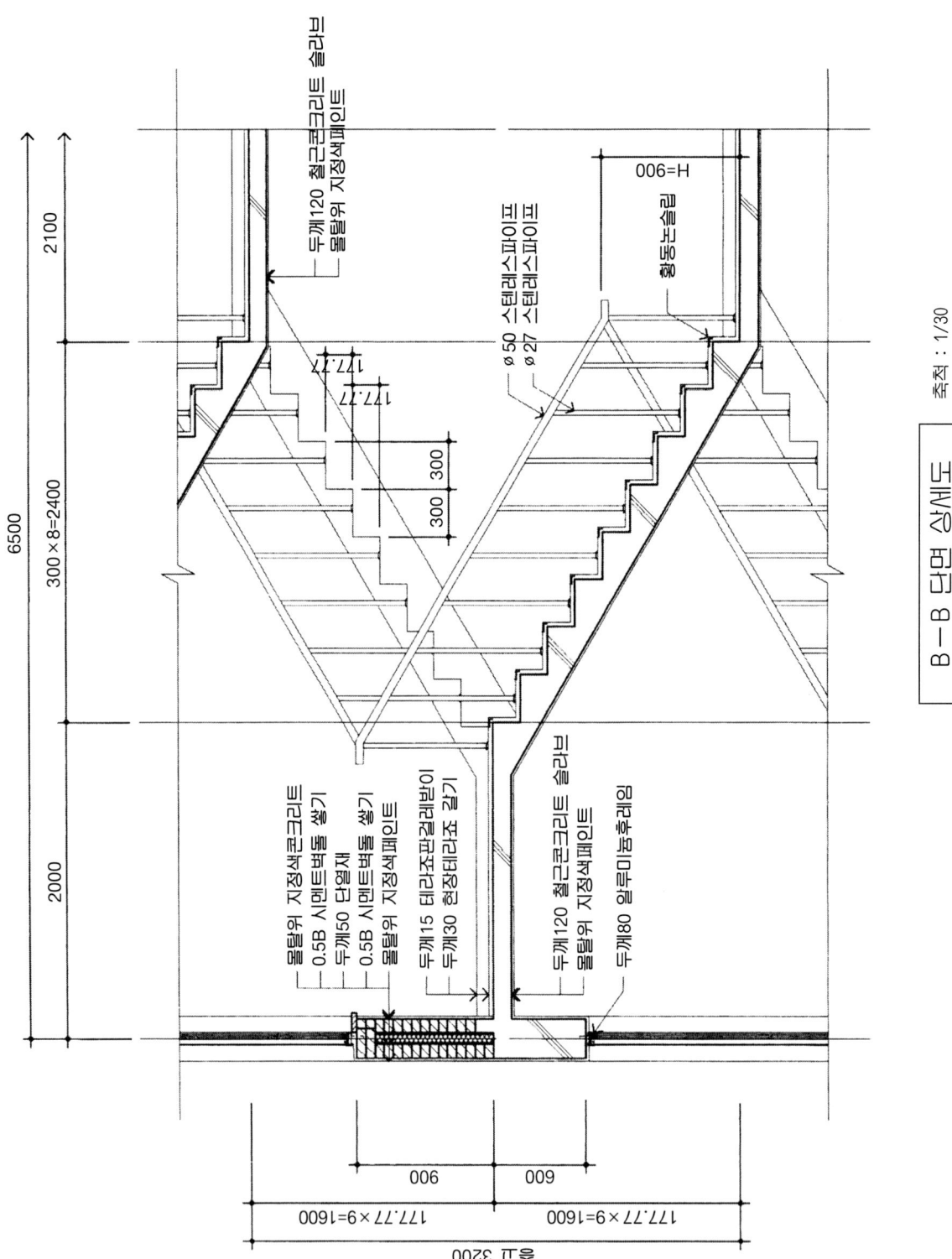

B-B 단면 상세도 축척 : 1/30

실습과제 7

〈요구사항〉
지급된 트레이싱지에 주어진 도면을 보고 아래와 같은 조건에 따라 다음 도면을 작도 하시오.

〈조 건〉
- 층수 및 구조 : 지하1층 지상5층의 철근콘크리트 라멘조
- 층고 : 2.8m
- 벽체 : 외벽 - 시멘트 벽돌조 2중벽(0.5B+50mm+0.5B), 내벽(간막이벽) - 0.5B 시멘트벽돌벽체
- 바닥마감 : 거실 및 식당, 부엌-폴리어링 널 깔기
- 난방 : 거실 - 방열기(라지에트)설치, 침실 - 온수온돌
- 기타 주어지지 않은 조건은 일반적인 시공수준으로 하되, 각종 규정, 건축구조에 알맞도록 한다.

【문제 1】 C-C′ 단면상세도를 축척 1/30로 작도하시오.

1. 작도 범위는 1개층이 완전히 표현되도록 한다.

【문제 2】 A-A′ 부분 라아멘 배근도를 축척 1/30로 작도하시오.

1. 작도 범위는 기준층 1개 층이 완전히 작도되도록 한다.
2. 기둥과 보의 단면 배근상태가 작도 되어야 한다.

기 둥			보(상하층)	
	C_1	C_2		
단면치수	300×400	230×800	단면치수	230×500
주 근	8-D19	8-D19	인 장 근	3-D19
대 근	D10@300	D10@300	압 축 근	2-D19
보조대근	D10@900	D10@900	늑근(중앙부)	D10@300

【문제 3】 S_1 슬라브의 배근도를 축척 1/30로 작도하시오.

1. 철근콘크리트 배근 규정을 준수한다.
2. 배근평면도와 단면도가 되어야 한다.
    - ■배근조건
        - 단변단부　 D10, D13 교대 @180mm
        - 단변중앙부 D10 @180mm
        - 장변단부　 D10, D13 교대 @200mm
        - 장변중앙부 D10 @200mm

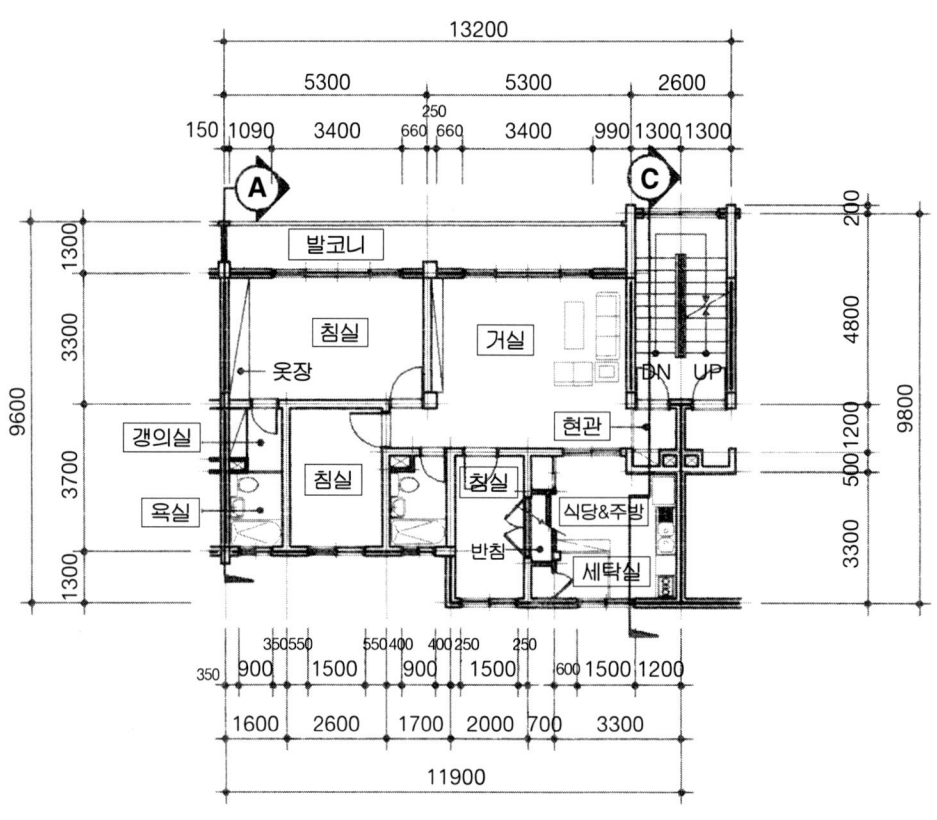

기준층 평면도

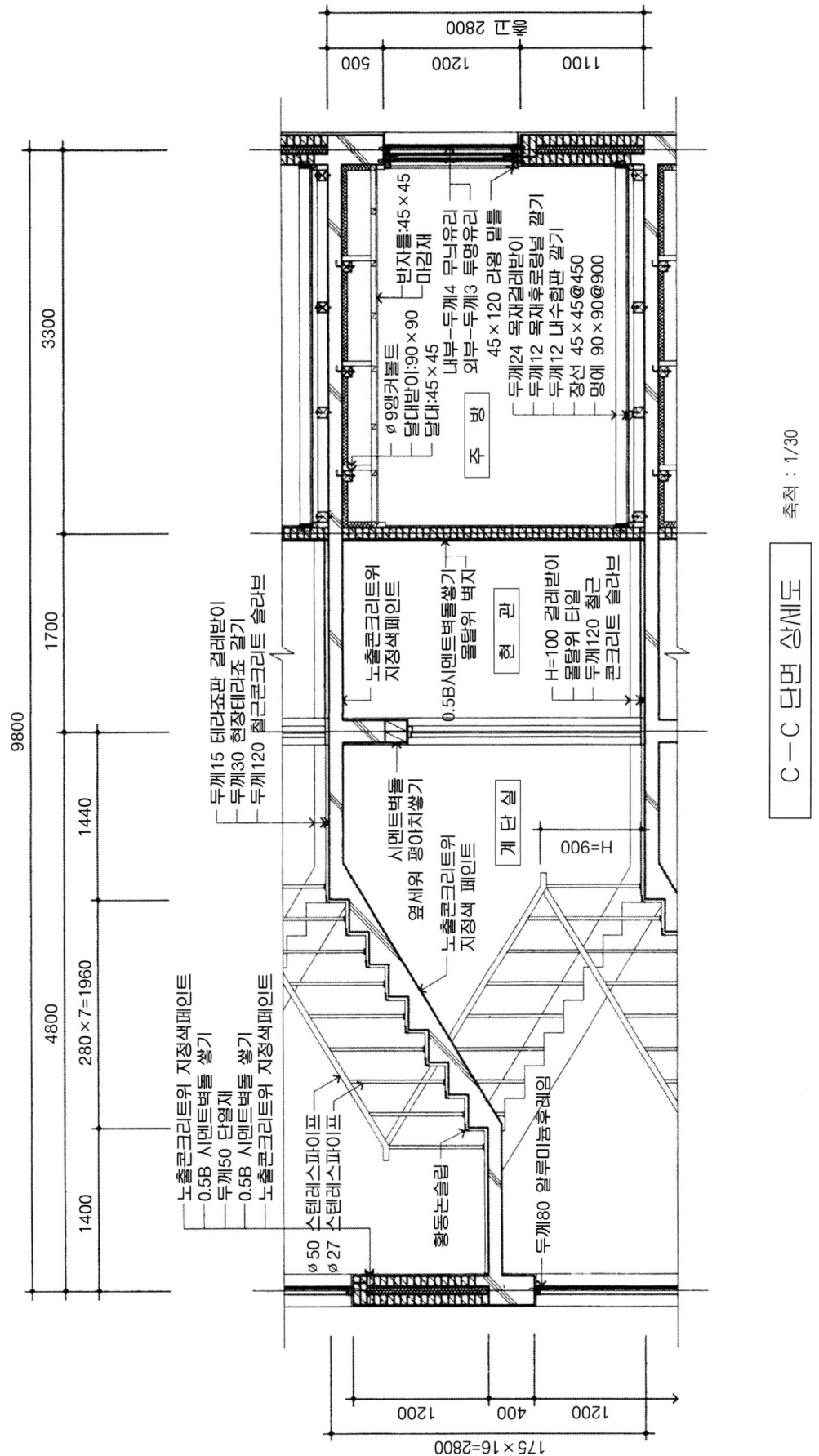

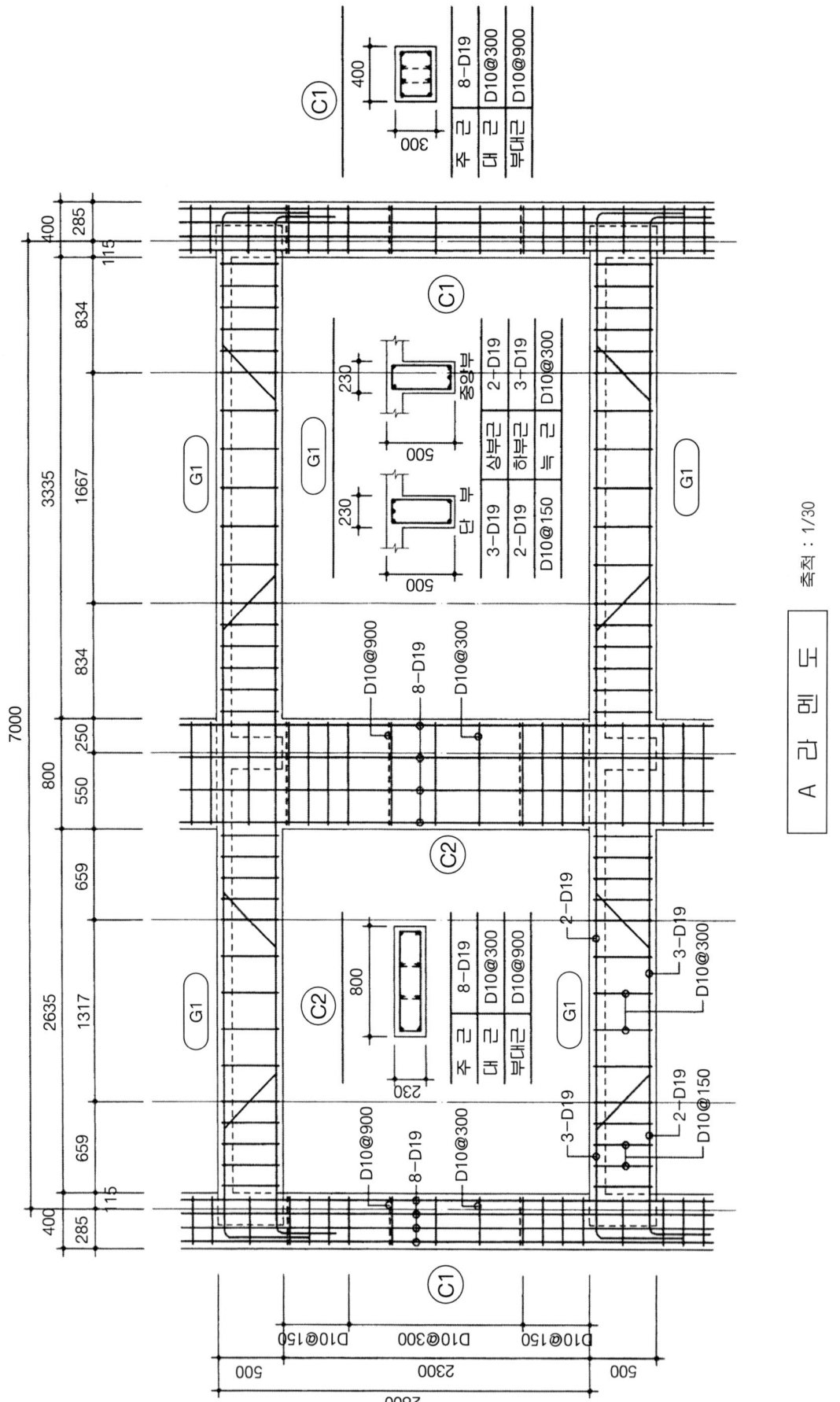

A 라멘도 축척 : 1/30

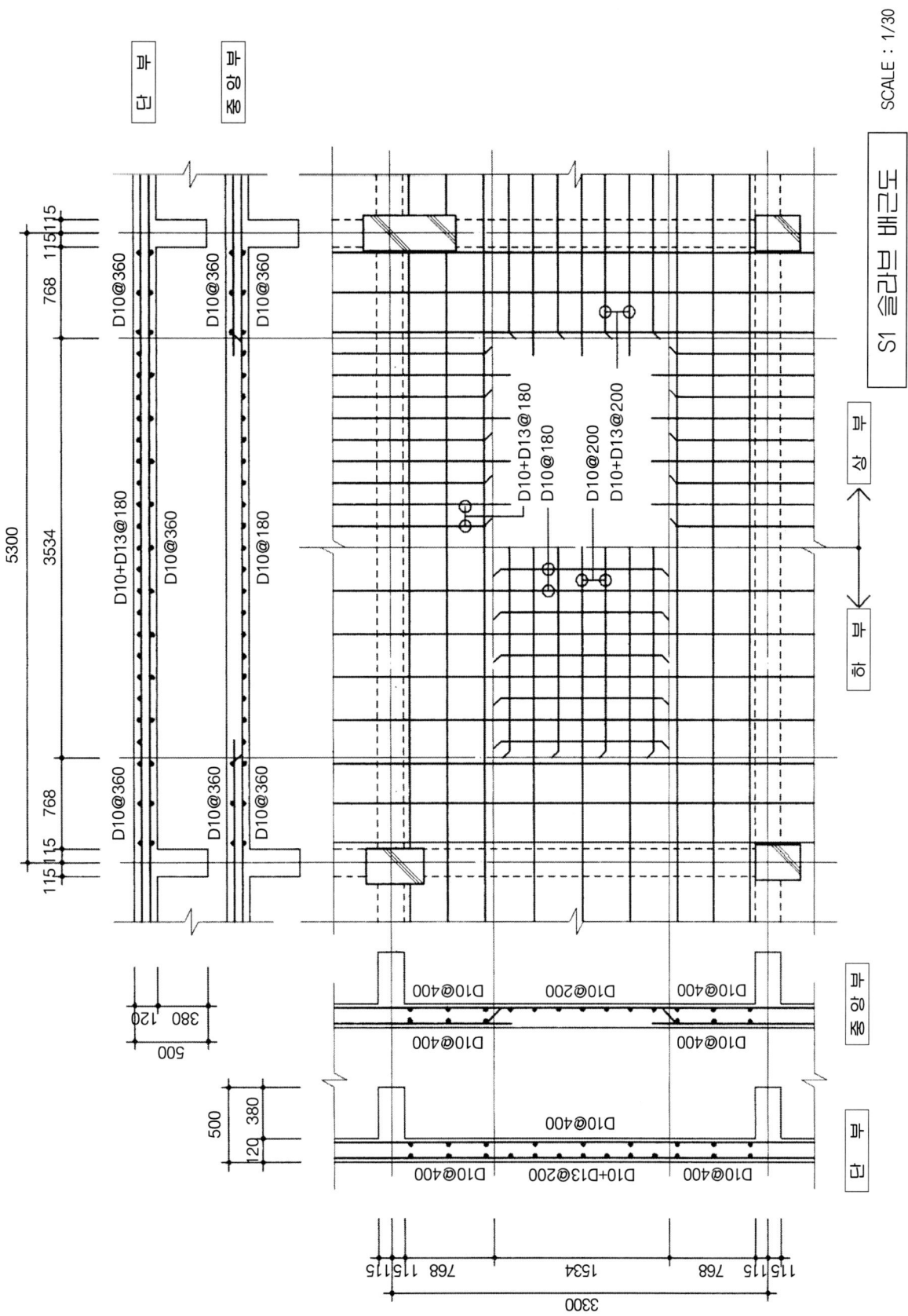

실습과제 8

〈요구사항〉
지급된 트레이싱지에 주어진 도면을 보고 아래와 같은 조건에 따라 다음 도면을 작도 하시오.

〈조 건〉
- 층수 및 구조 : 지하1층 지상 5층의 철근콘크리트 라멘조
- 층고 : 2.7m
- 벽체구조 및 두께
  - 외 벽 : 시멘트 벽돌조 2중벽 (0.5B+50+0.5B)
  - 간막이벽 : 0.5B 또는 1.0B 두께의 시멘트 벽돌조 중 수검자가 선택하여 정한다.
- 거실난방 : 온수온돌 난방으로 한다.
- 실내외 마감재료 : 각 부분의 기능에 맞게 선정 사용한다.
- 기타 주어지지 않은 조건은 일반적인 시공 수준에 따르며, 각종 규정, 건축구조에 적합하도록 한다.

【문제 1】 A부분의 단면상세도를 축척 1/20로 작도하시오.

【문제 2】 B부분의 단면상세도를 축척 1/20로 작도하시오.

※ 작도 범위는 A부분 및 B부분 모두 1개 층의 구조, 마감 등이 완전히 포함되어야 한다.

【문제 3】 S_1 슬라브부분의 배근도를 축척 1/30으로 작도하시오.

1. 철근콘크리트 배근 규정을 준수한다.
2. 배근평면도와 단면도가 작도 되어야 한다.
   ■ 배근설계
   - 단변단부   D10, D13 교대 @150mm
   - 단변중앙부 D10 @150mm
   - 장변단부   D10, D13 교대 @200mm
   - 장변중앙부 D10 @200mm

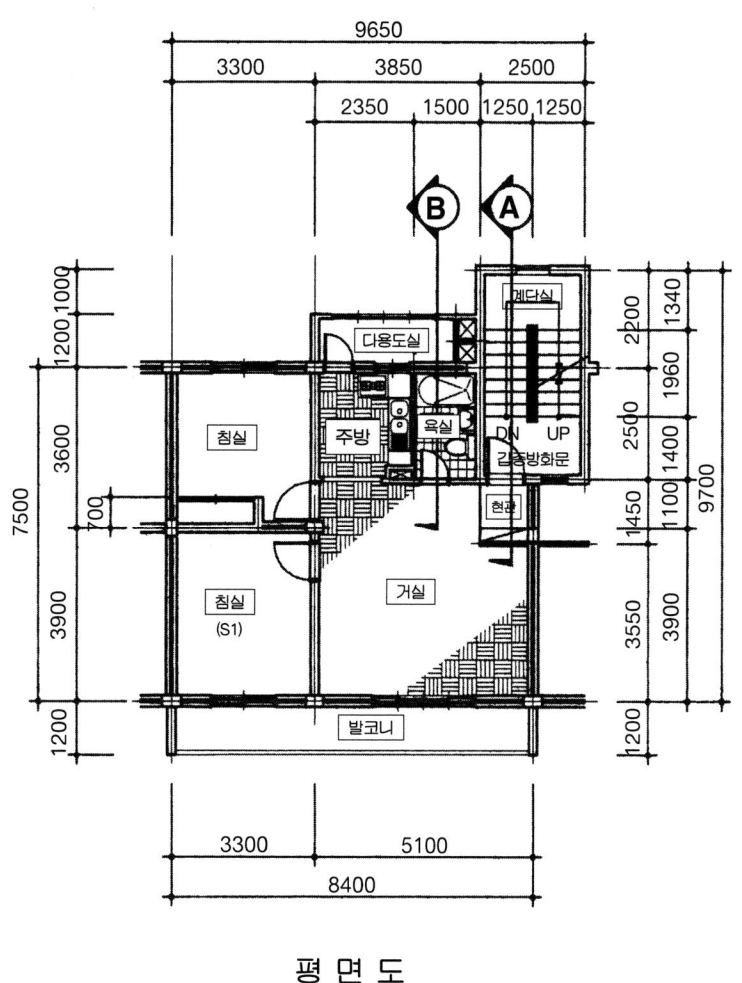

평 면 도

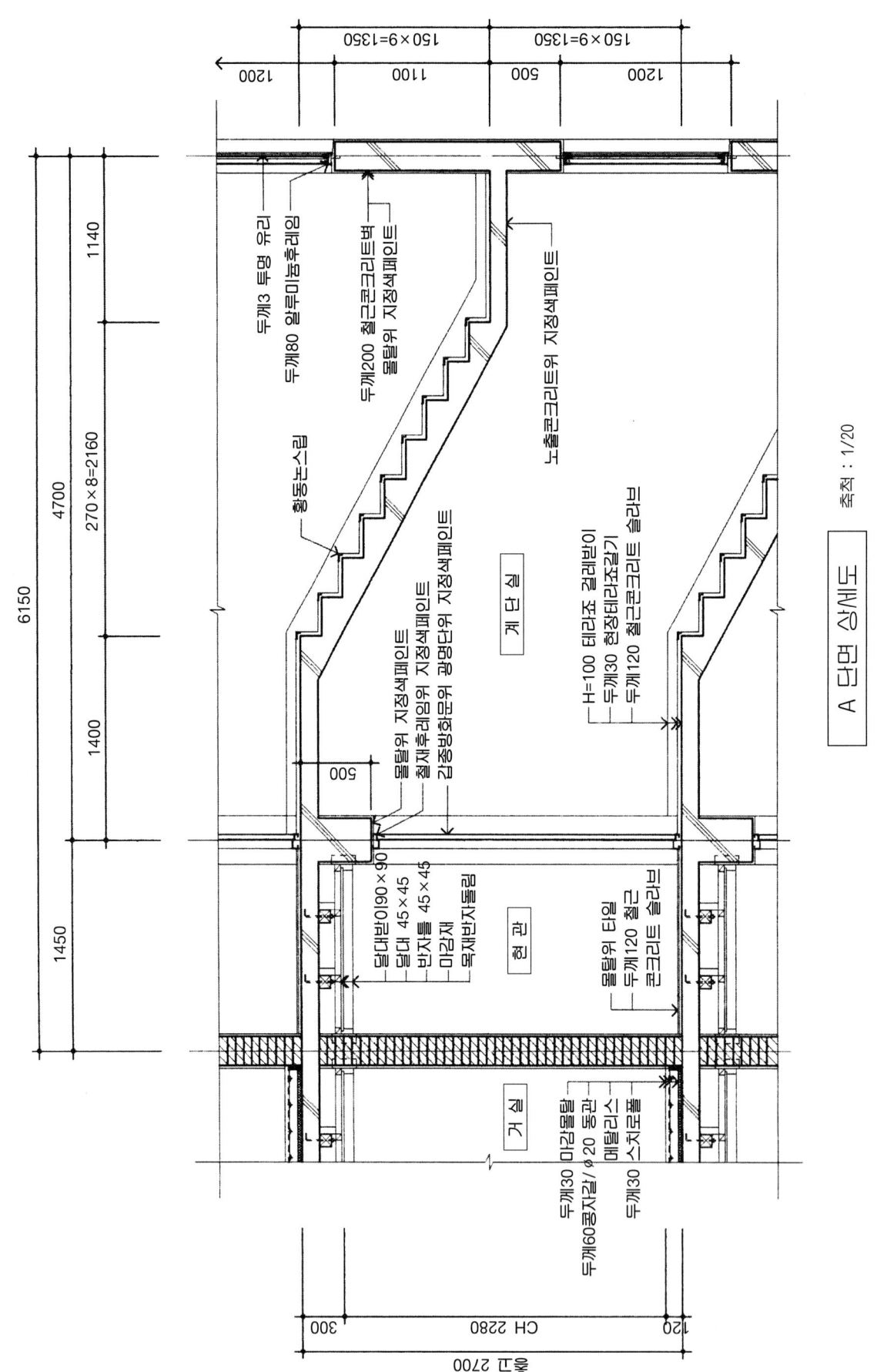

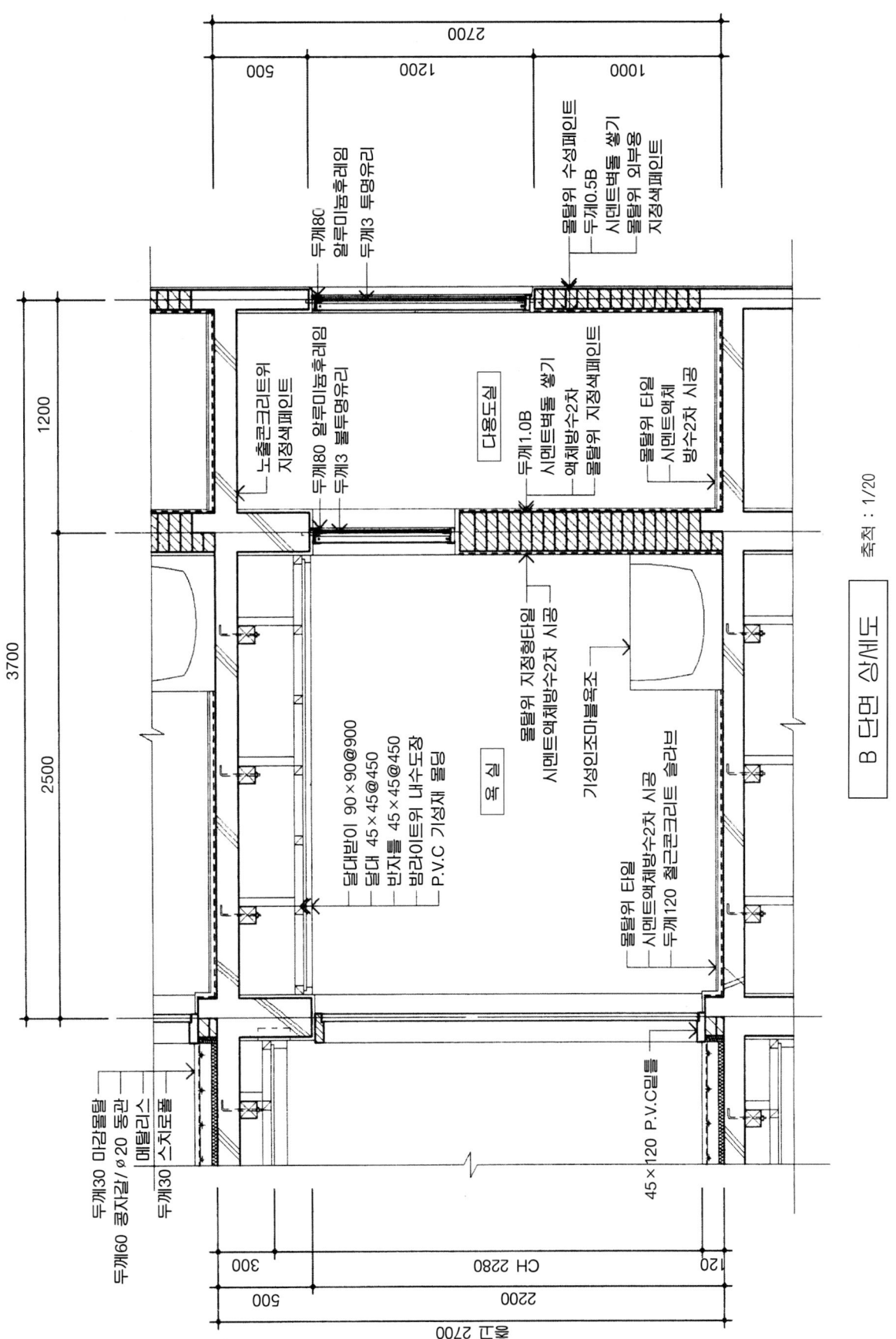

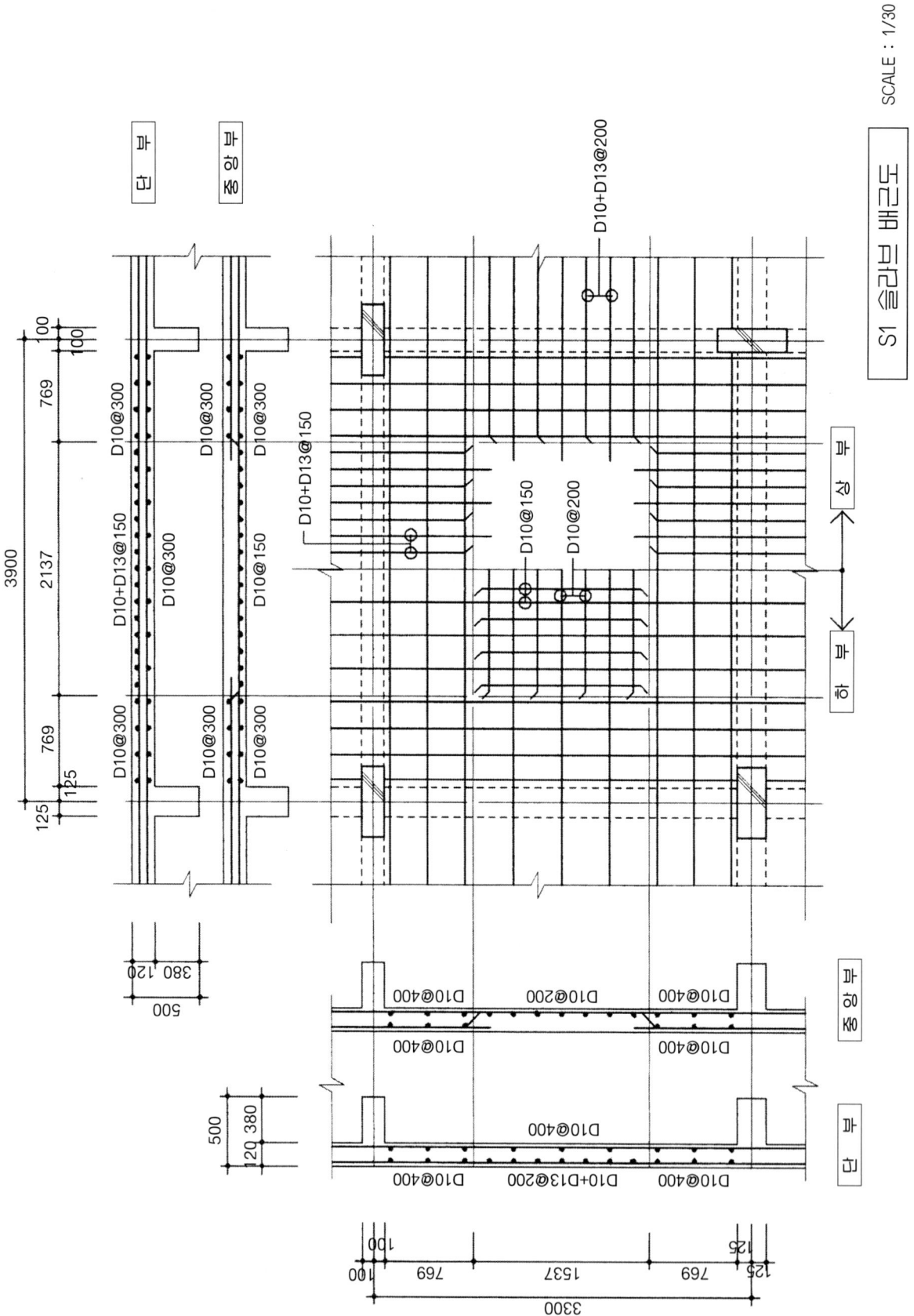

실습과제 9

〈요구사항〉
지급된 트레이싱지에 주어진 도면을 보고 아래와 같은 조건에 따라 다음 도면을 작도 하시오.

〈조 건〉
- 층수 및 구조 : 지하1층, 지상 5층의 철근콘크리트 라멘조
- 층고 : 2.7m
- 바닥마감
  - 거실 및 식당, 부엌-플로어링 널깔기   - 침실 : 장판지 바름
- 난방
  - 거실-방열기(라디에터)설치   - 침실 : 온수온돌
- 기타 주어지지 않은 조건은 일반적인 시공수준으로 하되 각종 규정, 건축구조에 알맞도록 한다.

【문제 1】A부분의 단면상세도를 축척 1/30로 작도하시오.

1. 작도 범위는 한개층이 완전히 표현되도록 한다.

【문제 2】B부분 단면상세도를 축척 1/30로 작도 하시오.

1. 작도 범위는 한개층이 완전히 표현되도록 한다.

【문제 3】S_1, S_2(거실 및 발코니)부분의 슬라브 배근도를 축척 1/30로 작도하시오.

1. 철근콘크리트 배근규정을 준수한다.
2. 배근평면도와 단면도가 작도되어야 한다.
   - 배근설계 • S_1 부분 - 단변단부   D10, D13 교대 @180mm
              단변중앙부 D10 @180mm
              장변단부   D10, D13 교대 @250mm
              장변중앙부 D10 @250mm
     • S_2 부분 - 장변단부   D10, D13 교대 @180mm
              단변장부   D10 @250mm

【문제 4】$(\frac{2}{WW})$ 및 $(\frac{2}{AW})$부분 침실과 발코니 사이의 창호도(창호표)를 축척 1/50로 작도하시오.

1. 창호도에 표기되어야 할 일체의 내용이 명시되어야 한다.

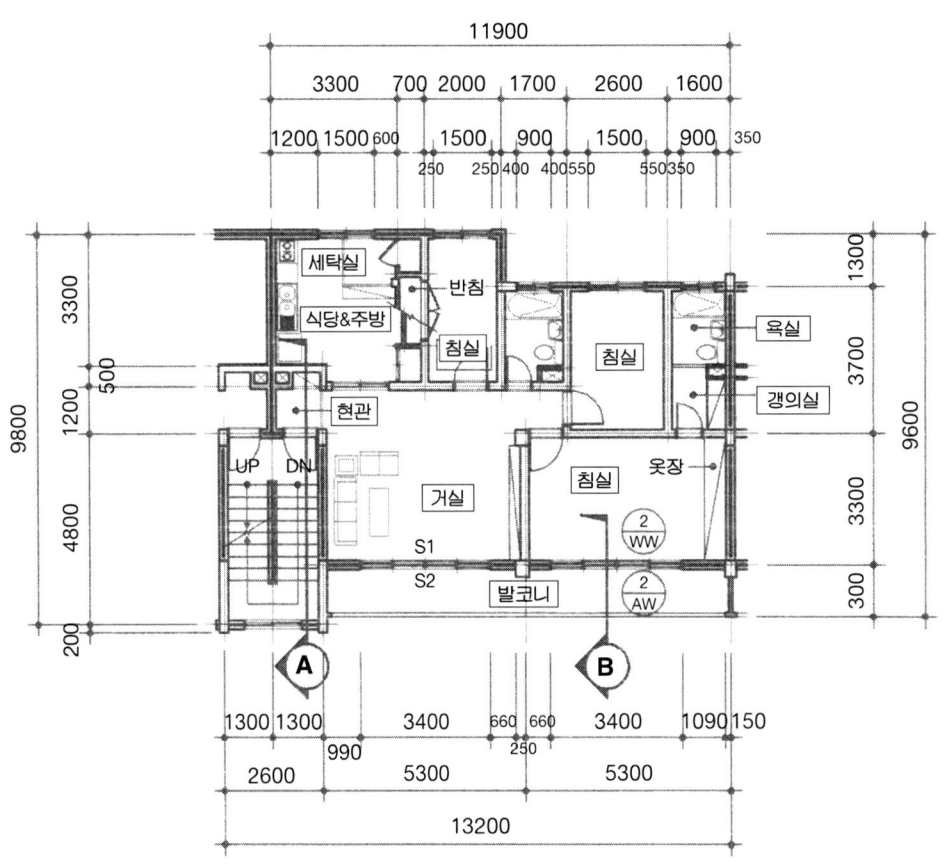

기준층 평면도

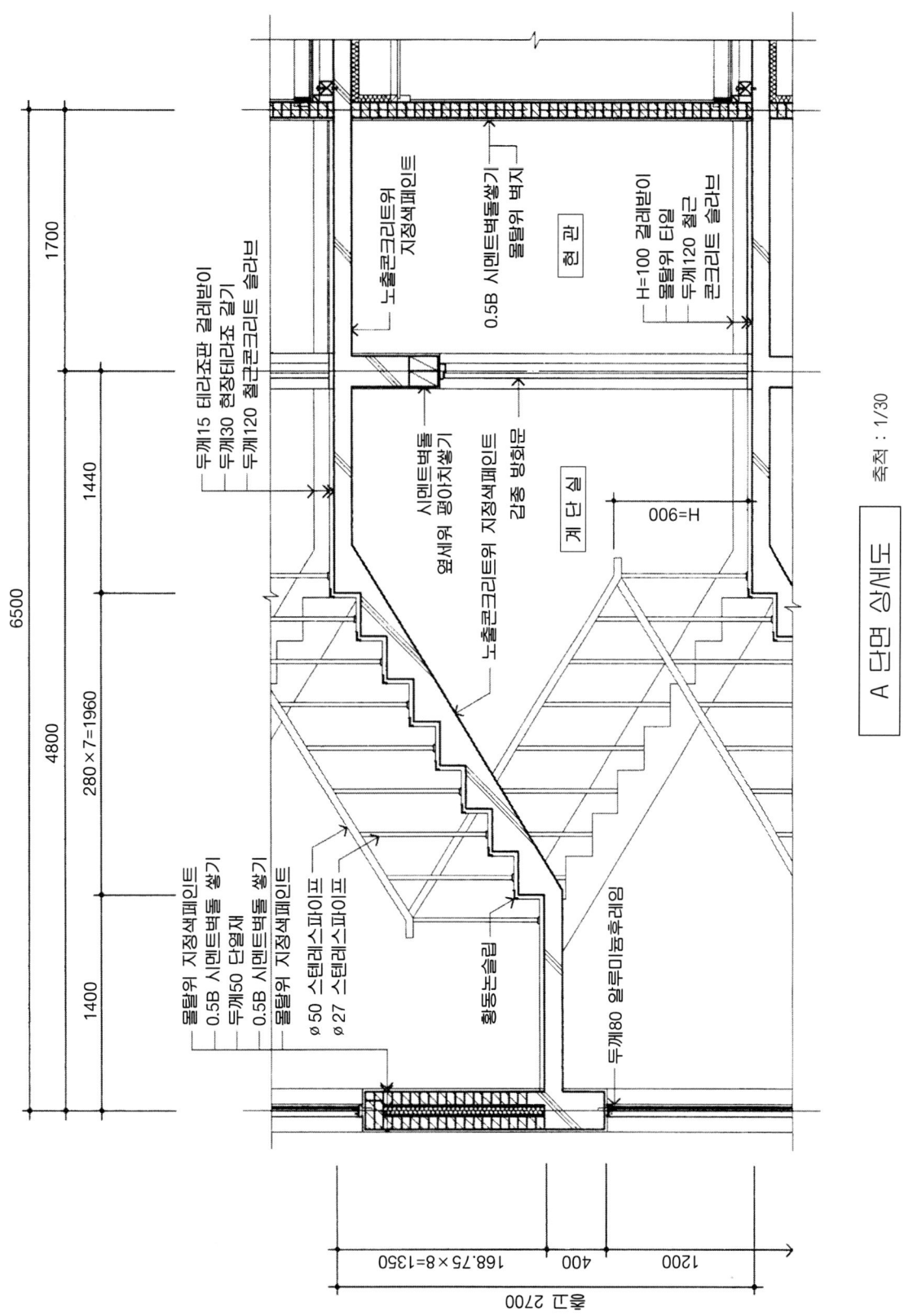

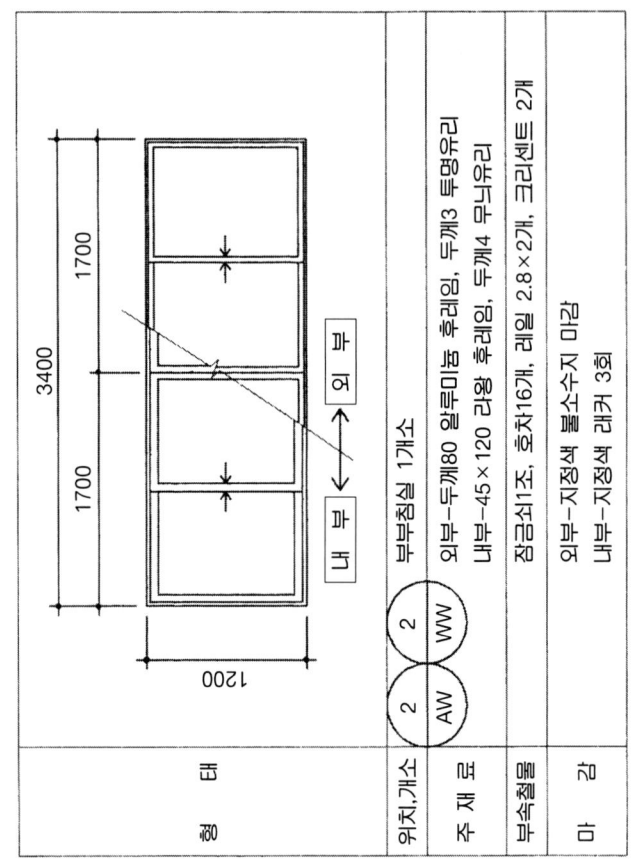

창 호 도 축척: 1/50

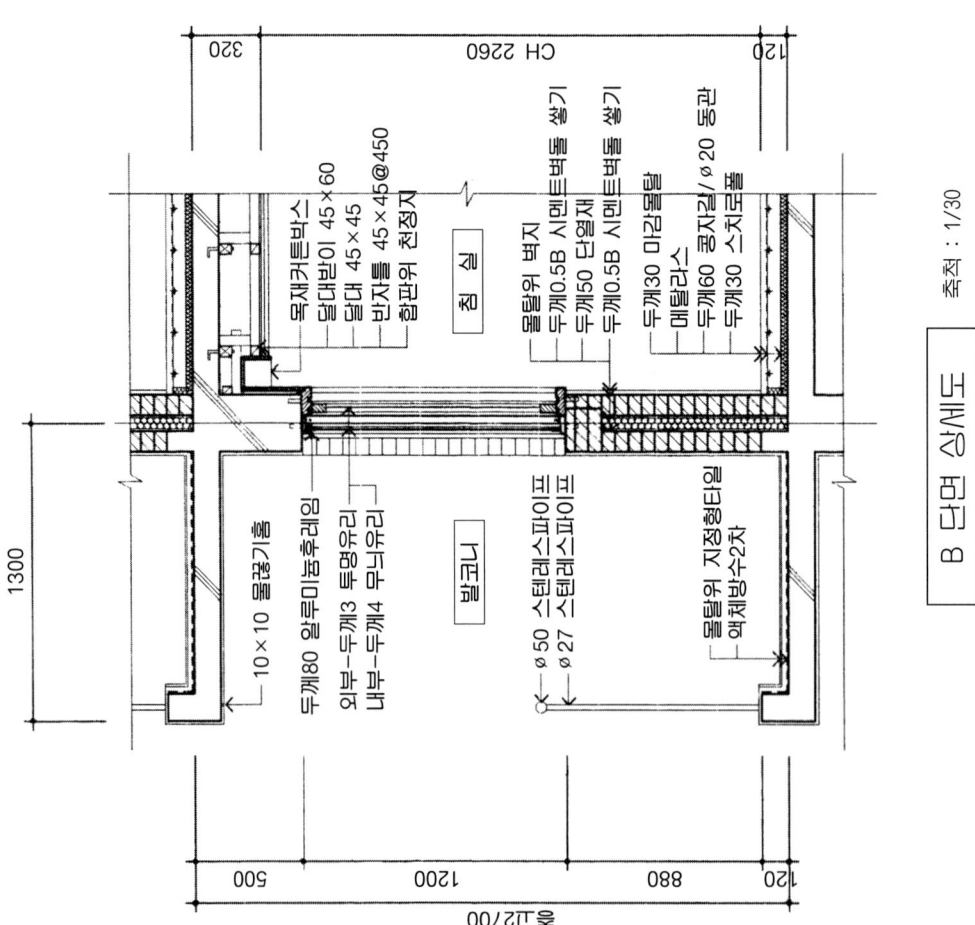

B 단면 상세도 축척: 1/30

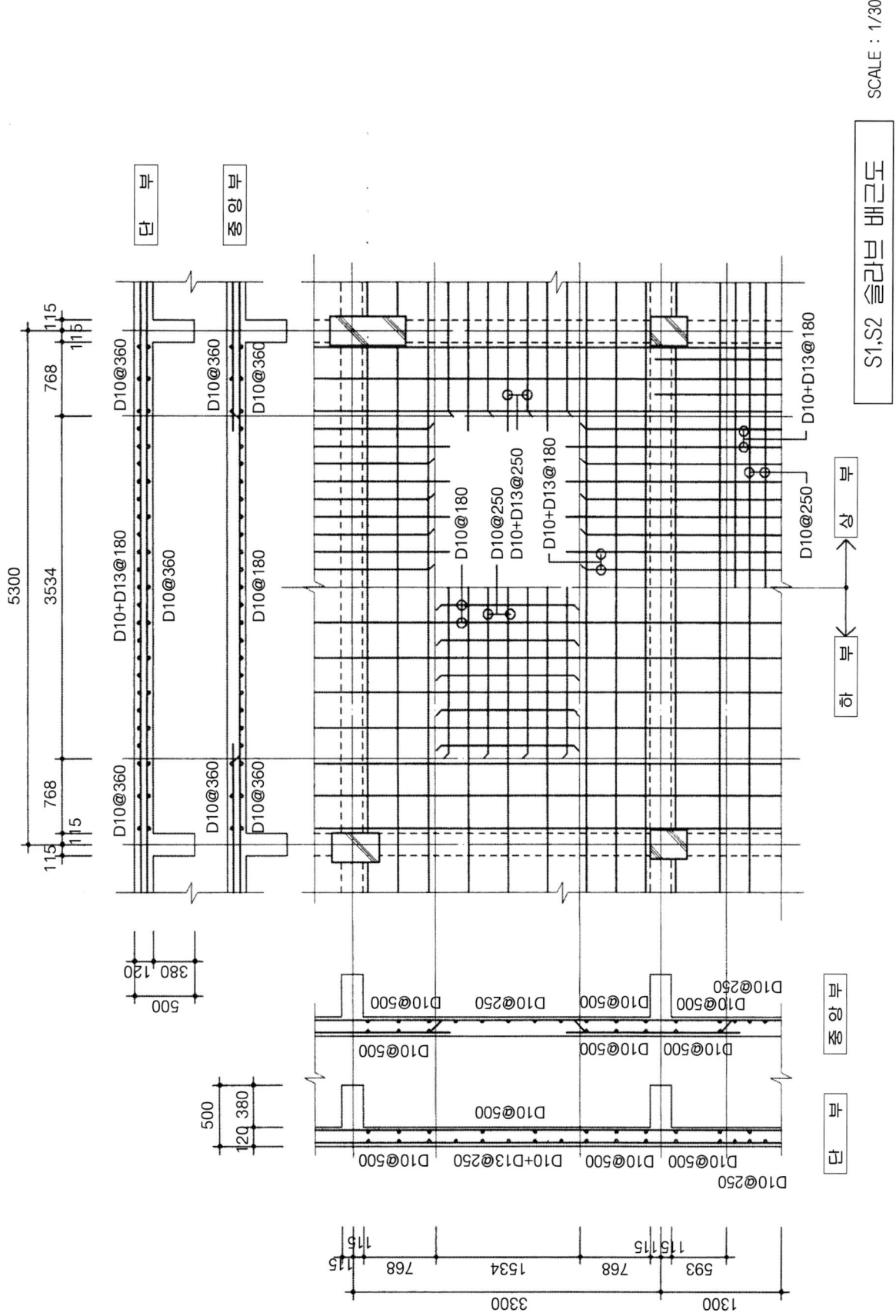

실습과제 10

⟨요구사항⟩
지급된 트레이싱지에 주어진 도면을 보고 아래와 같은 조건에 따라 다음 도면을 작도하시오.

⟨조 건⟩
- 층수 및 구조 : 지하1층, 지상5층의 철근콘크리트 라멘조
- 층고 : 2.6m
- 벽체구조 및 두께
  - 외   벽 : 시멘트 벽돌조 2중벽
  - 간막이벽 : 벽체의 위치에 따라 0.5B 또는 1.0B의 시멘트 벽돌조로 한다.
- 침실 및 거실난방 : 온수온돌 난방으로 한다.
- 실내의 마감재료 : 각 실의 기능에 맞게 선정한다.
- 기타 주어지지 않은 조건은 일반적인 구조 및 시공수준으로 한다.

【문제 1】 A부분 단면상세도를 축척 1/20로 작도하시오.

1. 작도 범위는 1개 층의 구조 및 마감 등이 완전히 표현되도록 한다.

【문제 2】 철근콘크리트 라멘조를 축척 1/20로 작도하시오.

1. X_1 기준선상의 라멘조를 작도한다.
2. 작도 범위는 1개층이 완전히 표현되도록 한다.
3. 기둥과 보의 단면 배근상태도 함께 작도한다.
4. 기둥과 보의 단면 일람표

기 둥		위치 구분	보	
			단 부	중 앙 부
단면치수	250×400	단면치수	250×350	250×350
주 근	10-D19	상 부 근	3-D19	2-D19
대 근	D10@200	하 부 근	2-D19	3-D19
보조대근	D10@300	늑 근	D10 @150	D10@300

【문제 3】 S_1 부분의 슬라브배근도를 축척 1/20로 작도하시오.

1. 철근콘크리트 배근 규정을 준수한다.
2. 배근평면도와 단면도가 작도되어야 한다.
   - ■배근설계
     - 단변단부 D10, D13 교대 @160mm
     - 단변중앙부 D10 @160mm
     - 장변단부 D10, D13 교대 @200mm
     - 장변중앙부 D10 @200mm

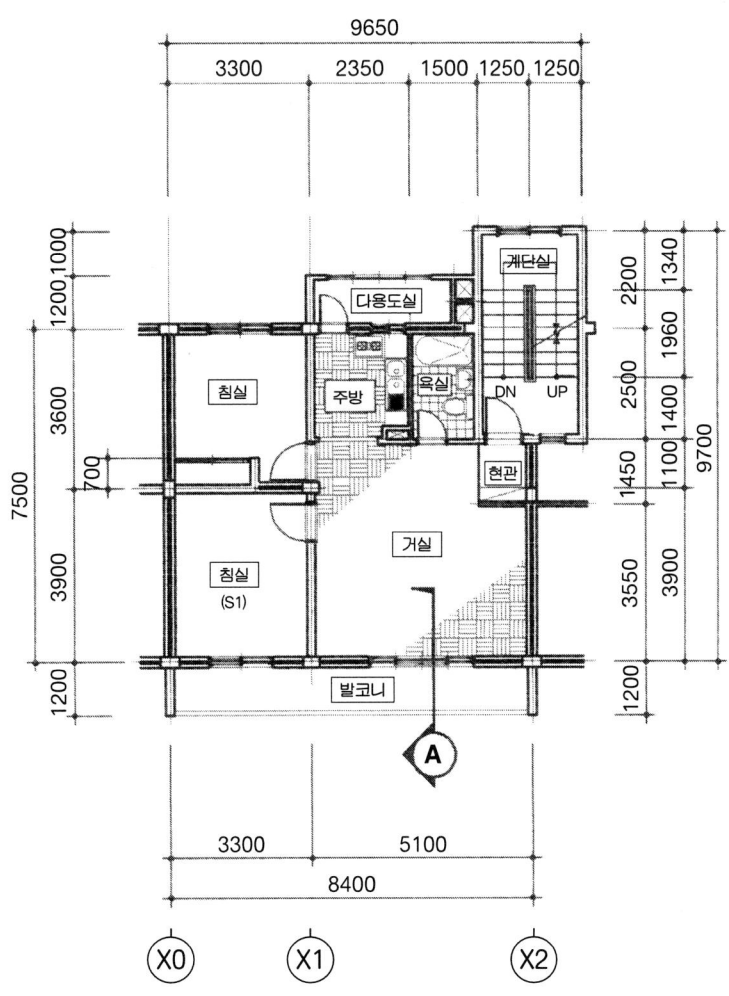

평 면 도

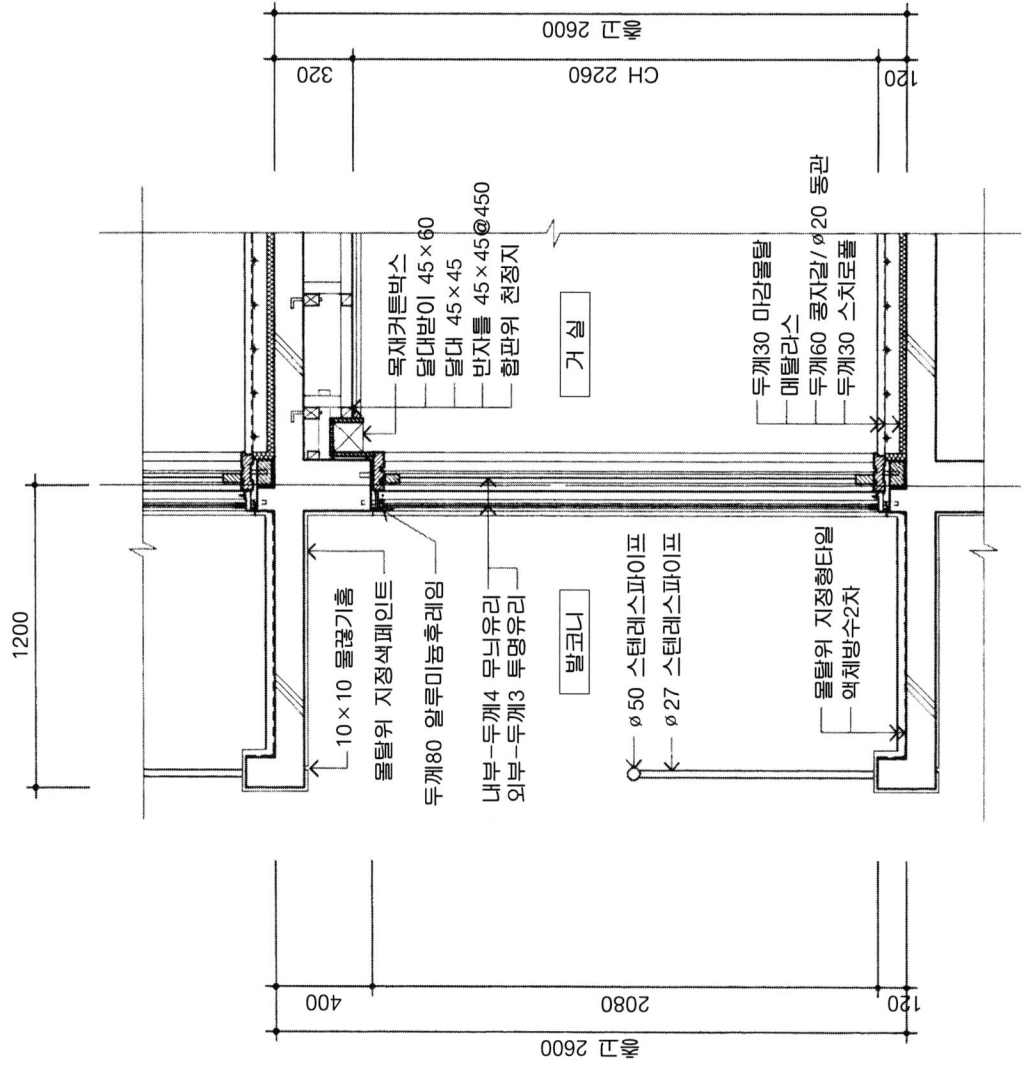

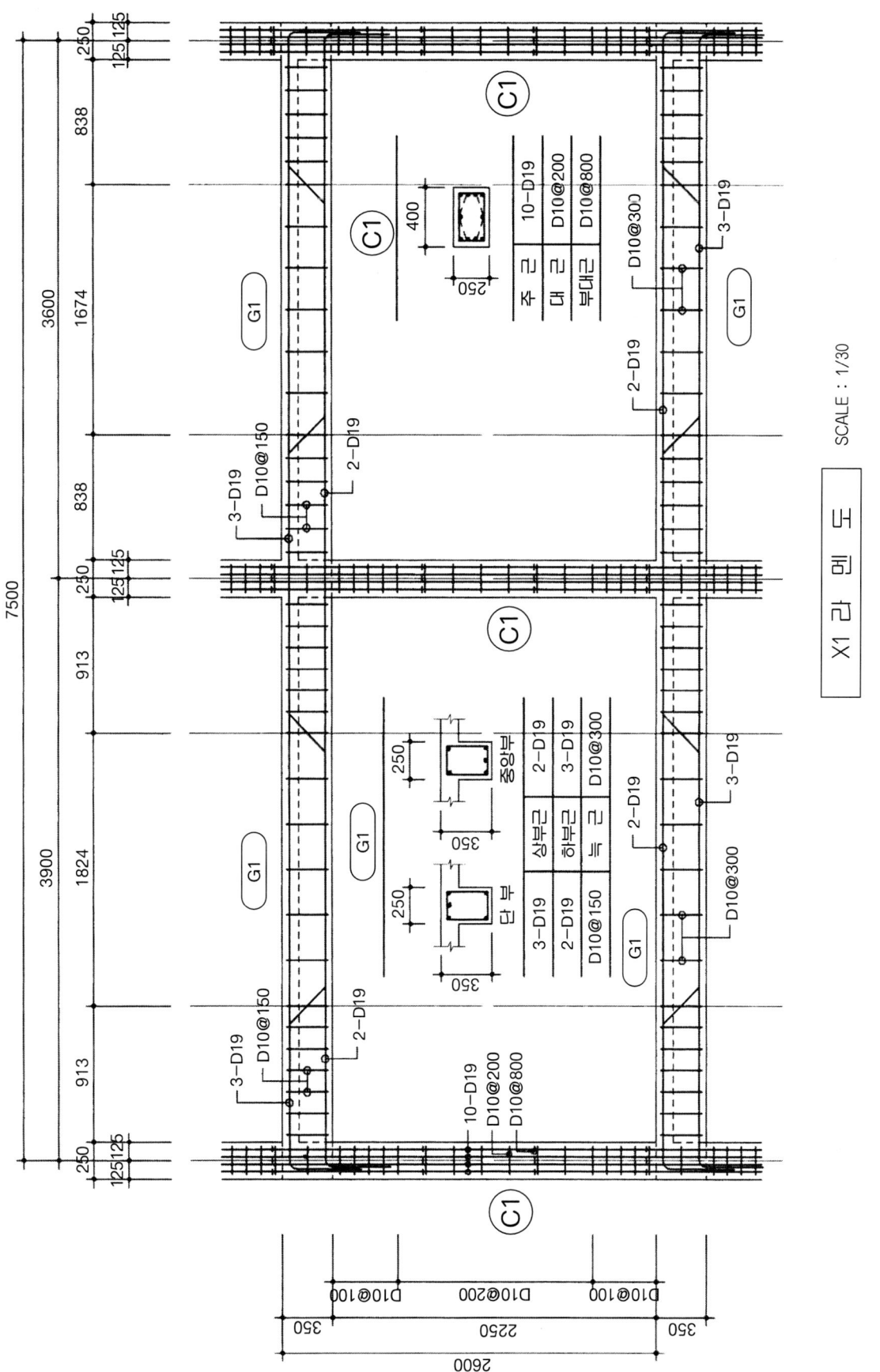

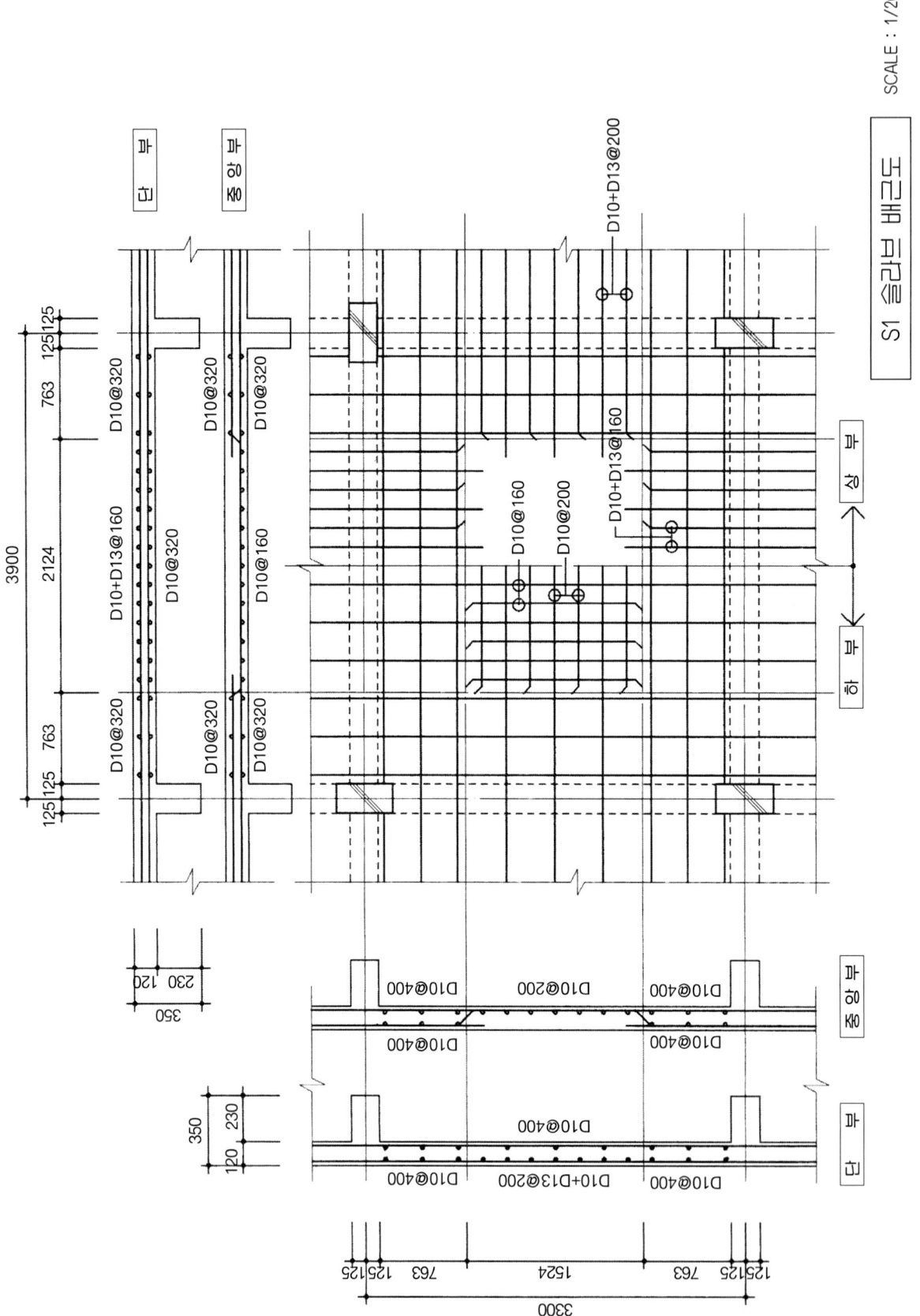

실습과제 11

〈요구사항〉
지급된 트레이싱지에 주어진 도면을 보고 아래와 같은 조건에 따라 다음 도면을 작도 하시오.

〈조 건〉
1. 층수 및 구조 : 지하1층, 지상8층의 철근콘크리트 라멘조
2. 층고 : 3.6m
3. 벽체구조
  - 외   벽 : 시멘트 벽돌조 2중벽으로 하되 외부는 자기질타일(내부는 실의 용도에 맞게 한다)
  - 간막이벽 : 시멘트 벽돌조로 하고 마감은 실의 용적에 맞게 한다.
4. 바닥, 천정 : 실의 용도에 맞게 마감하되 천정은 경량철골 반자틀 구조에 석고보드로 반자를 설치한다.
5. 창호 : 알루미늄 샷시에 복층유리를 사용하는 고정창으로 하되 하부분은 개폐할 수 있도록 한다.

【문제 1】 A-A′ 주단면 상세도를 축척 1/30로 작도하시오.

1. 작도 범위는 1개층이 완전히 표현되도록 한다.

【문제 2】 B-B′ 계단부분 단면상세도를 축척 1/30로 작도하시오.

1. 작도 범위는 1개층이 완전히 표현되도록 한다.
2. 계단 형식은 경사슬랩식 계단(2변지지)으로 한다.
3. 난간높이, 난간의 간살간격, 단나비, 단높이 등 각부 치수가 상세히 표기되어야 한다.

【문제 3】 S_1 슬라브(도면 중 파선부분)의 배근도를 축척 1/30로 작도하시오.

1. 철근콘크리트 배근규정을 준수한다.
2. 배근평면도와 단면도가 작도되어야 한다.
   ■배근설계
   • 단변단부   D10, D13 교대 @150mm
   • 단변중앙부 D10 @150mm
   • 장변단부   D10, D13 교대 @200mm
   • 장변중앙부 D10 @200

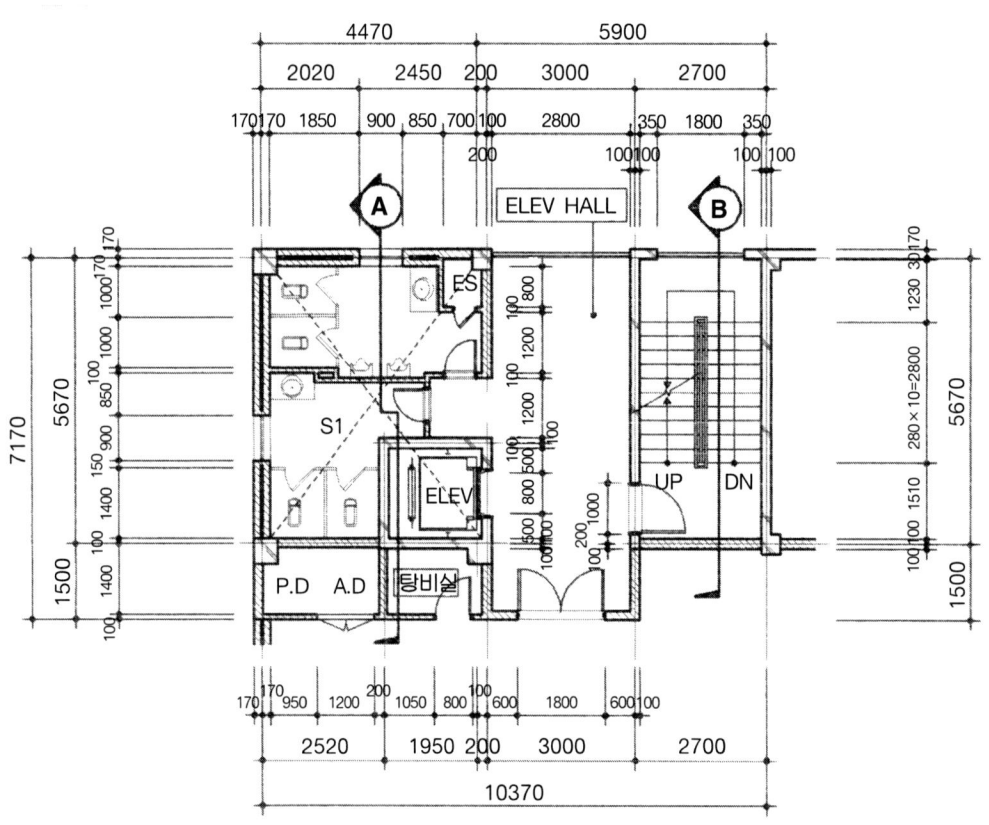

기준층 코아 평면 상세도

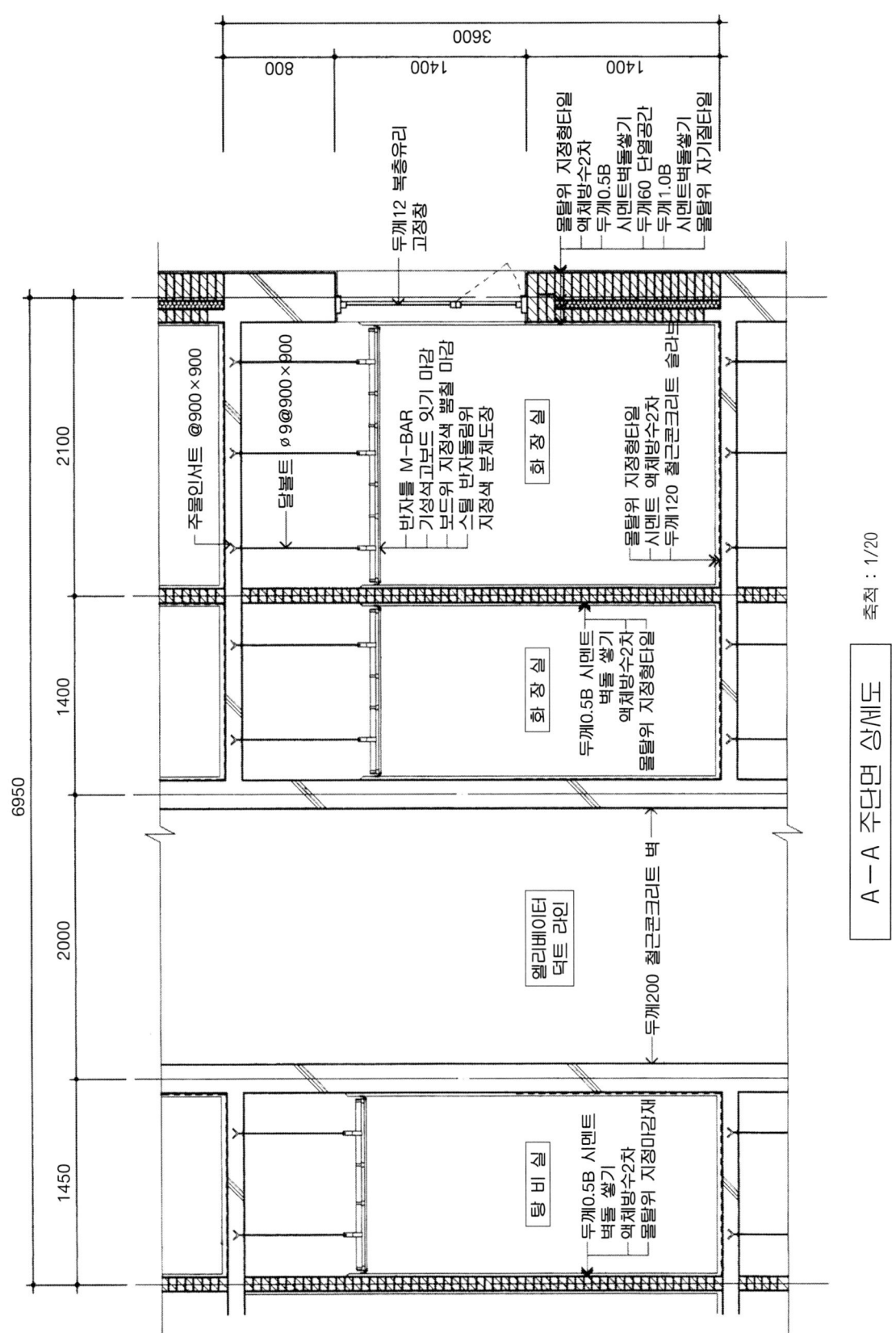

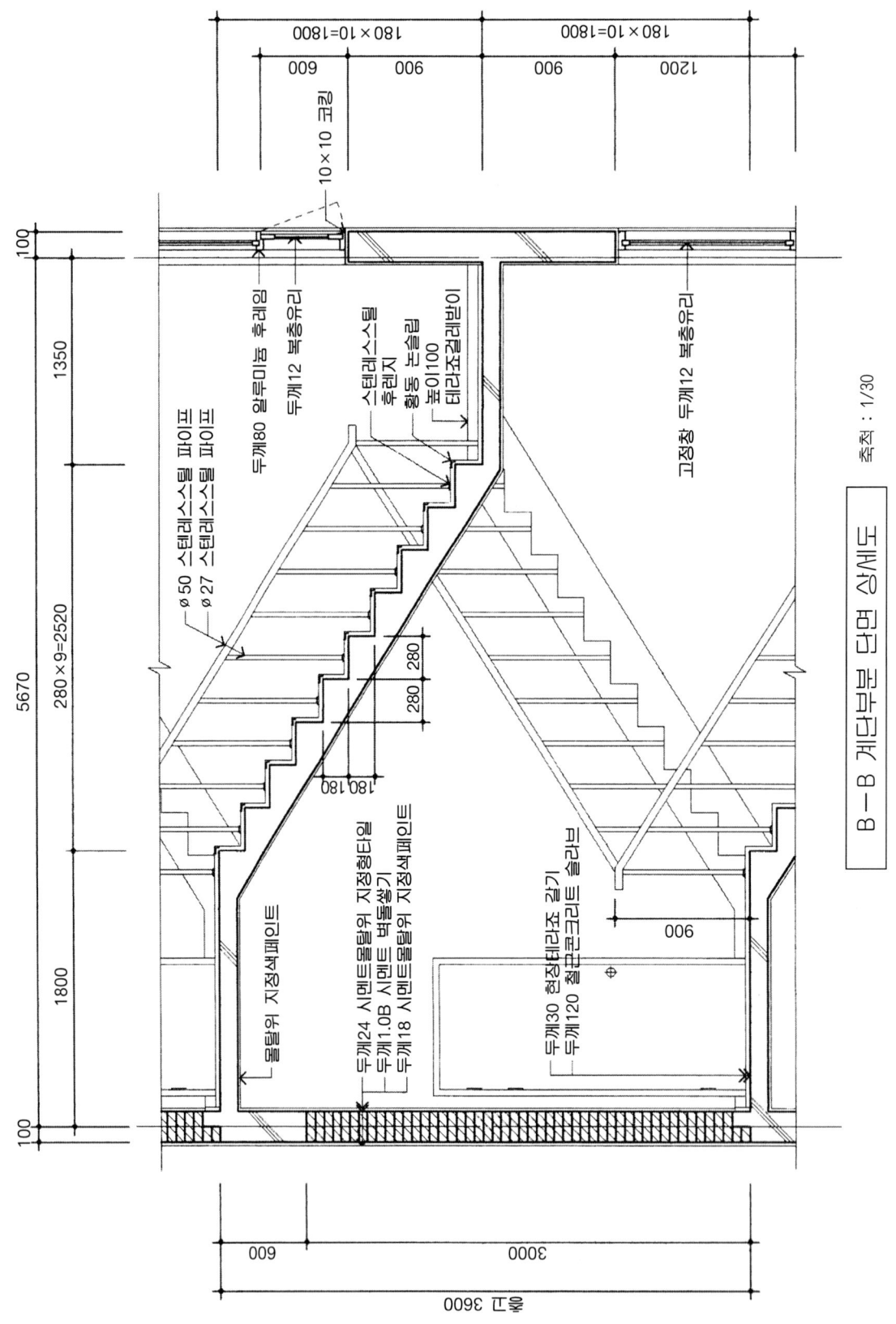

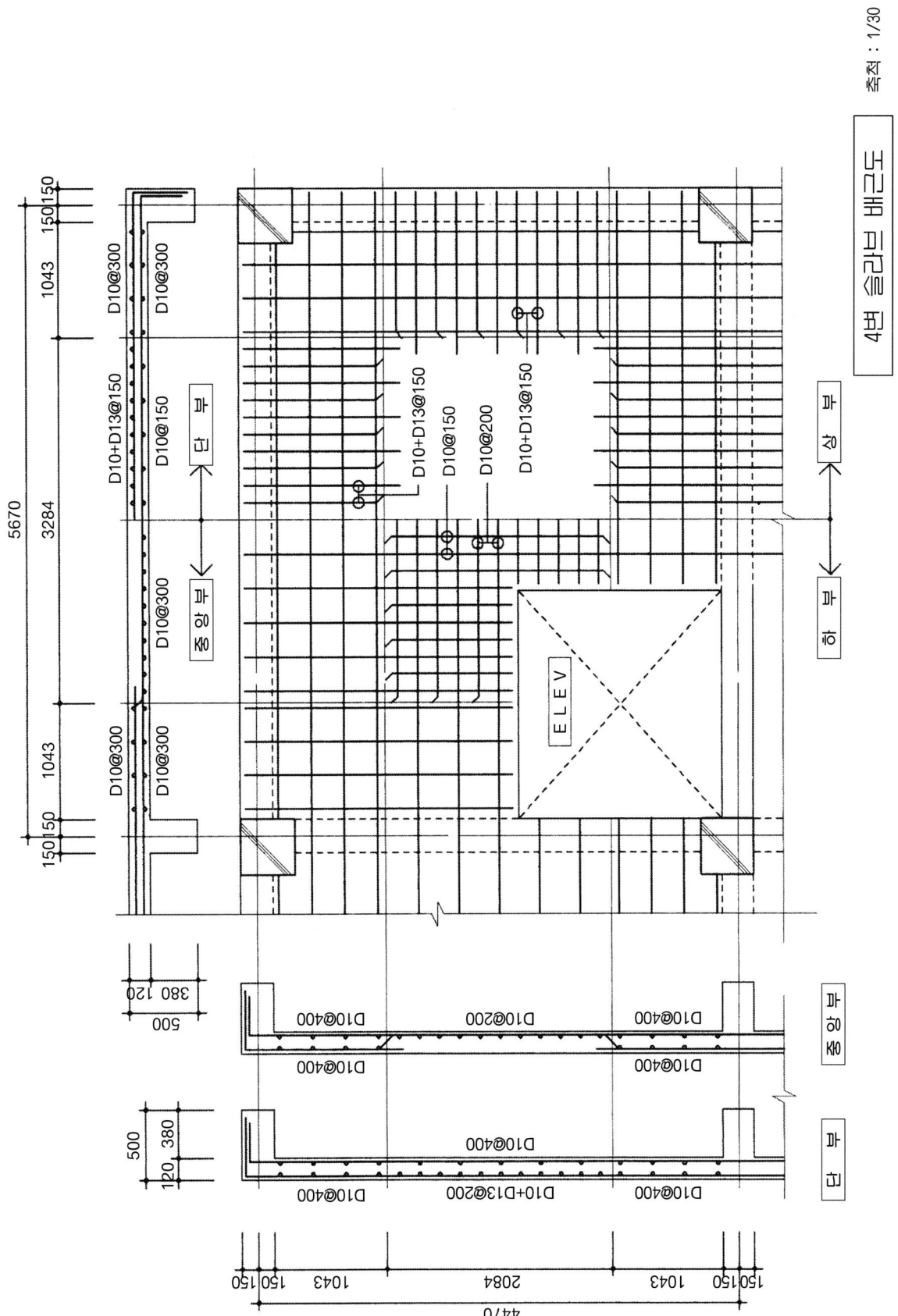

4변 피난층 배근도

축척 : 1/30

실습과제 12

〈요구사항〉
지급된 트레이싱지에 주어진 도면을 보고 아래와 같은 조건에 따라 다음 도면을 작도 하시오.

〈조 건〉
- 층수 및 구조 : 지하1층, 지상5층의 철근콘크리트 라멘조
- 층고 : 2.8m
- 벽체구조
  외벽 - 시멘트 벽돌조 2중벽(0.5B+50mm+0.5B)   내벽(간막이벽) - 0.5B 시멘트 벽돌벽체
- 실내난방
  거실 - 방열기(라지에터)설치, 침실-온수온돌
- 마감
  거실 및 식당, 부엌 - 플로어링 널깔기   침실 - 장판지 바름
- 기타 주어지지 않은 사항은 일반적인 시공수준으로 하되, 각종 규정, 건축구조에 알맞도록 한다.

【문제 1】 B-B′ 주단면 상세도를 축척 1/30로 작도하시오.

1. 작도 범위는 1개층이 완전히 표현되도록 한다.

【문제 2】 A-A′ 부분의 라아멘 배근도를 축척 1/30로 작도하시오.

1. 작도 범위는 기준층 1개층이 완전히 표현되도록 한다.
2. 기둥과 보의 단면 배근상태가 작도되어야 한다.

	기 둥		보(상·하층)	
	C_1	C_2		
단면치수	350×450	230×800	단면치수	230×500
주 근	10-D19	10-D19	인 장 근	4-D19
대 근	D10@300	D19@300	압 축 근	2-D19
보조대근	D10@600	D10@600	늑근(중앙부)	D10@250

【문제 3】 S_1 슬라브의 배근도를 축척 1/30로 작도하시오.

1. 철근콘크리트 배근규정을 준수한다.
2. 배근평면도와 단면도가 작도되어야 한다.
   ■ 배근설계
   - 단변단부   D13 @180mm
   - 단변중앙부 D10, D13 @180mm
   - 장변단부   D10, D13 @200mm
   - 장변중앙부 D10 @200mm

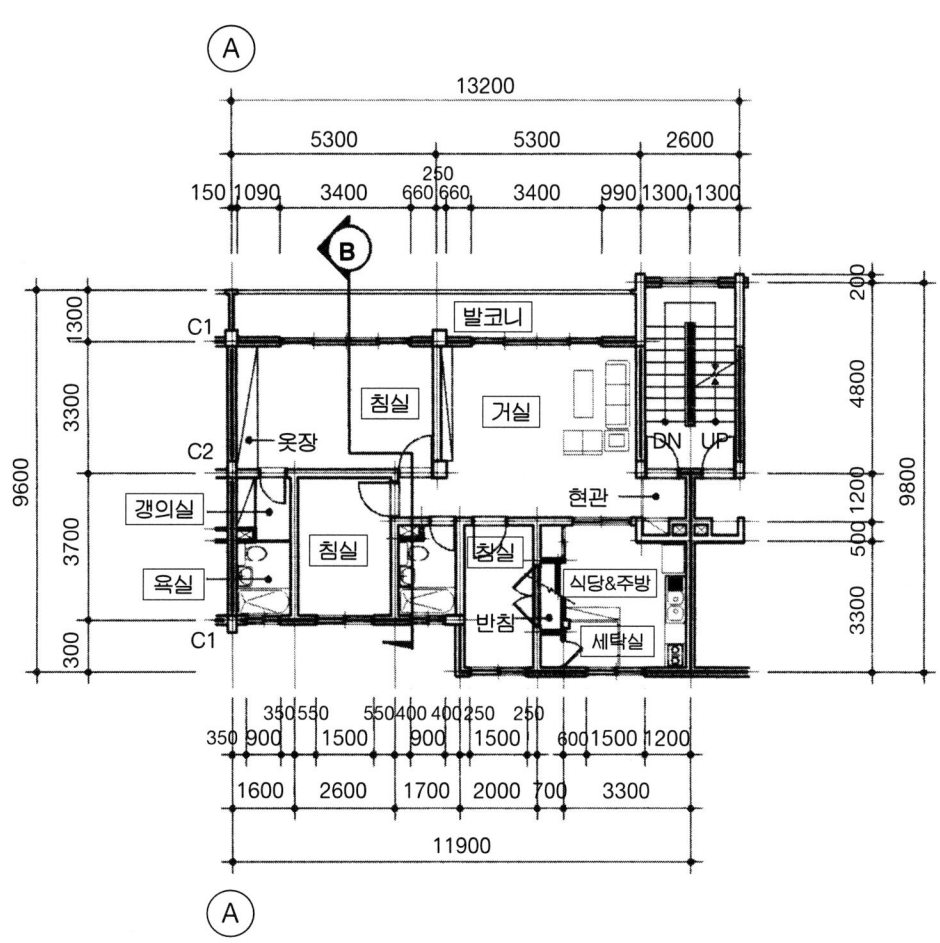

기준층 평면도

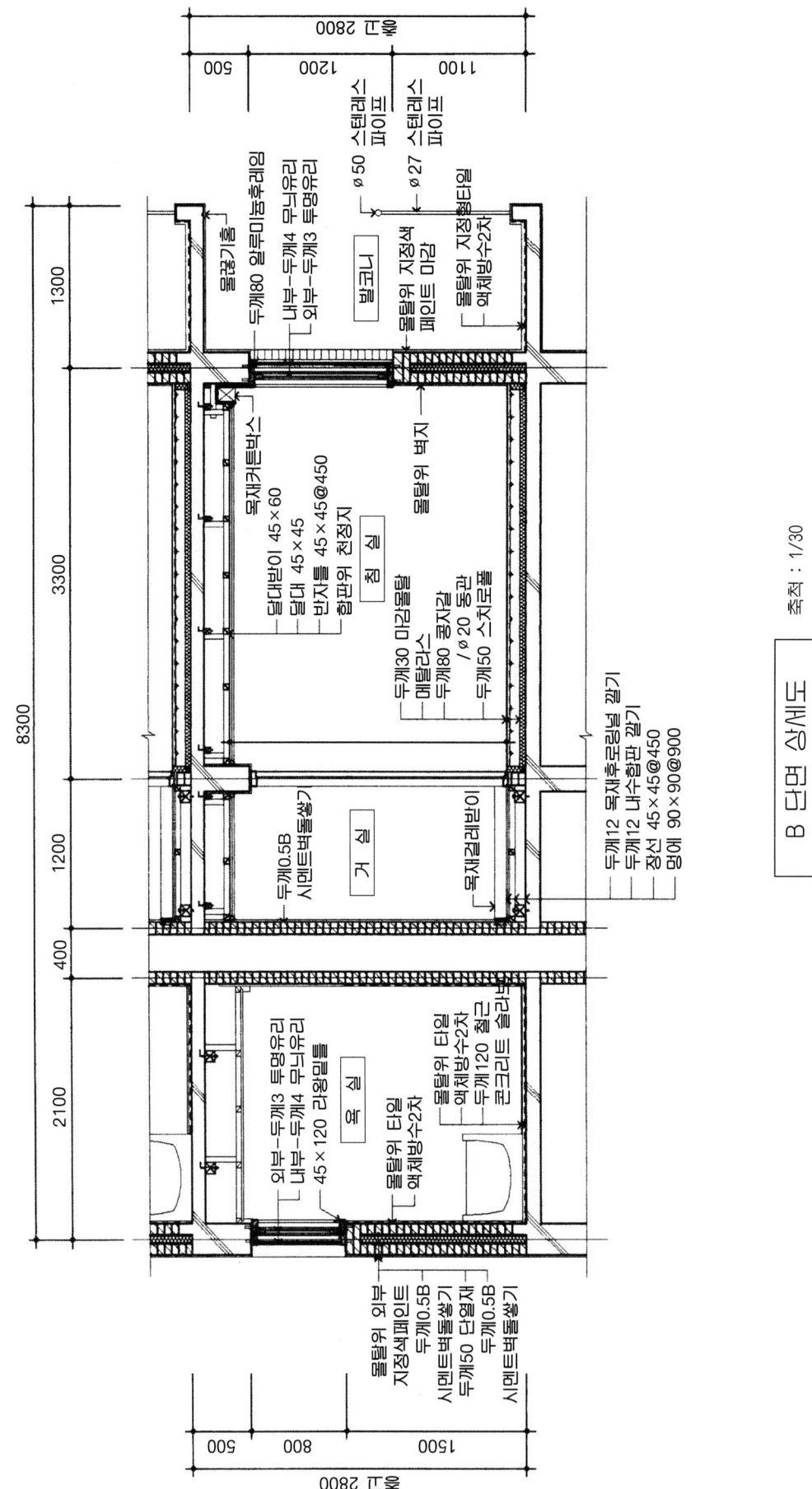

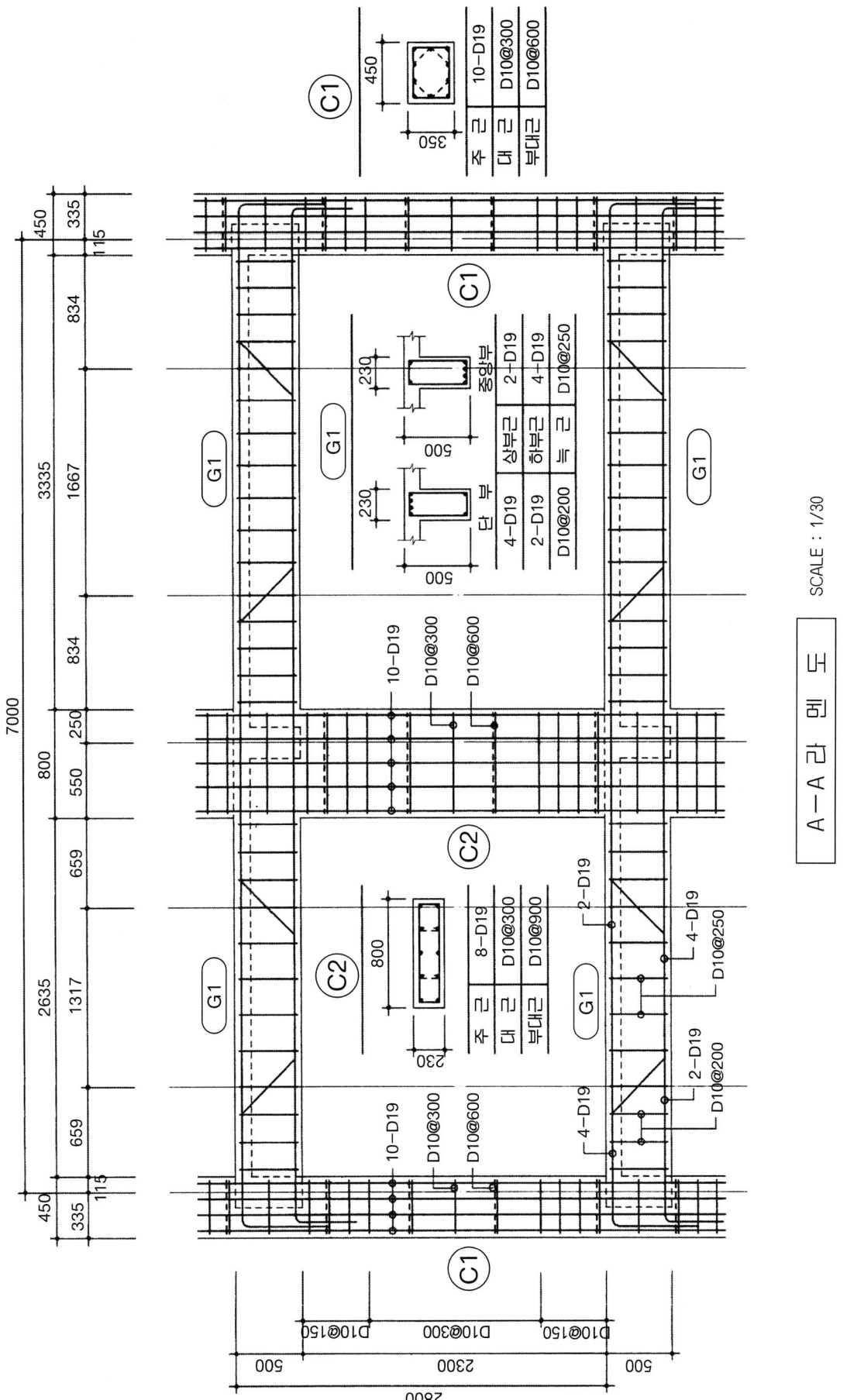

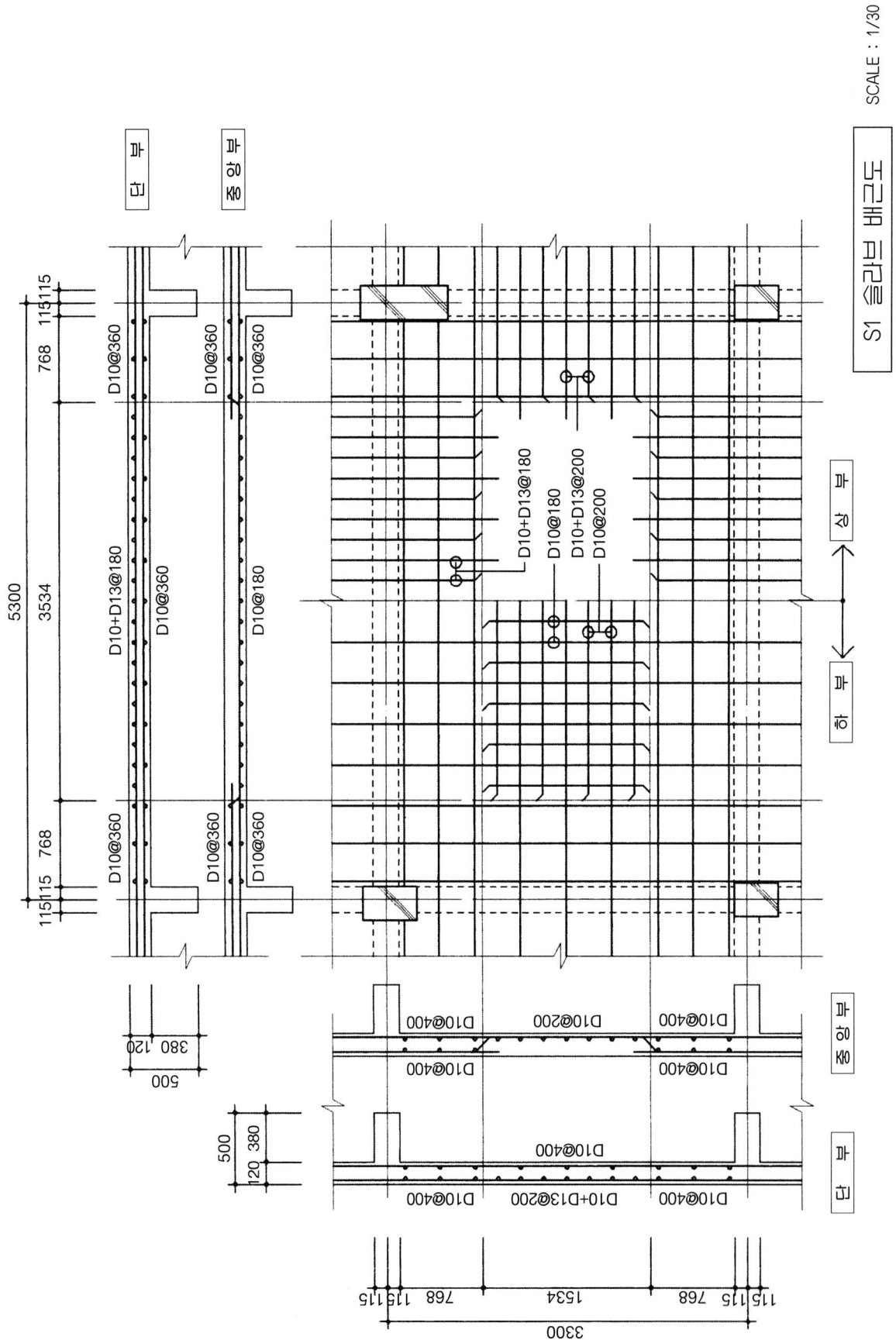

8장

실시설계 예

주택 실시설계의 예를 실었다.

1장   건축제도의 기초

2장   상세도

3장   철근배근법

4장   철골조(트러스) 일반사항

5장   상세설계 예

6장   Freehand drawing 연습

7장   건축도면 실습

8장   실시설계 예

[1] 주택설계 Ⅰ

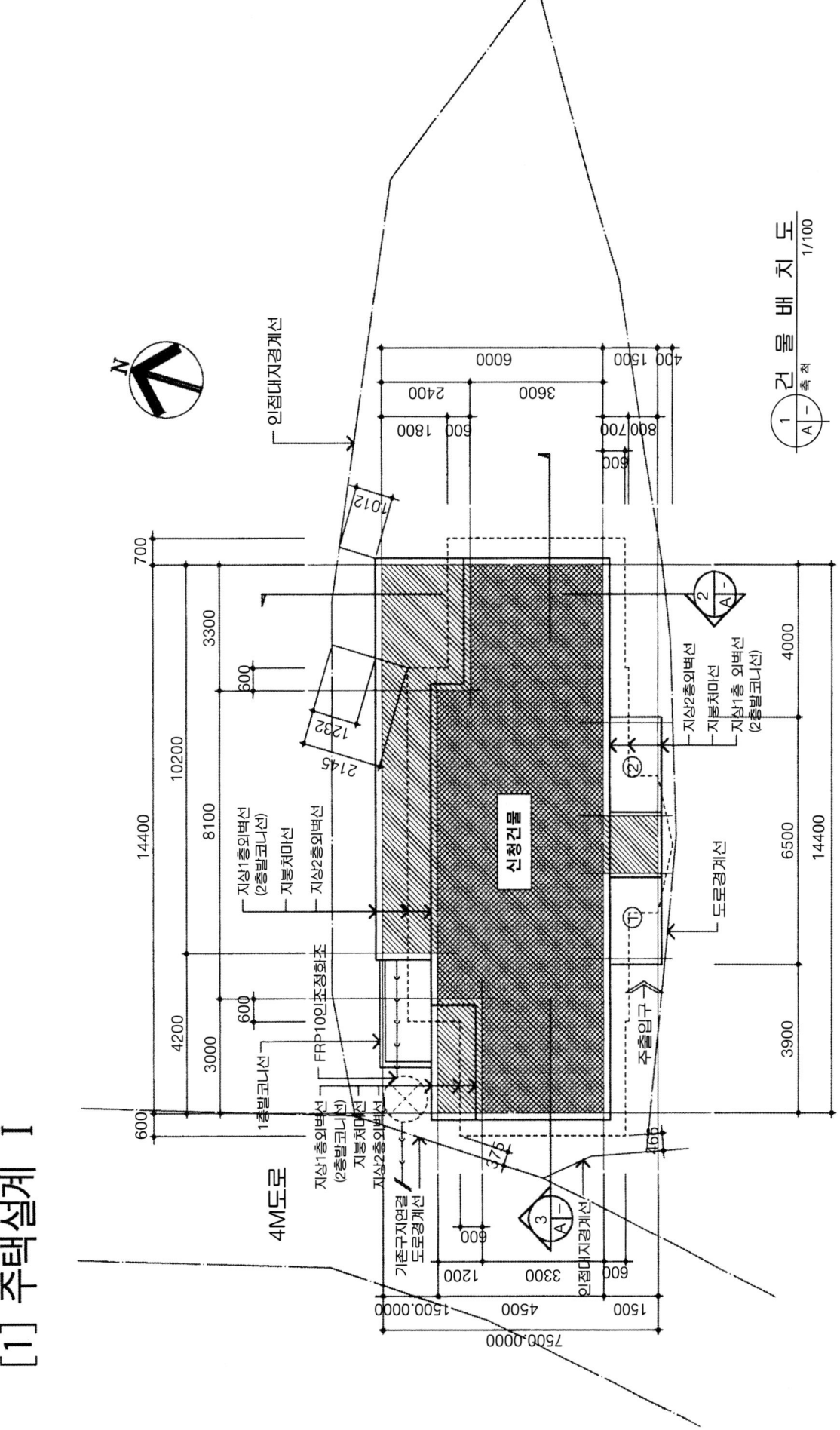

건 물 배 치 도 1/100

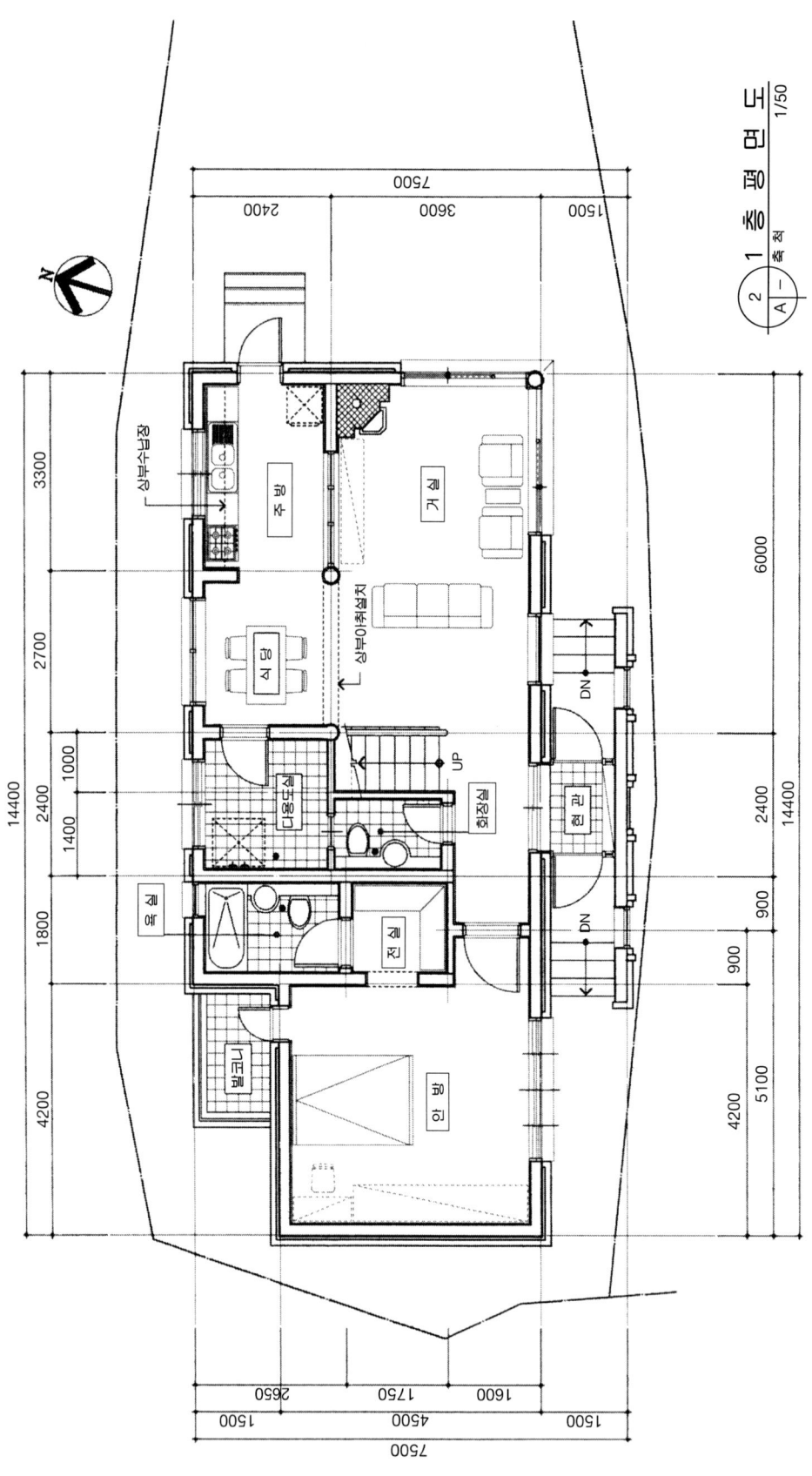

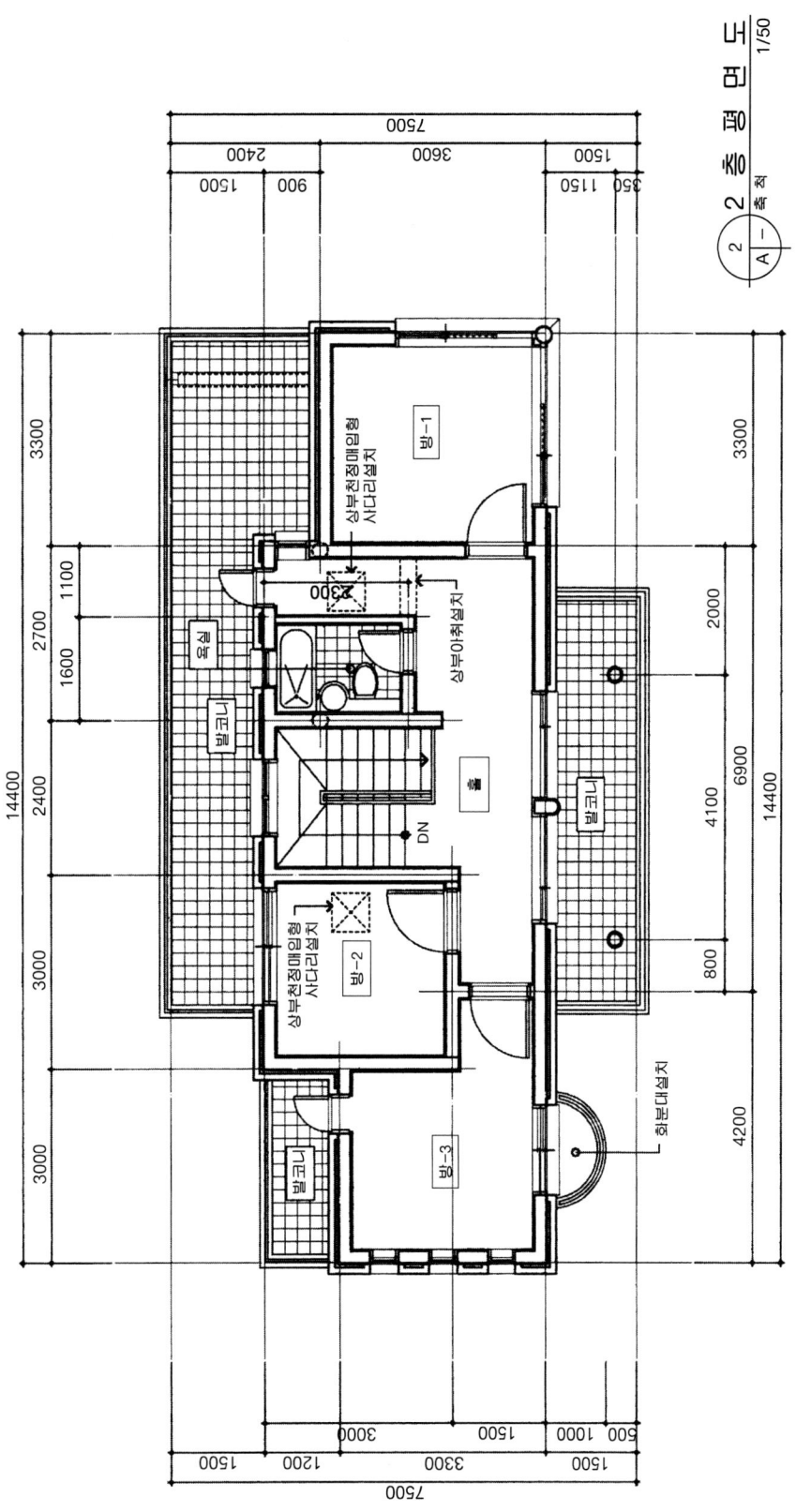

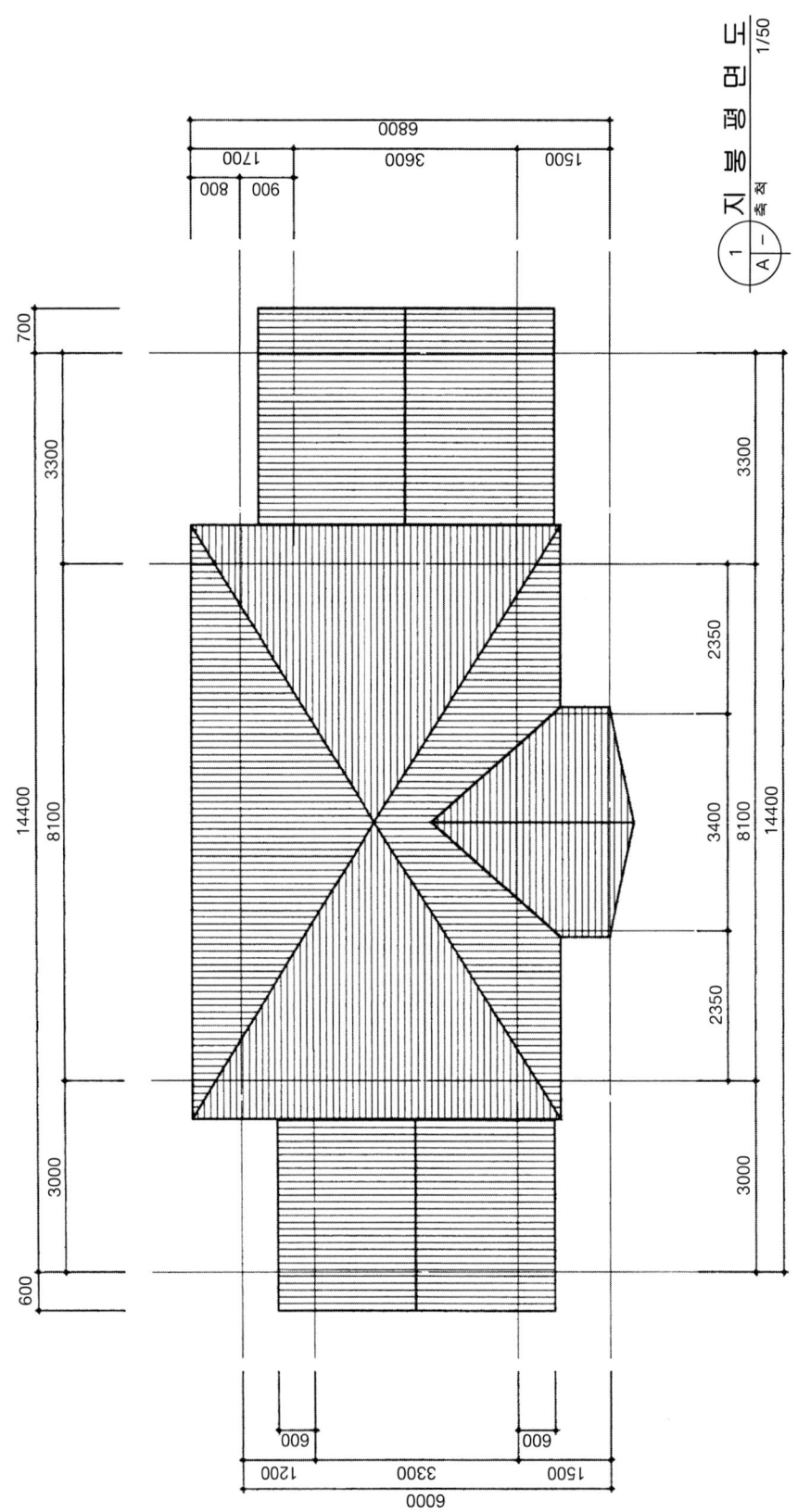

지붕평면도 1/50

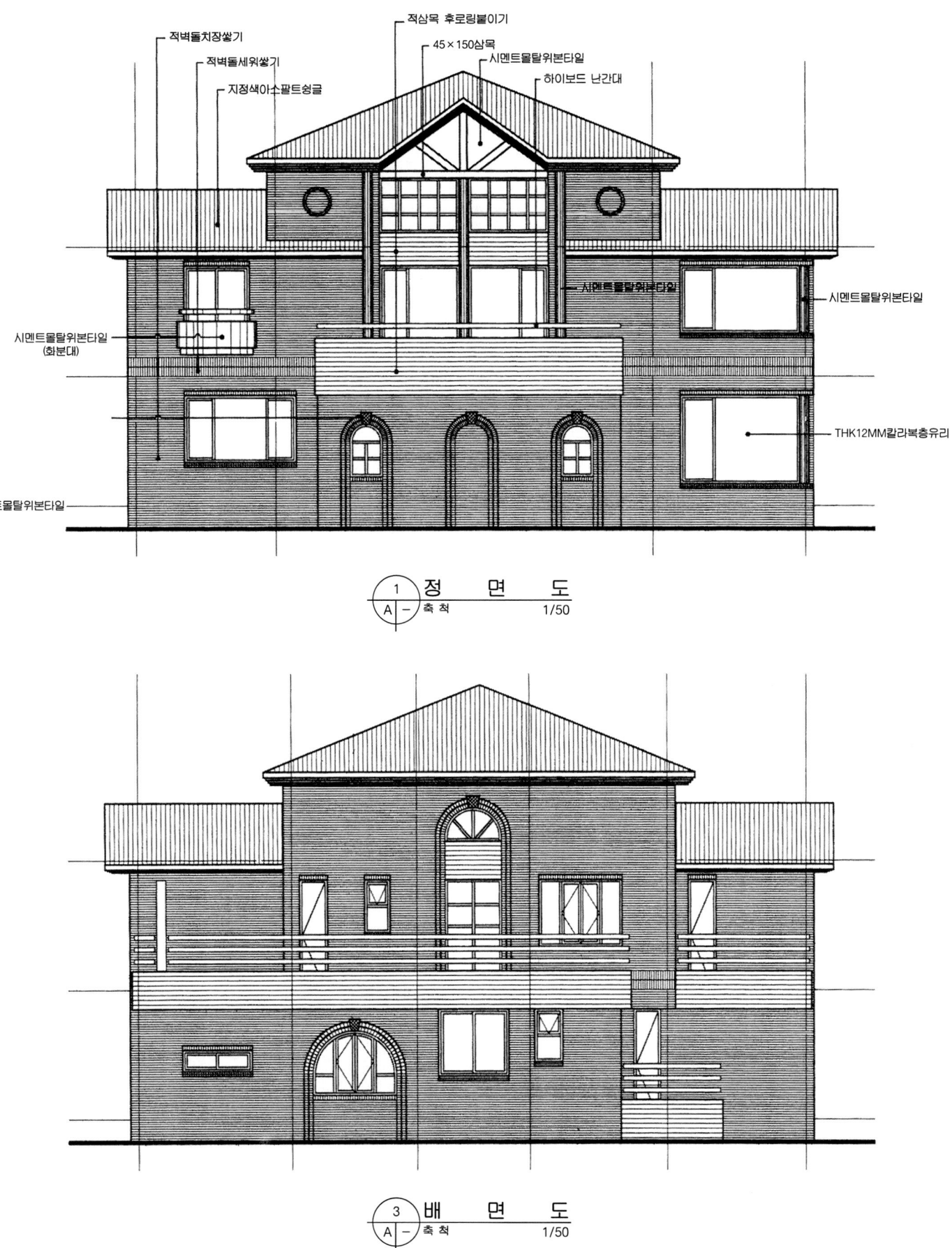

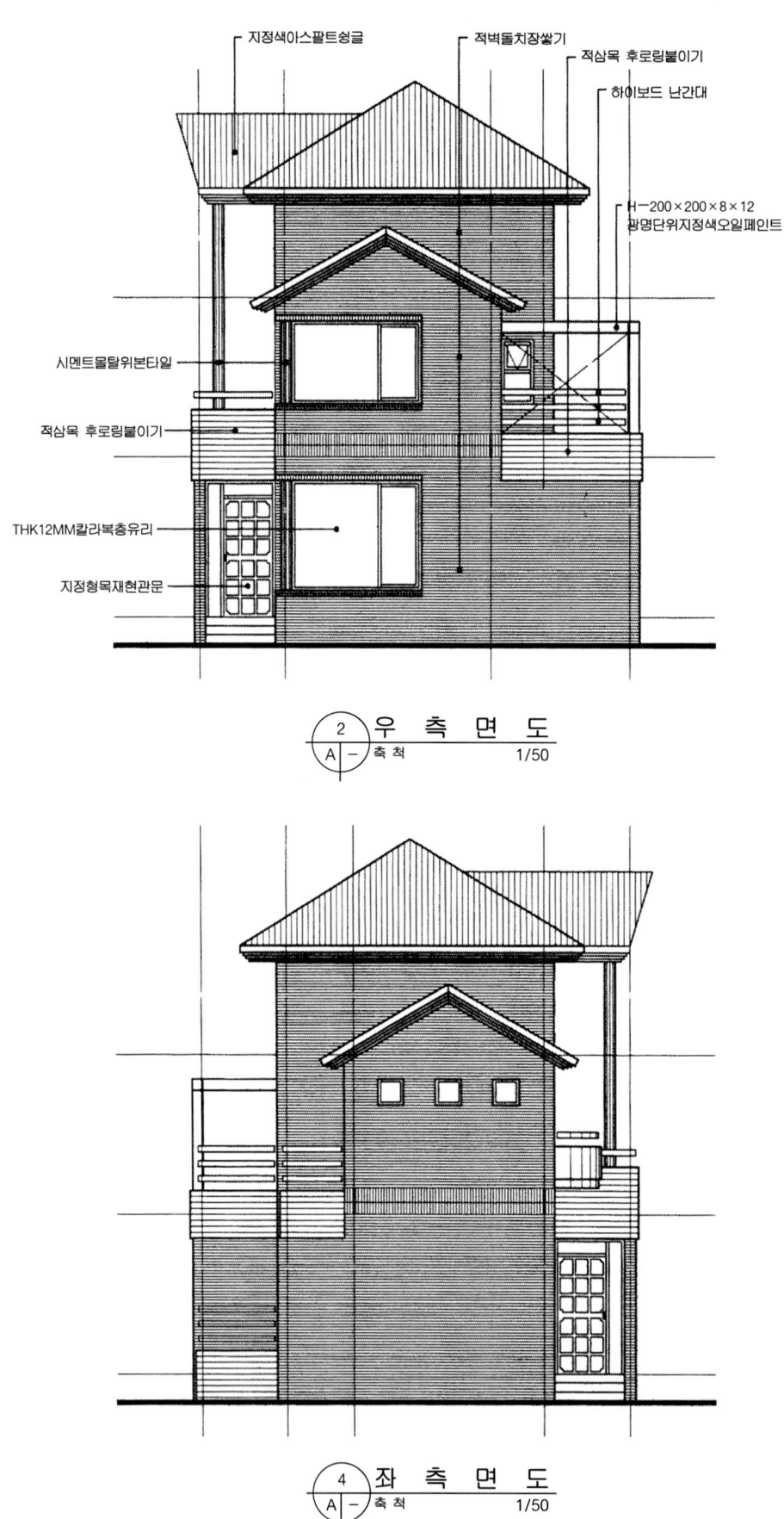

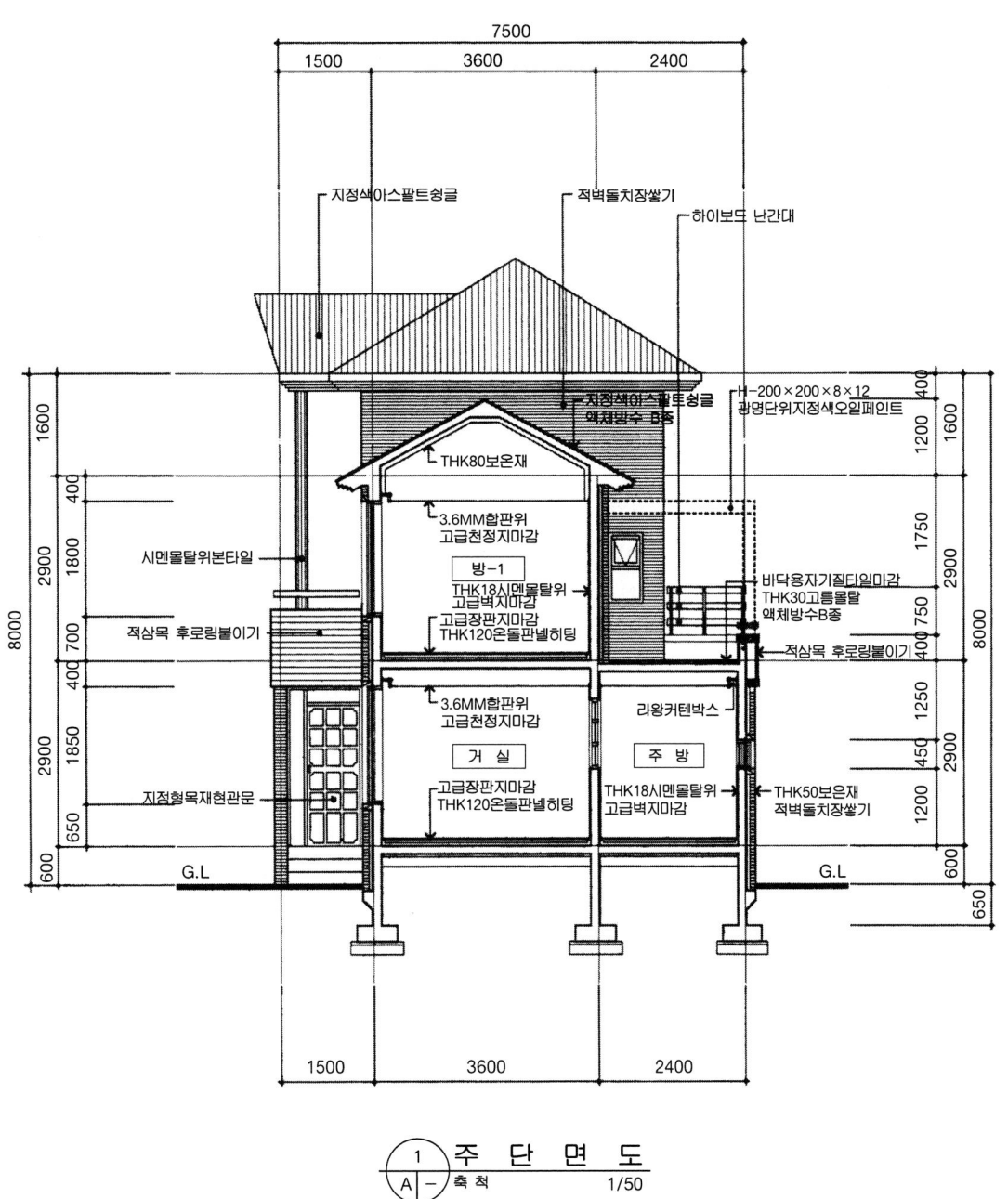

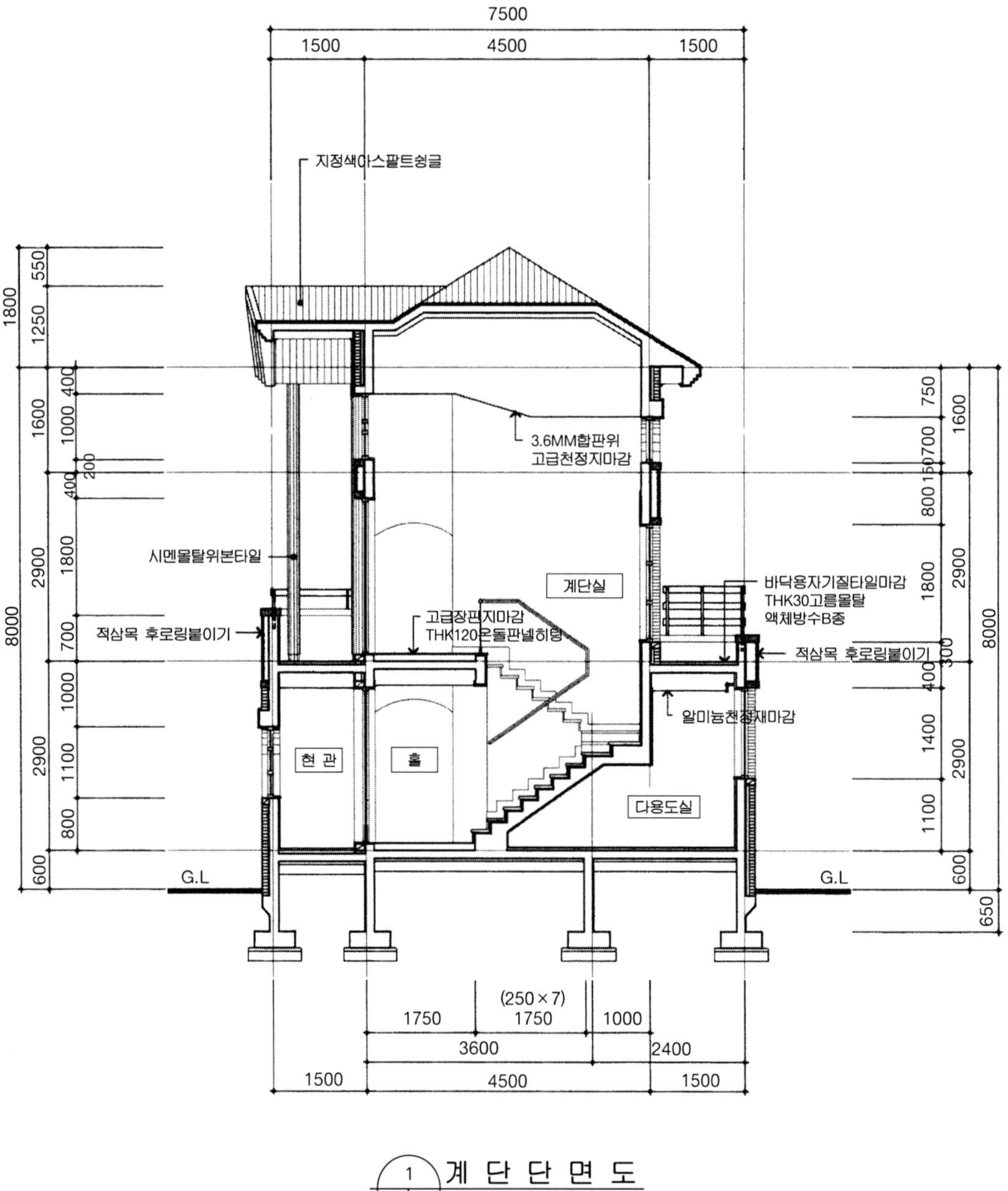

계 단 단 면 도 축척 1/50

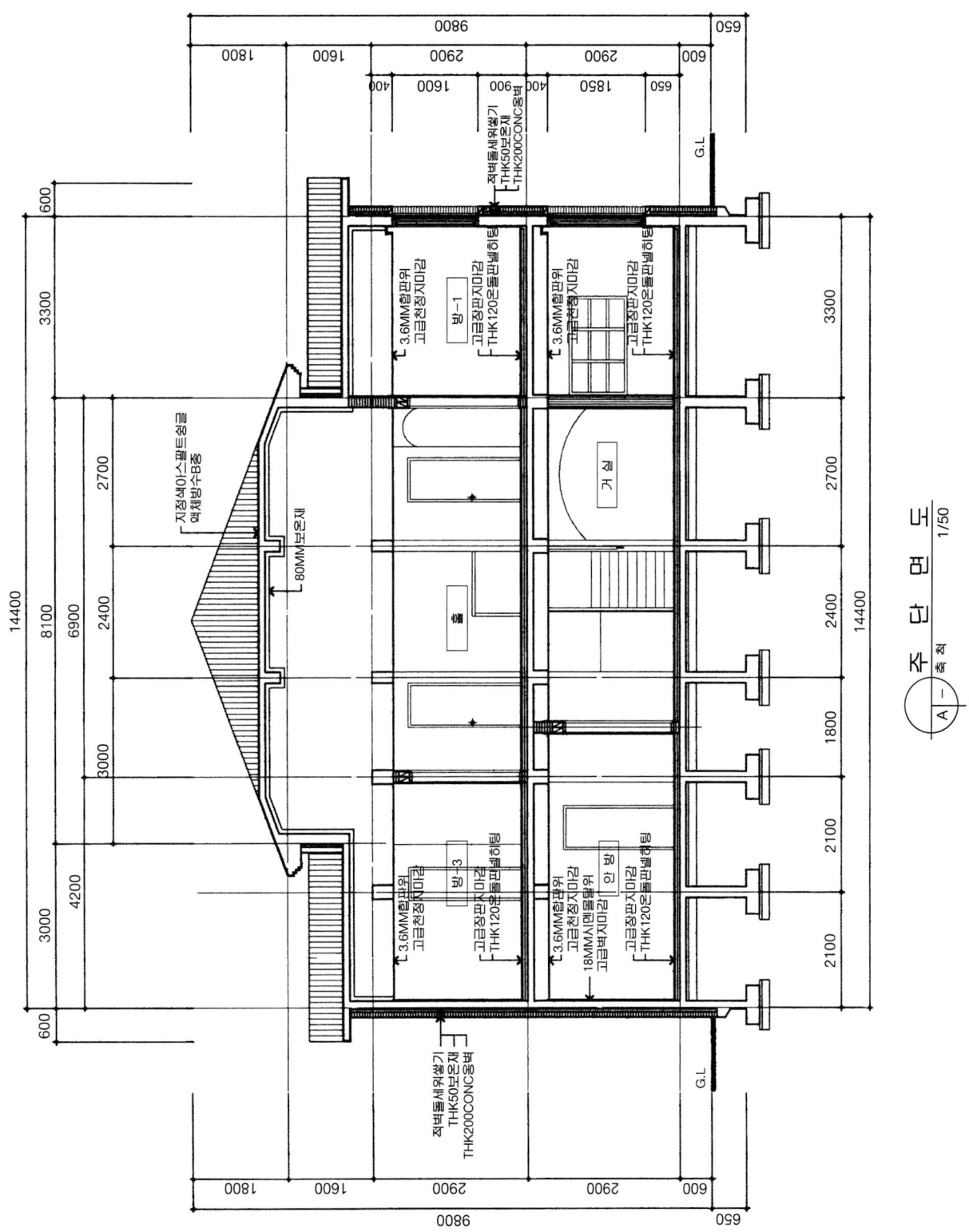

[1] 주택설계 II

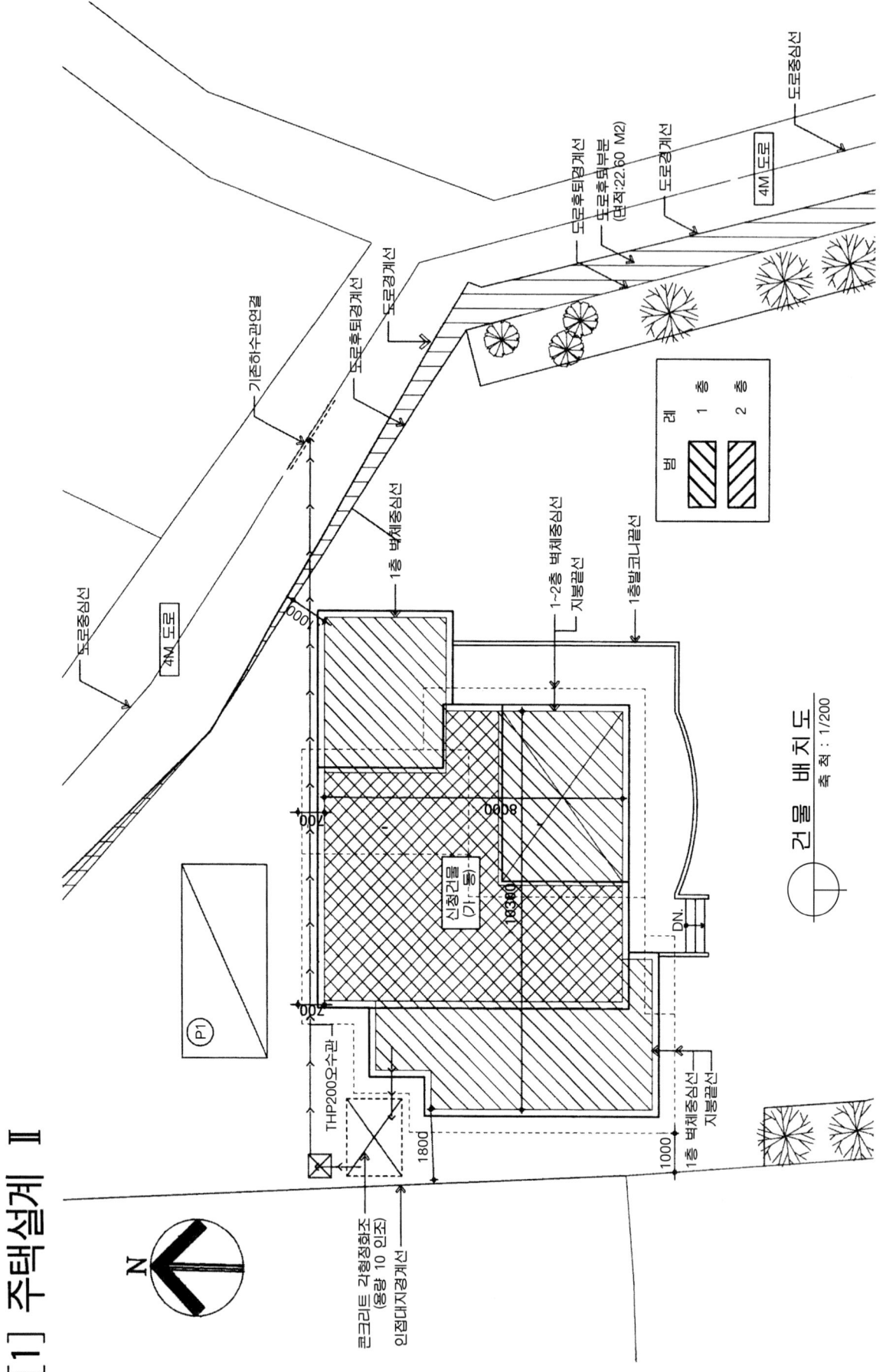

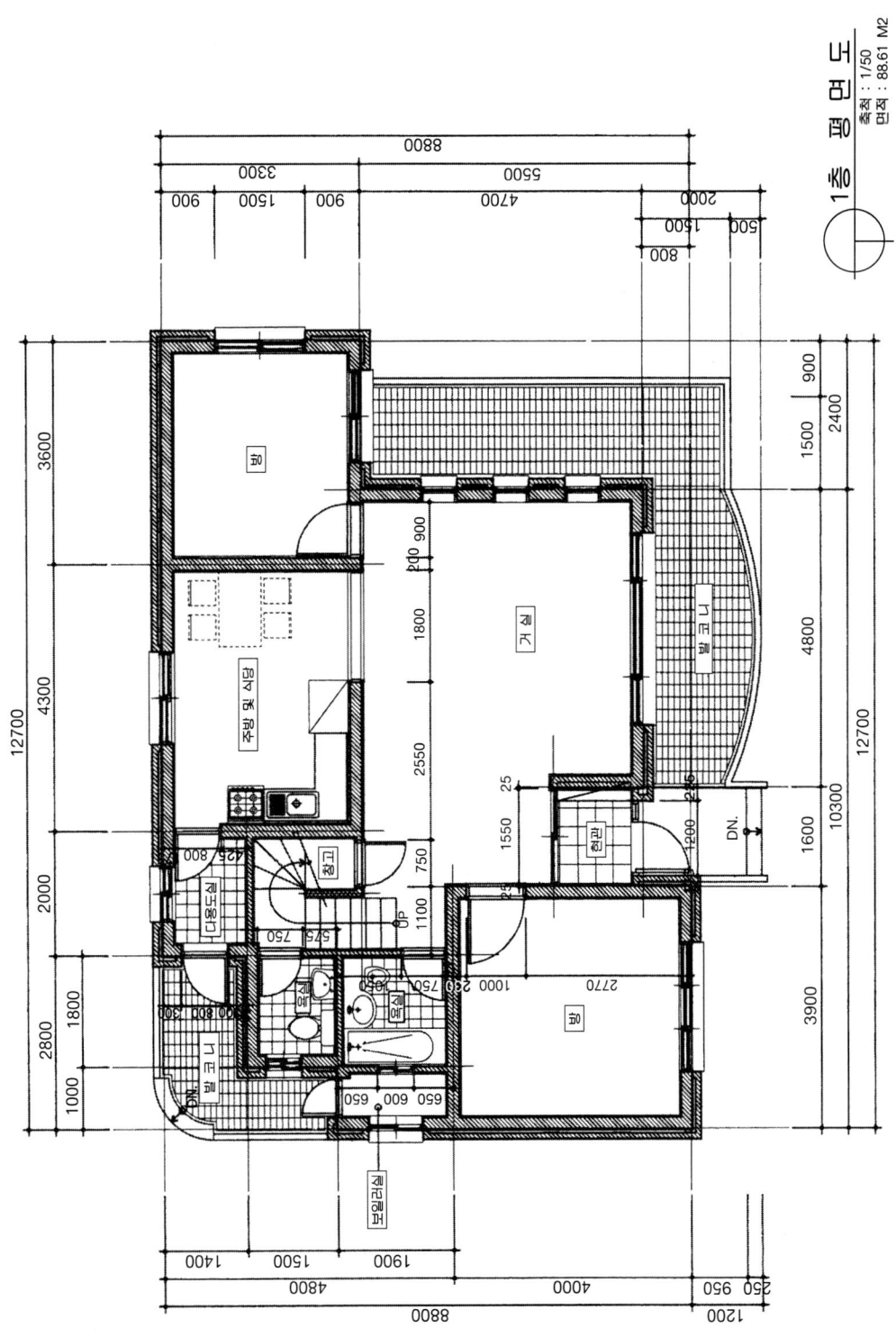

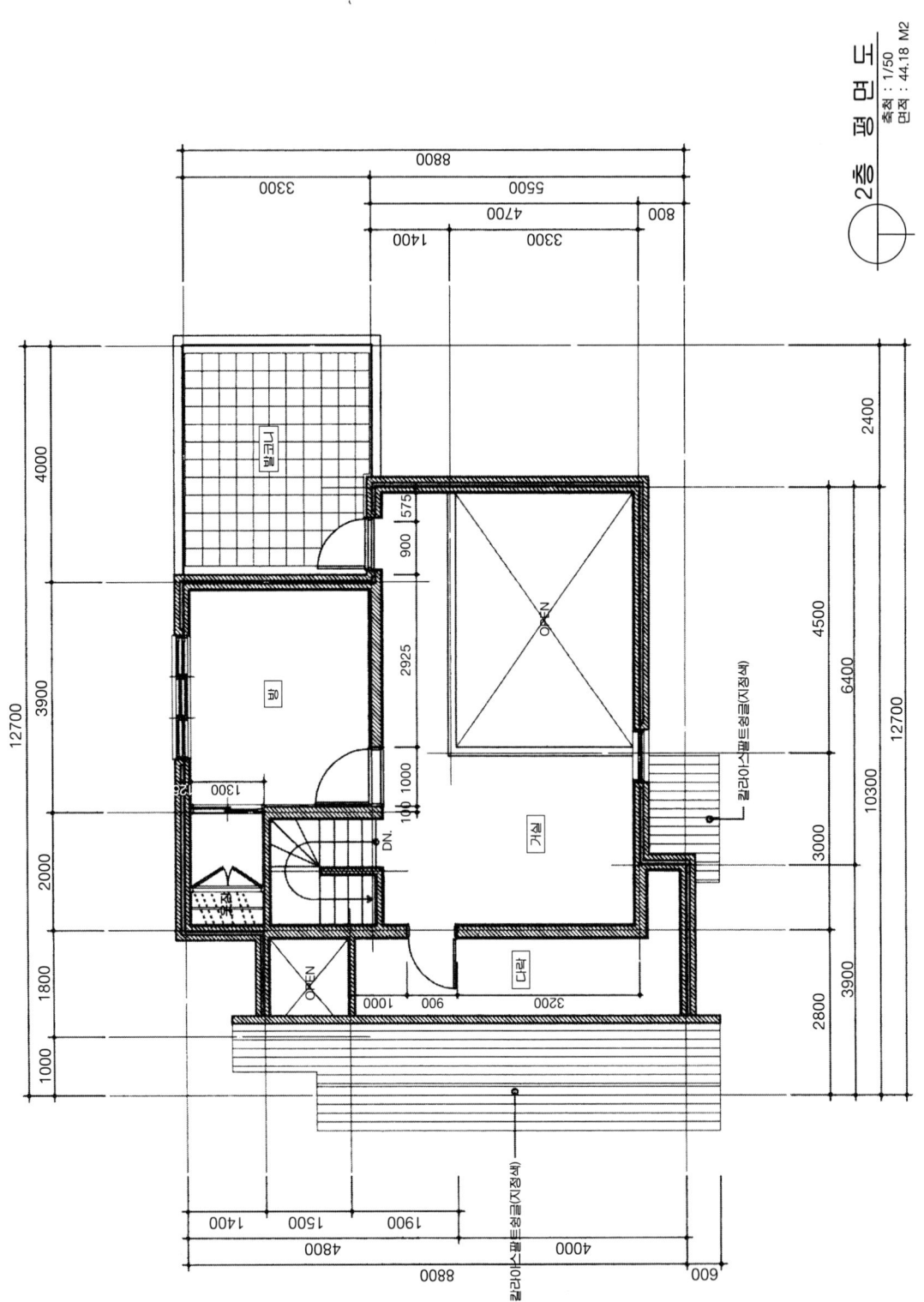

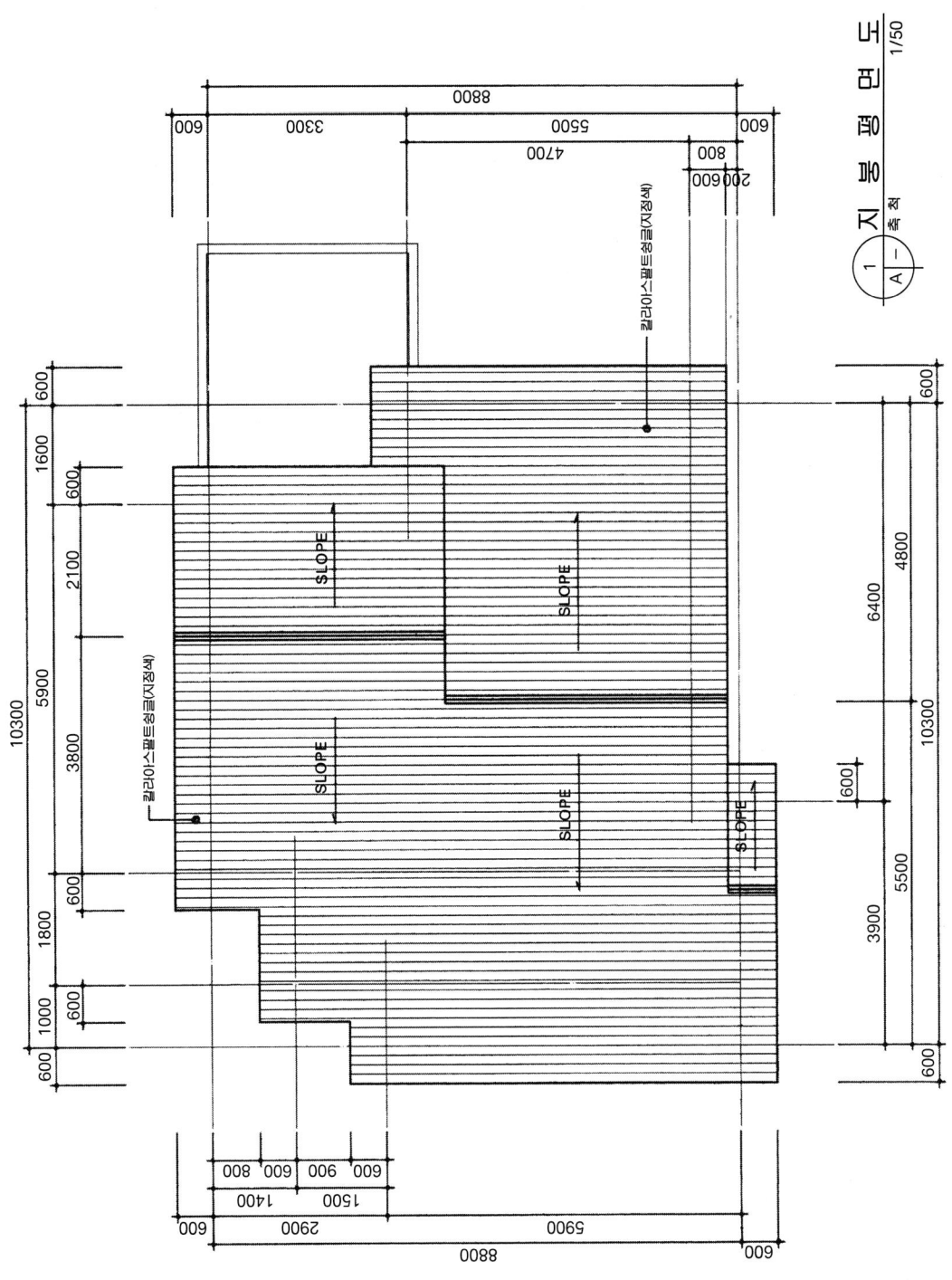

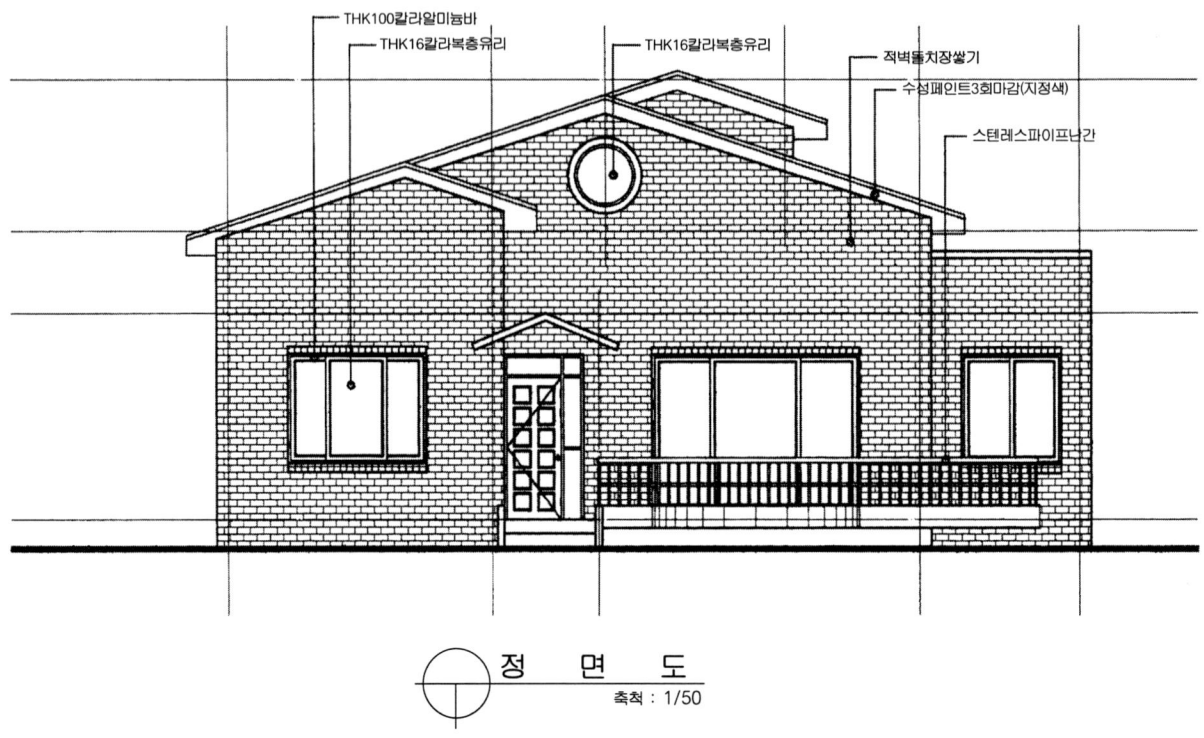

정 면 도
축척 : 1/50

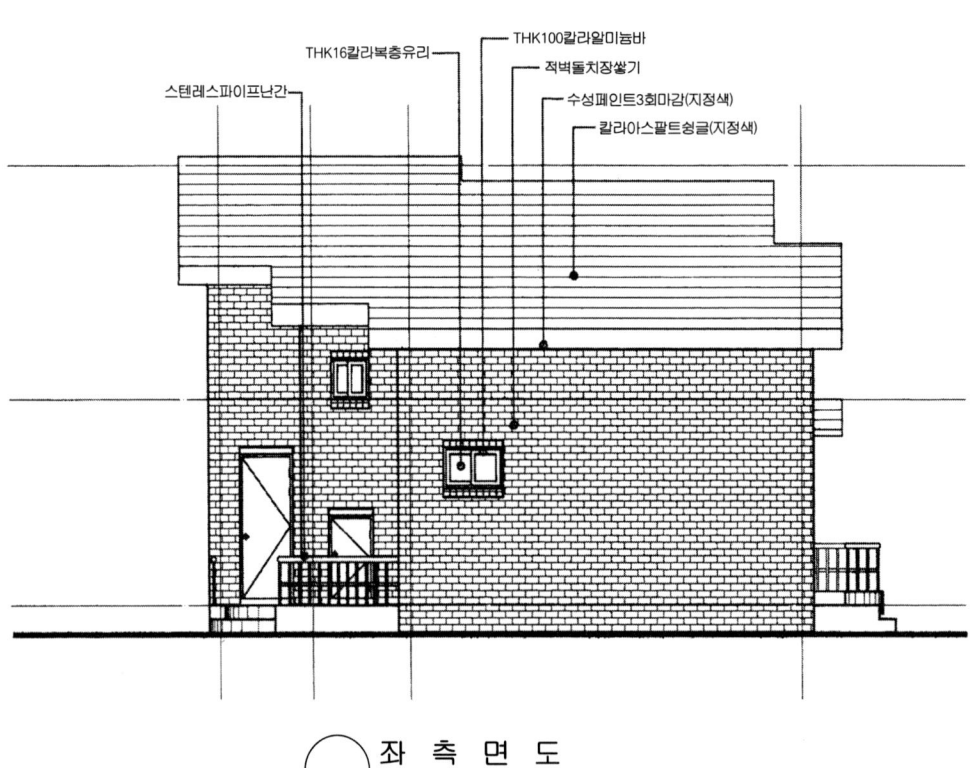

좌 측 면 도
축척 : 1/50

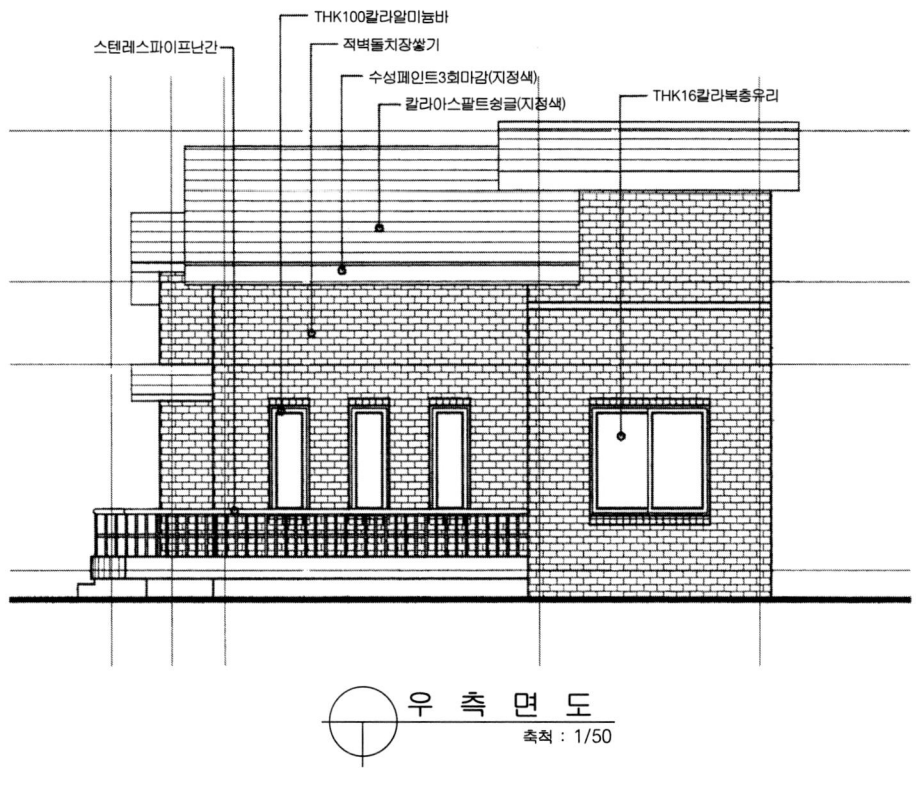

우 측 면 도
축척 : 1/50

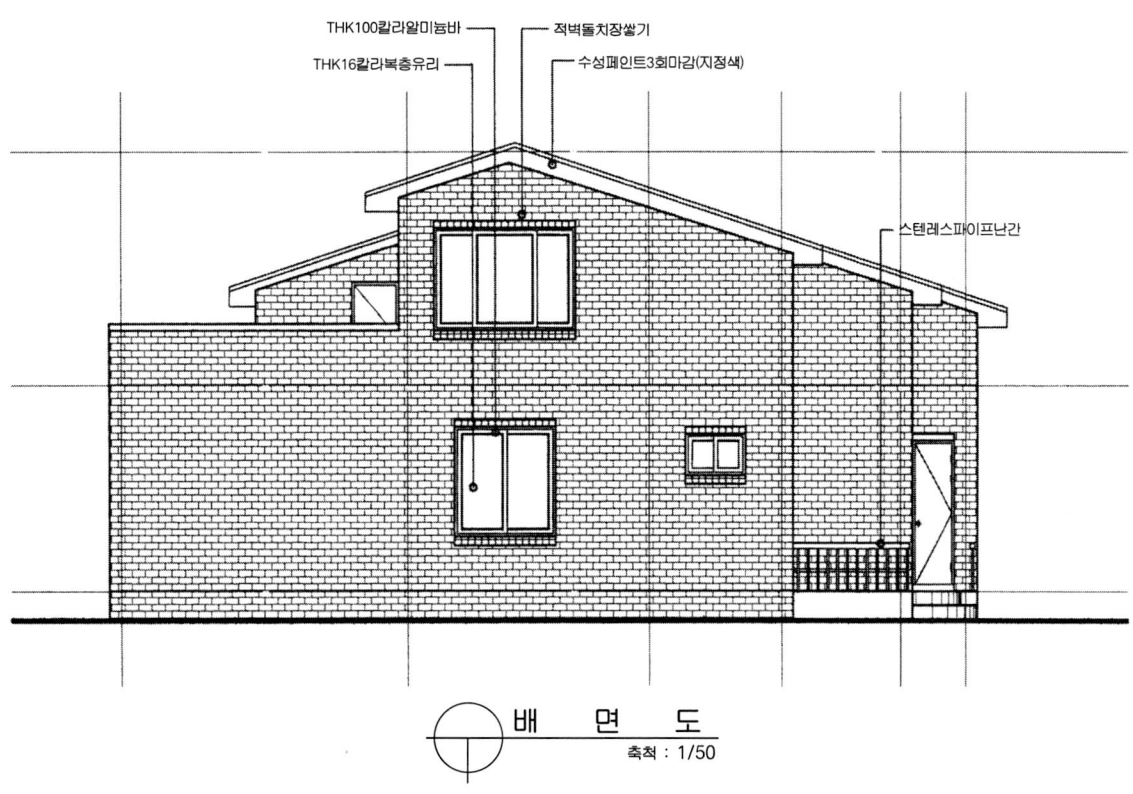

배 면 도
축척 : 1/50

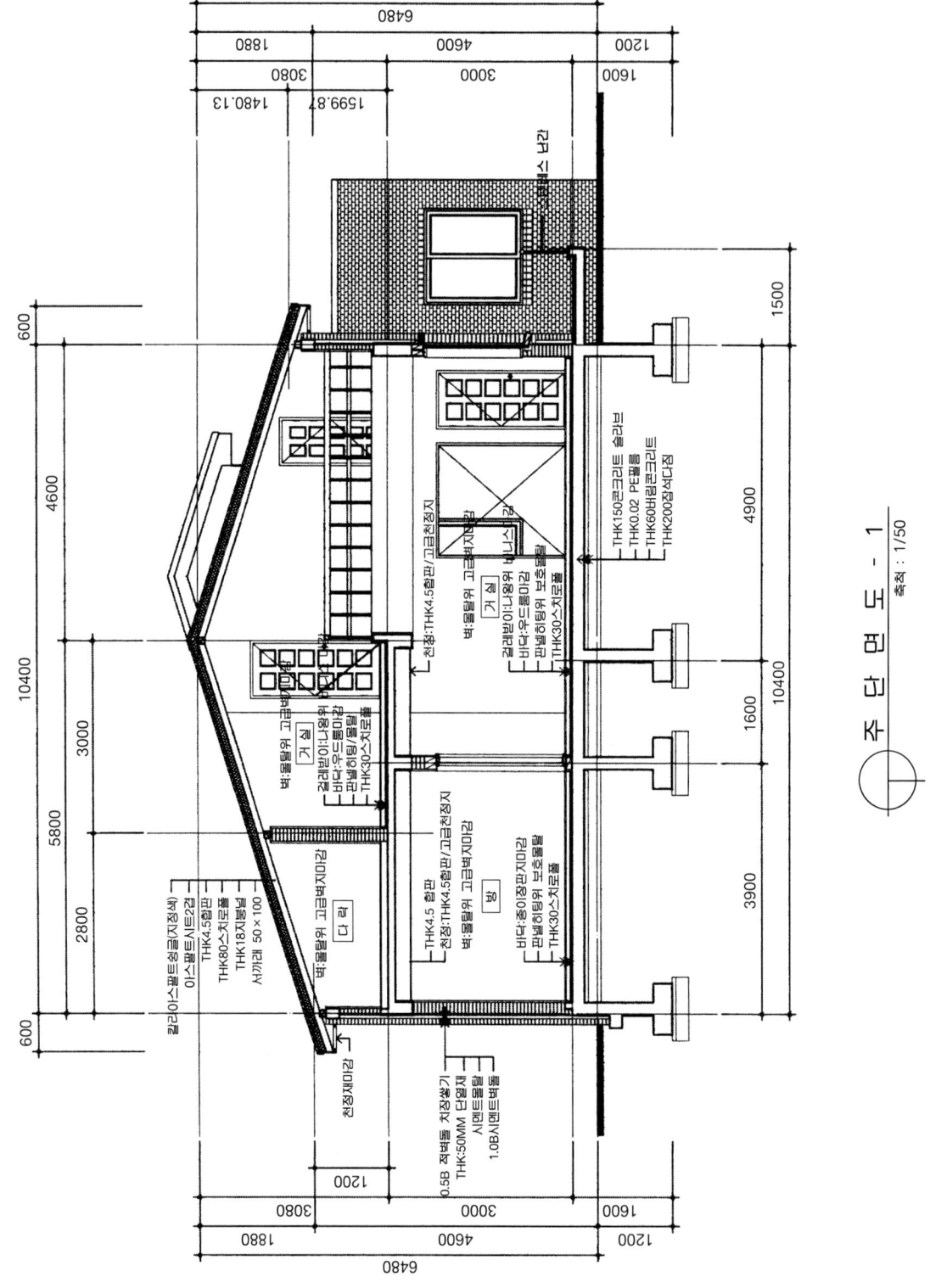

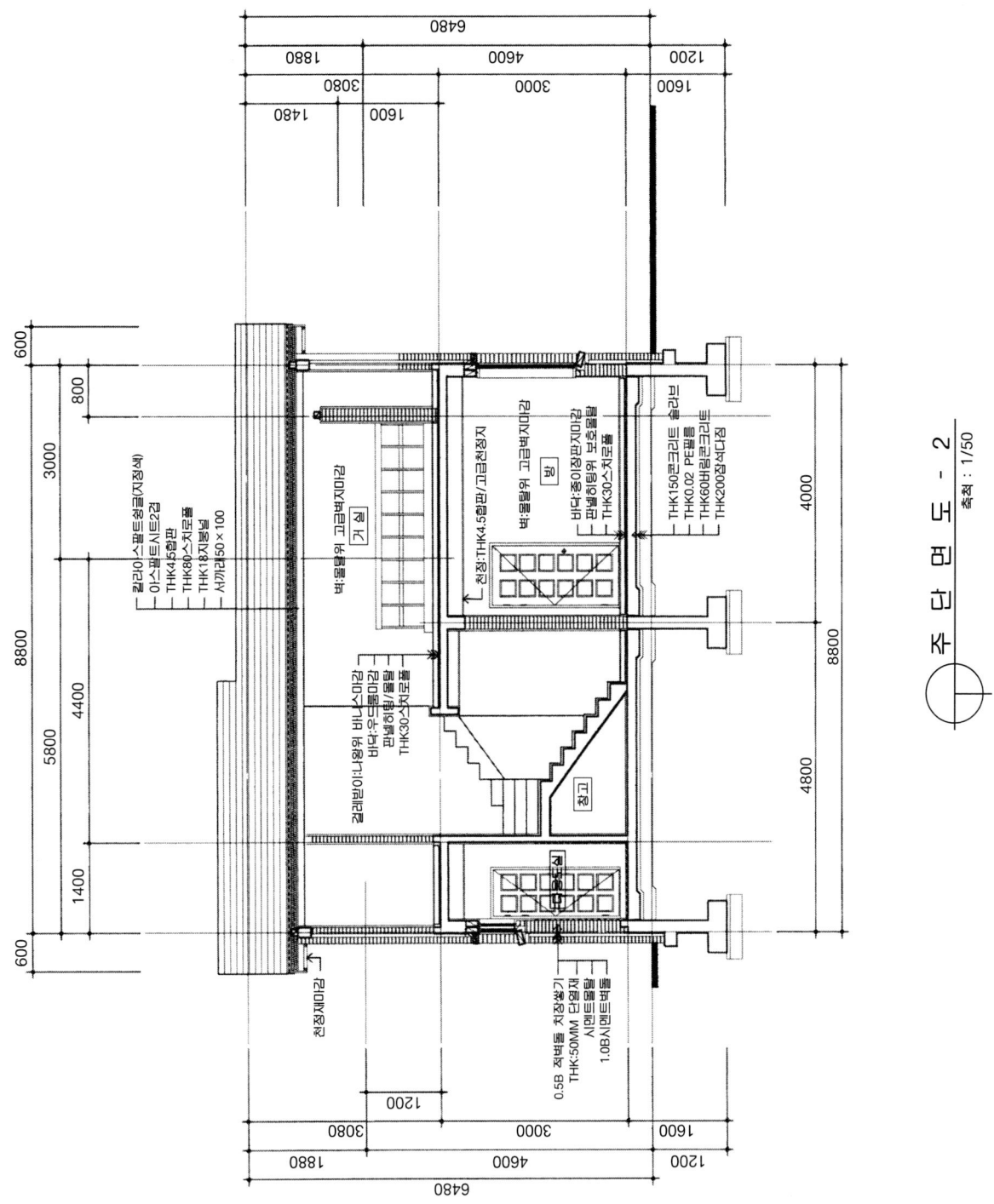

주 단 면 도 - 2   축척 : 1/50

동방디자인체 - 이 서체는 동방디자인에서 개발한 서체입니다.

♣ 영자 및 숫자

```
AFEHLTI  3BPRK CGD MWNU SXYJ OQVI
FLOOR PLAN  CEILING PLAN APP. WOOD FLOORING FIN.
TEA TABLE  EASY CHAIR FLOOR STAND TV. TABLE DRESSING  REF.
CHEST DESK BAGGAGE LOCK CASE TILE FIN. NIGHT CH PAINT
DOWN LIGHT  SPOT LIGHT  SPRINKLER FIRE SENSOR CURTAIN BOX
THK. 12MM  COMPUTER VINYL SHET BOOK SHELF  PAPER STORAGE
DISPLAY STAGE DECORATION SHELF SOFA SHOW WINDOW FRAME
PARAPET BRACKET PENDENT RAIL SIGN & LOGE NEON COUNTER
HALLOGEN  MOULDING  LACQ. BASE BOARD CASHIER PARTITION
HANGER RECEPTION AREA FITTING ROOM SCALE=1/50 GLASS
1234567890   4.500 3.900 6.000 8.200 7.700 70
100 ±0 +100 CH=2.400 FL. 40W×2  IL. 30W  5EA 12MM
```

♣ 한글

평면도 천정도 입면도 전개도 투시도 지정벽지 마감 도배지 몰딩
걸레받이 바닥 책상 컴퓨터 옷장 선반 수납장 식탁 쇼파 싱글침대
더블침대 싱크대 상부선반 타일 현관 주방 식당 테이블 카페트
냉장고 에어콘 신발장 화장대 서랍장 나이트테이블 디스플레이 스테이지
행거 소파 방습등 점검구 매입등 다운라이트 커튼박스 감지기 배기구
송기구 무늬목 석고보드 위 지정실크벽지 마감 도기질 타일 자기질 타일
중앙부 우물천정 진열대 전신거울 재료분리선 매장 비닐시트 창고 홀
플로링 유백색 아크릴위 컬러시트 래커 손잡이 투명유리 반납구
세면대 세탁기 다림대 양변기 범례표 온돌마루깔기 쇼윈도우 운영
금고실 마네킹 트렌치 공중전화 연속매입 수성페인트 아크릴 조명박스
월넛무늬목 금속판 데코타일 파티션 간막이 카페트 실내건축산업기사
종목 및 등급 수검번호 성명 연장시간 분 감독확인 도면번호 현관
배기디퓨져 스프링클러 가스오븐 식기세척기 작업대 트렌치 피팅룸

건축산업기사 시험안내

◆ 필기 출제기준

시험과목	주요항목	세부항목		
건축계획 (20문항)	1. 건축계획원론	1. 건축계획일반		
	2. 각종 건축물의 건축계획	1. 주거건축계획	2. 상업건축계획	3. 기타 건축물계획
건축시공 (20문항)	1. 건설경영	1. 건설업과 건설경영	2. 건설계약 및 공사관리	3. 건축적산 4. 공정관리 및 기타
	2. 건축시공기술 및 건축재료	1. 착공 및 기초공사	2. 구조체공사 및 마감공사	3. 건축재료
건축구조 (20문항)	1. 건축구조의 일반사항	1. 건축구조의 개념	2. 토질 및 기초	
	2. 구조역학	1. 구조역학의 일반사항 2. 정정구조물의 해석 3. 탄성체의 성질 4. 부재의 설계 5. 구조물의 변형 6. 부정정구조물의 해석		
	3. 철근콘크리트 구조	1. 철근콘크리트 구조의 일반사항 2. 철근콘크리트 구조설계 3. 철근의 이음·정착 4. 철근콘크리트구조의 사용성		
	4. 철골구조	1. 철골구조의 일반사항 2. 철골구조설계 3. 접합부설계 4. 제작 및 품질		
건축설비 (20문항)	1. 전기설비	1. 기초적인 사항 2. 조명설비 3. 전원 및 배전, 배선설비 4. 피뢰침설비 5. 통신 및 신호설비 6. 방재설비		
	2. 위생설비	1. 기초적인 사항 2. 급수 및 급탕설비 3. 배수 및 통기설비 4. 오수정화설비 5. 소방시설 6. 가스설비		
	3. 공기조화설비	1. 기초적인 사항 2. 환기 및 배연설비 3. 난방설비 4. 공기조화용 기기 5. 공기조화방식		
건축관계 법규 (20문항)	1. 건축법·시행령·시행규칙	1. 건축법 2. 건축법시행령 3. 건축물의 피난·방화구조 등의 기준에 관한 규칙 및 건축물의 설비기준 등에 관한 규칙		
	2. 주차장법·시행령·시행규칙	1. 주차장법 2. 주차장법 시행령 3. 주차장법시행규칙		
	3. 국토의 계획 및 이용에 관한 법·령·규칙	1. 국토의 계획 및 이용에 관한 법률 2. 국토의 계획 및 이용에 관한 법률 시행령 3. 국토의 계획 및 이용에 관한 법률 시행규칙		

◆ 실기 출제기준

실기과목	주요항목	세부항목	
건축시공 실무	1. 도면작성	1. 기본설계도면 작성하기	1. 건물 전체의 층수와 층고 및 천정고, 주요open공간 등 건물의 크기와 공간의 형태가 표현되고, 대지와의 관계가 표현된 단면도를 작성할 수 있다.
		2. 실시설계도서 작성하기	1. 최종 결정된 내용을 상세하게 표현한 실시설계 기본도면을 작성할 수 있다. 2. 시공과 기능에 적합한 상세도를 작성 할 수 있다. 3. 구조 계산서를 기준으로 구조도면과 각종 일람표를 작성할 수 있다.

◆ 합격기준

구 분	유 형	출제문항수	소요시간	기 준
필기	4지선다형(객관식)	과목당 20문항	2시간 30분(과목당 30분)	과목낙제(40점 미만)없이 전과목 평균 60점 이상
실기(작업형)	설계도면작성	도면 3~4개	4시간 정도	평균 60점 이상

건축구조 시공제도

초 판 / 2004년 8월 20일
발 행 / 2020년 7월 1일 (6쇄)
저 자 / 김 진 호
발행인 / 김 경 호

정가 15,000원

발행처 · 도서출판 동방디자인

등록 · 제13-265호

서울 영등포구 영등포동1가 111-2 백산빌딩
편집부(02)2675-8880, FAX(02)2631-2199
http://www.architerior.co.kr
ISBN 978-89-86881-48-6

본 도서의 독창적인 내용에 대하여 다른 출판물에 인용을 절대 금합니다.